生态产品总值核算：方法与应用

Gross Ecological Product Accounting
Methodology and Application

王金南　於　方　马国霞　等　著

科学出版社

北京

内 容 简 介

本书系统介绍了生态产品总值核算的基础理论，总结了生态产品总值核算的国内外发展历程、最新研究进展以及实践案例，系统剖析了我国生态产品总值核算目前采用的理论框架与主流核算方法，重点介绍了生态环境部环境规划院开展的生态产品总值核算与政策应用案例，提出了生态产品第四产业的理论框架与发展路径，并对我国生态产品总值核算与应用工作面临的问题和未来发展前景进行了分析展望。

本书可供环境经济核算专业研究人员、大学教师、本科生和研究生阅读参考，也可作为环境经济核算相关从业人员的参考用书。

审图号：GS 京（2025）0082 号

图书在版编目（CIP）数据

生态产品总值核算 ： 方法与应用 / 王金南等著. -- 北京 ： 科学出版社，2025. 1. -- ISBN 978-7-03-080031-2

Ⅰ. X196

中国国家版本馆 CIP 数据核字第 2024JB7466 号

责任编辑：石　珺　赵晶雪 / 责任校对：郝甜甜
责任印制：徐晓晨 / 封面设计：无极书装

科学出版社 出版
北京东黄城根北街 16 号
邮政编码：100717
http://www.sciencep.com
北京建宏印刷有限公司印刷
科学出版社发行　　各地新华书店经销
*
2025 年 1 月第 一 版　　开本：720×1000　1/16
2025 年 1 月第一次印刷　　印张：20 1/2
字数：394 000
定价：228.00 元
（如有印装质量问题，我社负责调换）

前　言

　　生态产品价值核算在国际上从 20 世纪 90 年代开始兴起，逐步从理论研究推广到实践应用。联合国环境规划署（UNEP）通过生物多样性和生态系统服务政府间科学政策平台（IPBES）以及由七国集团（G7）发起、UNEP 主导的生态系统和生物多样性经济学（TEEB）综合方法体系倡导对生态系统提供的服务价值进行评估，并将评估结果纳入全球与地方规划决策、生态补偿和自然资源有偿使用等方面。为提升生态产品价值核算的规范性，2021 年联合国发布了指导核算的规范性指南——《生态系统账户》。生态产品价值核算也是我国学者关注的前沿性研究领域，发展了包括生态系统服务核算体系、当量因子法核算体系、基于"生态元"的能值核算体系等方法体系。2020 年 3 月，国家市场监督管理总局和国家标准化管理委员会发布《森林生态系统服务功能评估规范》（GB/T 38582—2020）。2020 年 9 月，生态环境部首次印发《陆地生态系统生产总值（GEP）核算技术指南》。2022 年 10 月，国家发展和改革委员会、国家统计局出版《生态产品总值核算规范》，标志着我国在生态产品价值核算领域已经从研究层面进入实践层面，从生态产品价值核算发展到生态产品总值（gross ecological products，GEP）核算，为落实中共中央办公厅、国务院办公厅印发的《关于建立健全生态产品价值实现机制的意见》奠定了基础。

　　在实践层面，我国生态文明体制改革已成为建设美丽中国的重要保障，先后出台《关于加快推进生态文明建设的意见》《生态文明体制改革总体方案》《关于完善主体功能区战略和制度的若干意见》《关于设立统一规范的国家生态文明试验区的意见》《关于建立健全生态产品价值实现机制的意见》《关于深化生态保护补偿制度改革的意见》等重要文件，将"增强生态产品生产能力"作为生态文明建设的一项重要任务。中共中央办公厅、国务院办公厅先后印发《国家生态文明试验区（福建）实施方案》（2016 年）、《国家生态文明试验区（江西）实施方案》（2017 年）、《国家生态文明试验区（贵州）实施方案》（2017 年）、《国家生态文明试验区（海南）实施方案》（2019 年），率先在福建、江西、贵州和海南 4 个省份开展国家生态文明试验区工作。国家发展和改革委员会、生态环境部、自然资源部也分别从国家生态产品价值实现机制试验区、"绿水青山就是金山银山"实践创新基地、自然资源领域生态产品价值实现典型案例等角度，不断践行"绿水青山就是金山银山"理念。我国地方也在积极开展生态产品价值核算与实践等相关工作，截至目前，北京市、青海省、云南省、山东省、山西省、海南省、内蒙古自治区等省（自治区、直辖市），深圳市、丽水市、福州市、厦门市、兴安盟、承德市、南平市等市（州、盟）以及武夷山市、阿尔山市、丰城市、将乐县、崇义县、万年县、赤水市等 100 多个县（市、区）进行了生态产品总值核算试点示范。生态产品价值核算与实现已成为我国重点关注问题之一，需要从国际视角，对生态产品价值核算的理论研究和实践应用进行系统梳理和总结。

本书系统介绍了生态产品总值核算的理论基础，总结了生态产品总值核算的国内外发展历程、国际上最新研究进展以及实践案例，系统剖析了我国生态产品总值核算目前采用的理论框架与主流核算方法，重点介绍了生态环境部环境规划院开展的 2015～2020 年国家和区域层面生态产品总值核算工作，以及 2016 年以来在省、市和县级区域开展的典型生态产品总值核算与政策应用经验，结合国际上发达国家与发展中国家在生态产品价值核算应用领域的具体实践，提出了生态产品第四产业的理论框架与发展路径。在此基础上，对我国生态产品总值核算与应用工作面临的问题和未来发展前景进行了分析与展望。

本书由王金南、於方、马国霞总体策划，统筹研究和编写，经数次易稿和研讨定稿。全书共分为 9 章，第 1 章是理论基础与实践进程，介绍了生态产品总值核算的理论基础，对国内外的主要研究实践进行了总结，由马国霞、於方编写；第 2 章是生态产品总值核算进展，重点对联合国生态系统账户框架、欧盟核算框架、生物多样性和生态系统服务政府间科学政策平台和我国生态环境核算与应用进行论述，由於方、杨威杉、彭菲、马国霞、李秋爽、邵嘉程编写；第 3 章是生态产品核算国际案例，主要从国际视角，对国际上生态产品核算的内容进行总结，由杨威杉、吴文俊编写；第 4 章是生态产品总值核算体系，重点对生态产品总值核算体系和核算方法进行总结，由马国霞、唐泽、於方编写；第 5 章是国家生态产品总值核算，主要对我国 2015～2020 年生态产品总值核算结果进行分析，由於方、彭菲、马国霞、雷鸣编写；第 6 章是区域生态产品总值核算，分别介绍了西藏自治区、青海省祁连山区、内蒙古自治区兴安盟、河北省承德市、福建省武夷山市的生态产品总值核算结果，由马国霞、彭菲、杨威杉、唐泽、於方、周颖、雷鸣编写；第 7 章是生态产品价值实现与应用，主要对国际和国内生态产品价值实现的典型案例和主要做法进行了总结，由杨威杉、彭菲、於方、周颖编写；第 8 章是生态产品第四产业发展，主要对生态产品第四产业理论框架及生态产品第四产业评估体系进行介绍，由王金南、马国霞编写；第 9 章是生态产品总值核算发展展望，重点论述了生态产品价值实现的困境并提出建议，由於方、马国霞、杨威杉编写。

本书在编写过程中，得到了中国科学院地理科学与资源研究所的刘纪远研究员、谢高地研究员、封志明研究员、杨艳昭研究员，中国科学院生态环境研究中心美国国家科学院外籍院士欧阳志云院士、郑华研究员，山东大学张林波研究员，中国地质调查局自然资源综合调查指挥中心李俊生总工程师，浙江大学石敏俊教授，中国人民大学高敏雪教授，北京师范大学朱文泉教授等的指导和思想启发。本书的主要素材基于生态环境部环境规划院在生态环境部、国家发展和改革委员会指导下完成的"环境资产核算体系建设"工作以及相关研究课题成果。此外，本书的出版得到了国家自然科学基金（42277491）的支持。在此，我们一并表示衷心的感谢。

需要重点说明的是，生态产品总值核算先后经历了生态系统服务功能评估、生态系统服务价值核算、生态产品价值核算等名称的演化，如今在我国形成了生态产品总值核算的基本共识。目前，国际上更多采用自然资本核算、生态系统核算等用语，本书在具体表述中尊重历史沿革，根据相关研究的形成时期，结合书中的具体语境，采用了不同的术语表达，请读者理解。本书内容基于笔者对生态产品总值核算的研究与实践编写，还存在诸多不足，恳请读者给予批评指正。

王金南

中国工程院院士

生态产品与自然资本联合实验室主任

生态环境部环境规划院名誉院长

中国环境科学学会理事长

2024 年 1 月 15 日

目　　录

第1章
理论基础与实践进程

生态产品总值核算是一项跨学科的研究，涉及生态学、生态经济学、资源经济学、环境经济学以及统计学等多个领域，这决定了其基础理论的多样性，既有可持续发展理论，也有生态经济理论，还有生态学理论。本章在对生态产品总值核算的基础理论进行总结梳理的基础上，界定了与生态产品相关的基本概念，辨析了生态产品与经济产品之间的逻辑关系，梳理了生态产品总值核算的发展历程和生态产品价值实现的主要方面，为生态产品总值核算奠定理论基础。

1.1 生态产品总值核算理论基础

1.1.1 可持续发展理论

自 1987 年世界环境与发展委员会（WCED）在其报告《我们共同的未来》中提出可持续发展概念以来，可持续发展已成为人类理想的发展模式和指导世界各国发展的行动纲领。许多学者从不同角度给出了可持续发展的定义。

1. 强可持续和弱可持续理论

Perman 通过对可持续发展概念和状态进行总结与归纳，将可持续发展概念归纳为 6 点：①可持续性状态是效用或消费不随时间而下降；②可持续性状态是管理自然资源以维持未来的生产机会；③可持续性状态是自然资本存量不随时间而下降；④可持续性状态是满足生态系统在时间上的稳定性和弹性的最低标准；⑤可持续性状态是管理自然资源以维持资源服务的可持续性产出；⑥可持续发展是能力和共识的构建[1]。

"效用或消费不随时间而下降"的可持续性状态，常被称为 Hartwick-Solow 可持续性准则。哈特维克（Hartwick）和索洛（Solow）是这一可持续概念的倡导者。该概念认为资本存量在不同要素之间可以互相替代，允许人造资本替代自然资本[2]，又称为弱可持续（weak sustainability）。哈特维克通过建立模型，假定模型中只有一种消费品，这种消费品是效用函数的唯一因素，以特定的储蓄准则作为推导条件，确定了实现非下降消费的条件，即哈特维克准则。该准则认为，开发不可再生资源得到的收益储蓄下来，作为生产资本投入，在这一条件下，生产和消费的水平在时间上将保持为常数。如果遵循该准则，在一个消耗可再生资源的经济系统中，可以实现长时间恒定的消费。Hartwick-Solow 可持续性准则，并未提出非下降消费的初期水平是多少，即使生活水平相当低且持续下去，只要不是变得更低，这种经济就是可持续的，这就意味着 Hartwick-Solow 可持续性准则包括一个容易达到的最低消费水平。

"管理自然资源以维持未来的生产机会"的可持续性状态，是为未来保存生产和发展机会的可持续性状态。这方面最著名的概念是 WCED 在《我们共同的未来》中对"可持续发展"的定义。但现代人难以预知未来人的偏好以及他们所掌握的技术。鉴于这些未知因素，我们无法对自然资本的代际配置做出合理的伦理决策。因此，当下人类的首要任务应是确保后代拥有与我们相等的发展潜力[3]。

"自然资本存量不随时间而下降"的可持续性状态，又称为强可持续（strong sustainability）。强可持续发展认为不是所有的自然资本都可以用人造资本来代替，强调如果自然资本对生产是必要的，而又不能由其他生产资本替代，则非下降的关键自然资本存量是保持经济发展潜力得以可持续的必要条件。即自然资本存量不随时间而下降，在世代之间保持不变或增加自然资本存量，就可实现可持续发展[4]。但在大多数情况下，自然资本和人造资本之间具有互补性（complementarity）和可替代性（substitutability）[5]，而且资本是个多层面的概念，正是自然资本和人造资本的特定形式的总体组合产生了特定层次的福利。

"满足生态系统在时间上的稳定性和弹性的最低标准"的可持续性状态反映了可持续发展的生态约束。稳定性和弹性是生态系统的两个重要特征。稳定性是生态系统中的一个种群特性，表现为种群受到干扰后倾向于恢复到某种平衡状态。弹性是生态系统受到干扰后保持其功能和有机结构的倾向。弹性与可持续性的联系在于：一个生态系统如果有弹性，那么它就是可持续的[6]。据此概念，任何减少生态系统弹性的行为都是潜在不可持续的。生态可持续性的目标要求经济活动应将其对整个生态系统弹性的影响控制在相当低的水平，以确保生态系统不受严重威胁[7]。

"管理自然资本以维持资源服务的可持续性产出"的可持续性状态，意味着发展不会损害资源基础，现在资源的使用不会影响将来资源的可持续供应。可持续性产出的概念主要用于可再生资源，是指如果对资源的利用与资源的再生产同步，则资源就可以无限利用，这种利用率称为"可持续性产出"。资源的利用率大于可持续性产出就意味着存量的减少[7]。

Edwards 等[5]认为，对于社会而言，可以把可持续发展概括为四个核心取向：①福利水平不随时间而下降；②消费水平不随时间而下降；③自然资本的存量保持不变或日益增加；④所有资本的存量保持不变或日益增加。③和④是比较技术性的和手段取向性的，强调了必须满足什么条件才能实现目标①和②。环境主义者一般会接受强可持续性状态③，而经济学人士一般接受弱可持续性状态④。环境主义者和经济学人士可能都接受可持续性状态①。

可持续发展是一个过程，不能将实现可持续发展简单地看成是一个技术问题。只有形成人类的共识和提高可持续发展的实施能力，才可能实现可持续发展。可持续发展评估是形成人类共识和提高可持续发展实施能力的措施。将用货币化表示的资源环境损失核算作为实现经济发展外部成本内部化的重要方面，有助于促进经济社会发展的可持续性。

2. 可持续发展的测度方法

如何表征与评估可持续发展的状态和程度一直是学者们研究的热点和争论的焦点，也是可持续发展理论研究的一个关键科学问题。许多国际机构（联合国可持续发展委员会、世界银行（World Bank，WB）、联合国亚洲及太平洋经济社会委员会等）、非政府组织（国际环境问题科学委员会、世界自然保护同盟等）以及一些国家（英国、荷兰、加拿大、中国等）都开展了这方面的工作，提出了许多不同的指标体系。有基于生态学提出的环境可持续性指数（environment sustainability index，ESI）、生态足迹（ecological footprint）、生态系统服务（ecosystem services）指标体系、能值分析（emergy analysis）指标、自然资本指数（natural capital index）等[8-11]，基于社会福利提出的人文发展指标（human development indicator，HDI）、可持续性晴雨表（barometer of sustainability）评估指标、可持续经济福利指数（index of sustainable economic welfare，ISEW）以及真实进步指标（genuine progress indicator，GPI）[12-15]，还有从系统学的角度提出的压力-状态-响应（PSR）

框架模型以及中国科学院可持续发展研究组提出的"可持续能力"（sustainability capability，SC）指标体系等[16-18]。这些指标计算或太过偏重自然环境，或太过偏重人文社会，与已有的国民经济核算体系的联系较为薄弱，而且数据的收集量大，缺乏时间序列的数据对其进行验证，使其存在实际应用的缺陷。

为科学反映地区经济的可持续发展能力，联合国、世界银行、欧洲联盟（简称"欧盟"）等国际组织呼吁大力发展绿色国民经济核算。绿色核算是把环境数据结合到现行的国民经济核算中，同时又不对现行国民经济核算框架做概念性的改变。2011年6月，欧洲议会（EP）通过了"超越GDP"决议及欧洲环境问题新法规（环境经济核算法规），这项法规的颁布意味着可以在第一时间取得与国民核算体系相融的三项数据，即空气污染、物质流和环境税数据。联合国统计司、世界银行和国际货币基金组织共同开发的综合环境经济核算（SEEA）、世界银行的真实储蓄（GS），以及里昂惕夫提出的绿色投入产出模型等都是绿色国民经济核算的典型代表。SEEA把环境费用和效益、自然资源资产以及环境保护支出等综合为一个卫星账户，遵循传统国民经济核算（SNA）建立的潜在原则和规则，与SNA联系起来[19]。

1.1.2 习近平生态文明思想和"两山"理论

自2005年"绿水青山就是金山银山"提出以来，2013年9月，习近平总书记在哈萨克斯坦发表演讲时，再次强调："我们既要绿水青山，也要金山银山。宁要绿水青山，不要金山银山，而且绿水青山就是金山银山。"2015年，"坚持绿水青山就是金山银山"正式被写入中央文件，2017年，"两山"理论写入党的十九大报告和新党章，得到进一步提升，成为指导我国生态文明和美丽中国建设的核心理论支撑体系，具有鲜明的时代意义和实践价值。2018年5月，中共中央、国务院召开第八次全国生态环境保护大会，大会正式确立习近平生态文明思想。习近平生态文明思想从深邃历史观、科学自然观、绿色发展观、基本民生观、整体系统观、严密法治观、全民行动观、全球共赢观8个方面，深刻回答了"为什么建设生态文明、建设什么样的生态文明、怎样建设生态文明"等重大理论和实践问题，将我们对生态文明建设规律的认识提升到一个新高度。

"两山"理论作为习近平生态文明思想的核心，深刻阐述了经济发展和生态环境保护的关系，揭示了生态价值论、自然财富论、生态系统论、新生产力论、环境民生论、绿色发展论、地球生命共同体论等科学内涵，是生态产品总值核算与价值实现的核心理论。"只要金山银山，不要绿水青山""既要绿水青山，又要金山银山""宁要绿水青山，不要金山银山"三阶段论反映了人类发展的价值观念从单纯经济优先，转变到经济发展与生态保护并重，再到生态价值优先的变化轨迹，标志着价值取向的深度调整[20]，体现了"两山"理论的生态价值论。"绿水青山就是自然财富，生态财富，社会财富，经济财富"，体现了新时代对自然财富论的深刻认知。绿水青山作为自然生态系统，不仅可直接为人类提供生存、生产、生活资料，产出产品为人类带来经济收入，还承担着保障和改善生存环境、承载人类文明等功能，体现了"绿水青山"的多元价值，包括使用价值（use value，UV）、生态价值、社会价值、经济价值等[21]，而且绿水青山的价值往往具有跨时空属性，更多体现在未来更长远的时间跨度和更宽广的区域范围。

　　"两山"理论从哲学的角度提出了"山水林田湖草"是生命共同体，阐述了人与山水林田湖草的辩证关系，体现了生态系统论。从科学内涵来看，山水林田湖草生命共同体是由山、水、林、田、湖、草等多种要素构成的有机整体，是具有复杂结构和多重功能的复合生态系统[22]。从系统论的思想方法来看，生态是统一的自然系统，是各种自然要素相互依存而实现循环的自然链条。生态系统的生态学完整性取决于系统内部生态学过程的完整性，只有主要生态学过程完整的系统才是完整的生态系统，才有可能发挥出它所具有的正常生态功能[23]。生态系统论要求保护绿水青山，提升生态系统治理和稳定性，须从系统工程和全局角度寻求治理之道，推进山水林田湖草沙一体化保护和修复，更加注重综合治理、系统治理、源头治理，要求根据相关要素功能联系及空间影响范围，寻求系统性解决方案，而不是分别对生态要素采取单一治理对策，从而促进生态系统保护和治理的系统性、整体性和协调性。

　　习近平提出"保护生态环境就是保护生产力，改善生态环境就是发展生产力"的科学论断，指出"如果能够把这些生态环境优势转化为生态农业、生态工业、生态旅游等生态经济的优势，那么绿水青山也就变成了金山银山"。"两山"理论把"绿水青山"代表的自然资源乃至整个生态系统纳入生产力范畴，揭示了新时代绿色生产力的新理念[24]：生态就是资源，生态本身就是经济，生态就是生产力。"生态环境生产力论"是中国化马克思主义生产力思想的最新理论成果，体现了生态效益与经济效益的统一，自然资本与经济资本的共存和转化[25]。从经济结构转型来看，改善生态环境就是发展生产力。绿水青山作为高质量的生态系统是提供生态产品的核心生产主体，改善森林、草原、荒漠、河湖、湿地、海洋等自然生态系统状况，提高生态系统质量和生态系统服务功能，增强生态系统的稳定性及优质生态产品生产能力，就是发展生态生产力。另外，由于生态环境优势可以转化为生态经济优势、发展优势，因此改善生态环境也是发展绿色经济生产力，能够持续释放"生态红利"，使得绿水青山可以源源不断地转化为金山银山[26]。

"两山"理论深刻揭示了生态环境保护与经济社会发展的辩证统一关系，明确指出"绿水青山和金山银山绝不是对立的，关键在人，关键在思路""生态环境保护和经济发展是辩证统一、相辅相成的"，打破了简单地把发展与保护对立起来的思维束缚，突破了"先发展后治理"旧发展模式的窠臼，开辟了处理人与自然关系的新境界，形成了全新的发展理念，找到了实现科学发展、可持续发展、包容性发展的现实途径，深刻影响了中国现代化发展的思路和方式[27]，构成了生态产品总值核算的核心理论基础。

1.1.3 生态系统功能与服务理论

1. 生态系统服务形成与发展

生态系统服务（ecosystem services）是人类从生态系统中所获得的各种惠益，是连接生态系统和社会系统之间的桥梁，包括有形的物种供给和无形的生态服务两方面[10, 28]。生态系统服务一般分为4种类型，即供给服务、调节服务、文化服务、支持服务[29]。供给服务是指人类从生态系统获得的各类产品；调节服务是指从生态系统过程的调节作用当中获得的收益；文化服务是指人类通过精神生活、发展认识、思考、消遣娱乐以及美学欣赏等方式，从生态系统获得的非物质收益；支持服务是指为提供其他生态系统服务而必需的服务类别。供给服务、调节服务和文化服务与人类利益直接相关，支持服务不直接和人类产生关系，但与其他三类服务有着密切的联系，是支撑其他三类服务的基础[28]。

生态系统服务研究以探讨人与自然的关系为最终目标。自 1935 年坦斯利[30]明确提出生态系统（ecosystem）这一极为重要的现代生态学概念以来，人们从不同角度、不同层次针对生态系统开展了大量的研究。近年来，伴随经济发展与快速的城市化进程，人们逐渐认识到生态系统对人类生活的重要作用，生态系统服务理念应运而生。"服务"最早出现于关键环境问题研究小组（SCEP）在 1970 年出版的《人类对全球环境的影响报告》一书中，该著作首次使用"环境服务"（environmental services）概念，并列出如害虫控制、昆虫传粉、渔业生产、土壤形成、水土保持、洪水控制、气候调节、物质循环与大气组成等一系列自然系统提供的"环境服务"[31]。1974 年，Holdren 和 Ehrlich[32]研究了生态系统在基因库维持和土壤肥力中的作用，揭示了生物多样性丧失对生态服务的影响，并将"环境服务"概念拓展为"全球环境服务"（global environmental services）。1977 年，

Westman[33]提出应当考虑生态系统效应的社会价值，以提供政策和管理决策支撑，并将这些生态系统效应称为"自然的服务"（nature's services）。1981 年，Ehrlich P 和 Ehrlich A[34]梳理了"环境服务""自然的服务"等相关概念，将 Westman "自然的服务"首次称为"生态系统服务"。从此，该术语逐渐被公众和学术界接受，并广泛使用。

2. 生态系统服务的级联关系

生态系统服务的形成以生态系统的结构、功能为基础，生态系统结构和功能的相互关系是生态系统生态学的基础内容，生态系统功能与服务间的关系研究是计算生态系统服务物质量的基础（图 1-1）。

图 1-1　生态系统服务原理

生态系统结构是指生态系统各种成分在空间上和时间上相对有序稳定的状态，涵盖形态和营养关系两方面，包括组分结构、时空结构和营养结构。组分结构是指生态系统中由不同生物类型或品种以及它们之间不同的数量组合关系所构成的系统结构。时空结构也称形态结构，是指各种生物成分或群落在空间上和时间上的不同配置与形态变化特征，包括水平分布上的镶嵌性、垂直分布上的成层性和时间上的发展演替特征，即水平结构、垂直结构和时空分布格局。营养结构是指生态系统中生物与生物之间，生产者、消费者和分解者之间以食物营养为纽带所形成的食物链和食物网，它是构成物质循环和能量转化的主要途径[35]。

生态系统功能是指生态系统的不同生境、生物学及其系统性质或过程[36]。生态系统结构是生态系统过程和功能产生的重要基础，特定的生态系统形态结构与营养关系造就了特定的生态系统功能，并受到不同生境的影响，即生态系统功能是为达到一定的结果而发生的一系列事件、反应和作用[37]。在此基础上，生态系统具备了物质循环、能量流动和信息传递三大基本功能，三者相互耦合，并通过物种外循环（extra-species cycles）、物种内循环（intra-species cycles）和物种间循环（inter-species cycles）实现生态系统的各项功能[38]。例如，物质循环中的碳循环功能，大气中的二氧化碳通过光合作用被陆地与海洋植物吸收，吸收速率受到生态系统形态结构的重要影响，光合作用所积累的有机质又通过特定的营养关系流通传递，在传递过程中发生了物质循环、能量流动和信息传递过程，最后固定的二氧化碳通过生物或地质过程以及人类活动，又以二氧化碳的形式返回大气中，形成了生态系统的固碳功能。无论人类存在与否，这种循环会在生物圈内周而复始地进行。因此，生态系统功能是生态系统自身的一种基本属性，独立于人类而存在，不因人类活动的干预而发生根本性改变。

生态系统服务是人类直接或者间接地从生态系统功能中获得的收益，是生态系统功能满足人类福利的一种表现[10, 28]。一种生态系统服务可能来源于生态系统的一种功能或多种功能组合。也就是说，生态系统功能与生态系统服务之间并不是一一对应的，每一种生态系统服务都可能由一种功能或多种功能组合产生，每种生态系统功能都可能对应着一种或者多种生态系统服务。例如，供给服务中的粮食供给主要是由支持功能中的土壤形成，调节功能中的气候调节、营养调节、授粉调节、生物控制，以及供给功能中的水量供给、基因组成等一系列生态系统功能综合作用而产生的。

因此，全面综合认识生态系统结构–过程–功能–服务的级联过程，有助于更好地把握生态系统服务形成的内在机理，从而更好地开展生态系统服务的研究与评价。

1.1.4 生态经济理论

生态经济学是研究社会物质资料生产和再生产运动过程中经济系统与生态系统之间物质循环、能量流动、信息传递、价值转移和增值以及四者内在联系的一般规律及其应用的科学。生态经济理论涉及与生态学和经济学相关的理论，由生态学理论和经济学理论共同构成。生态产品总值实物量核算基于生态学理论进行模型构建，生态产品总值价值量基于经济学理论进行核算。

1. 生态系统物质循环和能量流动

生态系统是在一定空间中栖息着的所有生物（生物群落）与其环境之间由于不断地进行物质循环和能量流动过程而形成的统一整体。生态系统具有整体、协调、循环、再生等规律。每一种生态系统都是由生物群体及其生存环境两部分组成，每种生态系统都有一定的食物链，每种生态系统都具有物质循环和能量转化的功能，生态系统自身调节能力的大小受生态系统内部要素的多样性和结构的复杂性影响。

生态系统的一个显著特征是系统中的物质循环和能量流动，物质循环是一个系统维持和运行的前提，能量流动是推动和促进物质循环的动力。生态系统由非生物环境、生产者、消费者和分解者四个主要部分组成。生态系统维持和运行的能量来自太阳能，绿色植物通过光合作用获取太阳能，把无机物转化为有机物并合成自己的"躯体"，同时也把太阳能转化为化学能储存在有机体内。植物被动物逐级消费，能量随着物质的路径而流动，最后通过微生物作用，把复杂的有机物分解成可溶性的化合物或元素，同时以热能形式释放出有机物储存的全部能量。生态系统中的物质循环是指化学物质由无机环境进入生物有机体，经过生物有机体的生长、代谢、死亡、分解，重新返回环境的过程。物质循环和能量流动是生态系统中的两个基本过程，这两个过程是生态系统运行的前提，其一旦被阻断，系统就会不复存在。因此，人类需要研究自然生态系统中的物质循环和能量流动，才能更好地促进生态系统与人类环境之间的可持续转化。

2. 生态系统的平衡与调节

生态系统的一个重要特点是它常常趋向于达到一种稳态或平衡状态，这种稳态是靠自身调节过程来实现的。生态平衡是在一定时间和相对稳定的条件下，生态系统各个部分的结构与功能处于相互适应与协调的动态平衡中[39]。任何一个能够维持其机能正常运转的生态系统必须依赖外界环境提供输入（如太阳辐射能和营养物质）和接受输出（如排泄物等），其行为经常受到外部环境的影响，所以它是一个开放的自维持系统。但是生态系统并不是完全被动地接受环境的影响，在正常情况下即在一定限度内，其本身都具有反馈机能，使它能够自动调节，逐渐修复与调整因外界干扰而受到的损伤，维持正常的结构与功能，保持其相对平衡状态。因此，它又是一个控制系统或反馈系统。当生态系统处于相对稳定状态时，生物之间和生物与环境之间出现高度的相互适应，种群结构与数量比例较长时间地没有明显变动，生产与消费和分解之间，即能量和物质的输入与输出之间接近平衡，以及结构与功能之间相互适应并获得最优化的协调关系，这种状态就称为生态平衡或自然界的平衡。

像自然界任何事物一样，生态系统也处在不断变化发展之中，是一个动态系统。只要给予足够的时间和在外部环境保持相对稳定的情况下，生态系统总是按照一定规律向着组成、结构和功能更加复杂的方向演进。在发展的早期阶段，系统的生物种类成分少，结构简单，食物链短，对外界干扰反应敏感，抵御能力弱，所以是比较脆弱而不稳定的。当生态系统逐渐演替进入成熟时期，生物种类多，食物链较长，结构复杂，功能效率高，对外界的干扰压力有较强抵抗能力，因而稳定程度高。这是由于系统经过长期的演化，通过自然选择和生态适应，各种生物都占据一定的生态位，彼此间的关系比较协调而依赖紧密，并与非生物环境共同形成结构较为完整、功能比较完善的自然整体，外来生物种的侵入比较困难；此外，由于复杂的食物网结构使能量和物质通过多种途径进行流动，一个环节或途径发生了损伤或中断，可以由其他方面的调节所抵消或得到缓冲，不至于使整个系统受到伤害。因此，一个稳定的生态系统需要满足：①维持生态系统的多样性和物种的多样性；②维持生态系统循环的闭合；③维持生态系统结构的完整性；④维持生态系统生物与非生物环境的平衡。

3. 生态产品的外部性和公共性

外部性是经济政策理论中一个重要的概念，是指一个人或一群人的行动和决策使另外一个人或一群人受损或受益的情况。外部性分为正外部性（positive externality）和负外部性（negative externality）。外部性首先是由马歇尔（Alfred Marshall）在其发表的《经济学原理》中提出的概念，如何解决外部性，实现外部性内部化是经济学一直思考的问题。阿瑟·庇古（Arthur Pigou）提出通过征税和补贴，实现外部性内部化，认为可根据污染所造成的危害对污染者收税或收费，以弥补私人成本和社会成本之间的差额。科斯（Coase）在《社会成本问题》中，提出了著名的"科斯定理"，认为在交易成本为零和对产权充分界定并加以实施的条件下，外部性因素不会引起资源的不当配置，该定理认为拥有有关决定资源使用的权力的人，无论是外部性因素的生产者还是消费者，其交易过程的结果总是一样的[40]。因此，只要清晰界定生态产品的产权，就可以促使社会系统向最优点移动。庇古税和科斯定理都是从解决环境负外部性的角度提出了解决理念。生态系统通过物种循环和能量流动，会产生固碳释氧、防风固沙、水源涵养、土壤保持等正的生态效益，即正外部性。如何实现生态效益正外部性内部化也是生态经济学研究的一个重点。生态补偿原则按照"谁开发、谁保护，谁破坏、谁恢复，谁受益、谁补偿，谁污染、谁付费"的原则进行补偿原则的制定，解决生态环境外部性问题。

生态产品具有公共性、非完全竞争性、非排他性等多重特征。生态产品提供的气候调节、水源涵养、固碳释氧、环境净化等调节服务，都具有明显的公共性特征。公共性的生态产品具有非排他性和非竞争性，一个使用者使用公共资源不会导致另一个使用者的效用减少，其所有权不属于个人，无个人产权，公共性生态产品存在"搭便车"的问题和产生"正外部性"生态效益没有收益的问题。然而，一旦公共性的生态产品遭到破坏，其他使用者就会产生额外支出，如使用同一条河流上下游的两个用户，上游企业排放污水必然会影响下游居民正常生活。因此，为减少"搭便车"行为，实现资源的有效配置，需要市场和政府共同发挥作用，对具有公共性特征的生态产品，通过纵向和横向生态补偿、生态修复、产权制度、税收、监管等政策工具的干预，提高公共性生态产品的供给能力，解决市场失灵，保护生态系统的真实性和完整性。

1.1.5　生态产品定价理论

1. 边际效用价值理论

边际效用价值理论是在 18 世纪法国与意大利等国的经济学家在创立的效用价值论的基础上建立起来的一种现代西方价格理论。边际效用价值理论的倡导者有奥地利的卡尔·门格尔、英国的威廉斯坦利·杰文斯和法国的里昂·瓦尔拉斯。他们同时在 19 世纪 70 年代提出这一理论，并经由门格尔的继承人弗里德里希·维塞尔与欧根·庞巴维克的发展，形成一个完整的理论体系。他们认为，商品的价值并非商品内在的客观属性。价值可分为主观价值与客观价值，主观价值为产品"对于物主福利所具有的重要性"，也就是人们对物品效用的主观评价。客观价值是指人们获得某些客观成果的能力，它是单纯的技术关系。边际效用价值理论的主要观点如下。

第一，效用是价值的源泉和形成价值的必要条件，其同稀缺性结合起来，形成商品价值。效用表明价值可能达到的高度，或某一个范围；稀缺性则决定在具体实践中，价值实际达到上述范围中的某一点。第二，边际效用是衡量价值量的尺度，是指人们所能消费的某种商品中，最后一个单位的商品给人们带来的效用。物品的价值量是由边际效用决定的。第三，效用是可以计量的。边际效用由需要和供给之间的关系决定，它与需求强度呈正方向变动，与供给呈反方向变动。第四，边际效用递减与边际效用均等。人们对某种物品的欲望强度随着享用该物品数量的不断增加而递减，因而物品的边际效用是随其数量增加而递减的；随着物品不断供给，其边际效用可降到零点；如果此时再进一步提供，边际效用就会变为负值，此即"边际效用递减规律"。同时，由于许多物品供给是有限的，人们就需有意识地或潜意识地把各种具体欲望的强度进行比较，将有限的产品分配在一系列不同种类的欲望中，最终使各种欲望满足的程度相同，此即"边际效用均衡定律"。

边际效用价值理论的问世，对现代经济价格理论产生了巨大作用。首先，它把消费和需求提高到经济的首位，同时尽量缩小生产和劳动的作用；其次，它强调个人或个体，把它看作是经济主体，而社会则是各个个体的总和；最后，它着重于主观心理因素的作用分析，运用边际分析法分析效用问题。效用价值理论被历史和实践证明，有许多合理的成分。然而，该理论也有一个缺陷，即认为只有进入市场、能够买卖的东西才有价值；不能进入市场进行交易的东西就没有价值，往往导致资源环境的外部性问题。该理论和没有劳动参与的东西没有价值的理论一样，是自然资源无价、可以无偿占有和无偿使用的理论根源[41]。

2. 福利经济学定价理论

人类需求的满足程度可以用社会福利来度量，这种福利不仅取决于个人所消费的私人物品以及政府提供的物品和服务，还取决于其从生态环境系统得到的非市场性物品和服务的数量与质量，如生态环境的生态调节服务、生态文化娱乐服务、清洁环境带来的各种健康服务等。因此，福利经济学的相关理论是生态环境价值核算的理论基础。

福利经济学认为经济活动的目的是增加社会中个人的福利。如果一个社会想让它的所有资源都发挥最大的效用，就必须在环境变化和资源使用所带来的效益与将这些资源和要素用于其他用处所带来的成本之间进行权衡。根据权衡的结果，社会必须对环境和资源的配置进行适当的调整，以使个人福利得到增加。同时，假设每个人能够绝对正确地判断自己的偏好（福利状况），这些偏好都有其替代物，即偏好具有可替代性。

可替代性理论是经济学价值核算的核心，因为它在人们所需的各种物品之间建立了相应的替代率[42]。一种货物或服务（A）的数量减少 x，将导致社会福利降低。根据偏好的可替代性，如果存在另一种货物或服务（B），其数量增加 y 可使社会福利保持不变。x 数量的 A 与 y 数量的 B 具有相同的价值，x 与 y 的比例关系就是两者的替代率。如果将 A 理解为一种有明确价值的基准商品，则根据 B 与 A 的替代率，就可以明确地得到 B 的价值，用货币形式表示，就意味着获得了 B 的价格（图 1-2）。

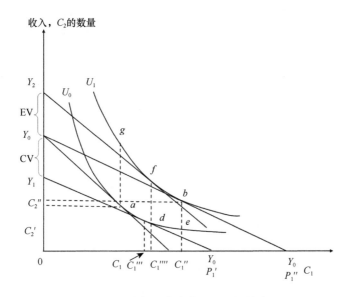

图 1-2　价格下降的收入和替代效应

根据替代率的思想，可以对生态环境变化进行价值评估。以货币或某种有明确货币价格的物品作为基准商品，当生态环境的数量或质量发生变化时，只需要确定此时基准商品需要多大规模的变化能使社会福利保持不变，就可以根据基准商品的变化规模决定生态环境变化的价值量，从而给出生态环境变化所带来的货币价值。

生态环境价值核算的基本思路是生态环境服务被居民和企业享受，并把其分别处理为效用函数与生产函数的变量。通过分析标准的消费者与生产者行为理论，得到生态环境服务价值定价的方法[43]。生态环境政策涉及的主要是非市场性的生态环境物品和服务的数量或质量变化，其重要特征是它们的有效性取决于其数量固定且不可改变，这些数量在每个人对消费组合进行选择时起约束作用。

生态环境定价涉及补偿剩余（CS）和等量剩余（ES）两个基本概念。CS 指如果有机会购买新的商品 C_1''，且其价格已经改变，为了使之与初始位置所带来的个人福利相等，需要支付多少进行补偿。CS 的大小是在新的商品 C_1'' 处两条无差异曲线之间的垂直距离，即图 1-2 中 b 到 e 点之间的距离。ES 指在给定初始价格及消费水平 C_1 的情况下，为了使个人福利在新的价位和消费点 b 保持不变，收入需要变化多少。图 1-2 中 ES 的大小是指商品 C_1 的消费保持在初始水平时，两条无差异曲线之间的垂直距离，即 a 点到 g 点的垂直距离。

如果考虑环境退化（E），分析 CS 和 ES 的情况，可以发现 CS 是因 E 的降低而愿意接受的补偿，而 ES 是因避免 E 的降低而愿意支付的数量（表 1-1）。

表 1-1　环境质量变化的货币计量

环境质量变化	CS	ES
环境改善	对变化发生的 WTP	对变化不发生的 WTA
环境退化	对变化发生的 WTA	对变化不发生的 WTP

根据替代率的思想，可以对资源环境变化进行价值评估。这种以可替代性为基础的价值评估，可进一步引入支付意愿（willingness to pay，WTP）和接受补偿意愿（willingness to accept compensation，WTA）两个概念。支付意愿指人们为了得到像具有环境舒适性的物品而愿意支付的最大货币量。接受补偿意愿是指人们要求自愿放弃本可体验到的改进时获得的最小货币量。支付意愿和接受补偿意愿可以根据人们愿意用来替换被评价物品的其他任何物品来确定。这两个价值计量方法都是以偏好的可替代性这一假设为基础的，但它们对福利水平采用了不同的参考点。支付意愿以没有改进作为参考点，接受补偿意愿则是以存在作为福利或效用的参考点。在原则上，支付意愿和接受补偿意愿不必相等。支付意愿受个人收入的限制，但是当人们因放弃改进而要求补偿时，其数量没有上限。支付意愿和接受补偿意愿是对资源环境变化–基准商品变化之间替代关系的细化，是由理论到实际操作过程中的一个重要环节。根据资源环境系统变化影响社会福利的不同途径，福利经济学对支付意愿和接受补偿意愿各自的适用范围以及测度方法进行了深入研究。

弗里曼认为资源环境价值取决于三组函数关系。第一组函数关系的因变量是资源环境数量质量水平，自变量是人类的干预活动，该组函数关系用以估计人类活动对资源环境的影响；第二组函数关系以资源环境的用途作为因变量，表现为人类利用资源环境的水平，自变量为资源环境数量质量水平和利用资源环境的投入，这组函数关系反映人类对资源环境系统的依赖程度；第三组函数关系的因变量是资源环境系统的货币价值，自变量为资源环境的用途，反映环境用途的经济价值。通过这三组环环相扣的函数关系，可以得到进行资源环境价值评估的程序。对于一般性的资源环境价值评估而言，评估过程可以分为两个阶段：第一阶段主要研究资源环境数量或质量水平的变化将对人类福利产生哪些影响以及影响的程度。第二阶段是选择具体方法将对人类福利的影响货币化。而对于评价政策、项目或工程对资源环境的影响而言，则首先需要研究人类干预将导致资源环境数量和质量水平在哪些方面产生变化以及变化的程度[42]。

资源环境价值评估在理论上有两个要点：一是依据社会福利变化来计量价值，二是根据可替代性的原则，以替代率将难以计量的资源环境价值与一般等价物货币联系在一起。资源环境价值变化影响社会福利主要有四条路径：商品价格的变动、生产要素价格的变动、非市场性物品或服务数量的变动和非市场性物品或服务质量的变动。前两条路径体现在市场体系之内，而后两条路径则发生于市场范围之外。资源环境系统的变化往往会同时通过这四条路径影响社会福利。需要说明的是，以上叙述都是着眼于资源环境变化来进行价值评估，未涉及资源环境存量的价值评估。

3. 马克思资源价格理论

马克思资源价格理论包括劳动价值论和市场价值论两个理论。该理论认为价值是由抽象劳动创造的，抽象劳动是商品经济中社会劳动的存在形式，反映商品生产所特有的社会生产关系，而社会必要劳动时间是决定价值量大小的要素。商品的生产过程是劳动过程与价值形成过程的统一，在劳动过程中，具体劳动创造商品的使用价值，而在价值形成过程中，抽象劳动创造商品的价值，商品价值包含生产资料转移过来的物化劳动和当期投入的活劳动。因此，价值由购买生产资料的不变资本 C、补偿购买活劳动的可变资本 V 以及劳动者创造的剩余价值 M 三部分组成。

马克思的市场价值论是在其劳动价值论的基础上发展而成的。马克思提出价值是价格形成的基础，价格是价值的货币表现。价值是一个社会范畴，它不是由个别价值组成，而是由社会价值或市场价值组成，即一般由中等生产条件决定，这样条件优越的企业所生产的商品的个别价值就会低于市场价值，从而取得超出平均剩余价值之上的超额剩余价值。在不同供求条件下，市场价值是不同的。当供求大致平衡时，市场价值由中等技术的生产条件决定；当供不应求时，市场价值由劣等技术的生产条件决定；当供过于求时，市场价格下降，迫使劣等生产条件退出生产，中等生产条件减少，优等生产条件发展，这时市场价值大体接近于优等条件下生产的商品的个别价值。商品价格以生产价格为基础、围绕着生产价格而上下波动，正是生产价格规律的实现形式，也是价值规律实现形式的一种延伸和转化。

马克思的价值理论是在古典政治经济学的劳动价值论基础上发展起来的，是从商品交换关系中抽象出来的，本质上体现着人与人之间的关系，适应于处理人与人之间的关系，即生产关系方面的问题。马克思的价值理论认为没有劳动就没有价值，易于得出资源无价的结论，不利于资源的可持续利用，因此需要从资源稀缺性的角度来探讨资源的价格。

1.2　生态产品总值核算相关概念

生态产品总值核算涉及生态学、生态经济学、资源经济学、环境经济学、统计学等多个领域，相关概念较多，其核心的科学概念、重要的基础理论、关键的研究方法及重大应用实践模式等还没有形成一个清晰的学科逻辑、理论知识及实践应用的技术体系，生态资产、生态资源、生态产品、生态资本等相关概念还比较混乱[21]，需要首先对相关概念进行科学界定，进一步厘清概念之间的关系和区别，为生态产品总值核算和区域生态环境政策制定提供基础支撑。

（1）生态系统（ecosystem）。生态系统是指由生物群落及其生存环境通过能量流、物质流、信息流共同组成的动态平衡系统。生态系统具体包括森林生态系统、草地生态系统、湿地生态系统、荒漠生态系统、农田生态系统、城市生态系统和海洋生态系统等类型。

（2）生态资产（ecological asset）。生态资产是国家拥有的、能以货币计量的，预计可带来直接或间接经济利益的自然资源和生态环境[44]，包括各类自然生态系统、半自然生态系统和人工生态系统。生态资产是自然资源价值和生态系统服务价值的结合统一。生态资产评估主要从存量的角度进行量化，评估形式包括实物量核算和价值量核算。

（3）生态产品（ecological products）。生态产品是指生态系统生物生产和人类社会生产共同作用提供给人类社会使用和消费的终端产品或服务，包括保障人居环境、维系生态安全、提供物质原料和精神文化服务等人类福祉或惠益，是与农产品和工业产品并列的、满足人类美好生活需求的生活必需品[45]。生态产品可分为公共性生态产品、准公共性生态产品和经营性生态产品三类。生态产品在概念、内涵、应用上同生态系统服务基本一致，是中文语境下的提法[46]。

（4）生态功能（ecosystem function）。生态功能是生态系统所体现的各种功效或作用，由生态系统自身决定，主要表现在生物生产、能量流动、物质循环和信息传递等方面。

（5）自然资源（natural resource）。自然资源指在一定时间和一定条件下，能够产生经济效益，以提高人类当前和未来福利的自然因素和条件。自然资源分为可再生资源和不可再生资源，可再生资源包括生物资源、农业资源、森林资源、海洋资源、气象资源、水资源等，不可再生资源包括矿产资源、化石能源等，具有可用性、变化性、空间分布不均匀性和区域性等特点。

（6）自然资本（natural capital）。自然资本指在一定时空条件下，自然资源及其所处的环境在可预见的未来能够产生自然资源流和服务流的存量。自然资本具有增值性、不可替代性、存量与流量特性以及非完全资本折旧特性[47]。自然资本具有自然和资本的双重属性，自然属性表明自然资源是自然资本之源，自然资本均包含于自然资源之列，但并不是所有的自然资源均可成为自然资本，如公海海洋资源等具有公共性质的自然资源不能成为自然资本。资本属性是指自然资源与经济学中所指的资本具有相似的性质，即自然资本也可以像常规资本一样产生资源流或服务流，体现资本的增值特性，且产权确定。从投资活动的角度来看，资本与流量核算相联系，而作为投资活动的沉淀或者累积结果，资本又与存量核算相联系，即资本的质量和存量状况在很大程度上决定着未来资本的升值空间和增值潜力。

（7）实物量（physical quantity）。实物量是指生态系统产品与服务的物理量，如粮食产量、木材生产量、水产品捕捞量、洪水调蓄量、土壤保持量、碳固定量与景点旅游人数等。

（8）价值量（monetary value）。价值量是指生态系统产品与服务的货币价值。

（9）存量（stock）。存量是指在一定的时空条件下，自然资本以物质形态的形式存在于地球上某一地理空间内的自然资本总量[48]。其在很大程度上决定着自然资本的流量，自然资本流量又会引起存量特征的重大变化，二者互为因果、相互作用，共同构成了描述自然资本状态的完整统一体。

（10）流量（flow）。流量是指在某一时间点，在一定的地理空间范围内自然资本的产出量。

（11）生态系统服务（ecosystem services）。生态系统服务是指人类从生态系统中得到的惠益，包括物质产品供给、调节服务、文化服务以及支持服务。支持服务是支撑和维护其他类型生态系统服务可持续供给的一类服务，主要为中间服务。利用生态经济学方法对生态系统服务进行价值量化后的结果称为生态系统服务价值。

（12）生态产品总值（gross ecological product，GEP）。生态产品总值是指行政区域内生态系统为人类福祉和经济社会可持续发展提供的各种最终产品与服务价值的总和，主要包括生态系统提供的产品供给服务、调节服务和文化服务。

（13）供给服务（provision services）。供给服务指人类从生态系统获取的可在市场交换的各种物质产品，如食物、纤维、木材、药物、装饰材料等其他物质材料。

（14）调节服务（regulating services）。调节服务指生态系统提供改善人类生存与生活环境的惠益，如调节气候、涵养水源、保持土壤、调蓄洪水、降解污染物、固定二氧化碳等。

（15）文化服务（cultural services）。文化服务指人类通过精神感受、知识获取、休闲娱乐和美学体验从生态系统获得的非物质惠益。

（16）绿金指数（green gold index）。通过生态系统生产总值与绿色国内生产总值（GDP）的比值，反映"绿水青山"和"金山银山"的关系。

（17）生态产品初级转化率（eco-products primary conversion）。生产产品初级转化率指产品供给与文化旅游之和占 GEP 的比重，反映"绿水青山"向"金山银山"的转化水平。

（18）生态破坏（ecological damage）。生态破坏指由人类不合理利用导致森林、草地、湿地、农田等生态系统的生态系统服务功能损失，并以货币形式表现出的成本价值。

1.3　生态产品与经济产品的关系

1.3.1　生态产品产生的生态学过程

生态产品是指生态系统产出并通过直接方式或间接方式进入市场的有形产品或无形产品，既包括有人类劳动参与加工的半自然产出，又包括仅有人为管理和干预的生态系统。生态资源与环境一直作为资产和资本支持人类繁衍与社会进步，只是不同时期被认可的生态资产种类随消费需求和生态种类的稀缺度而不断变化[21]。

生态资产主要从生态系统"存量"的角度分析，"存量"主要体现为生态系统的组分与结构，"流量"主要体现为生态系统服务，包括供给服务、调节服务和文化服务等，当生态资产被赋予权属后，就可以通过直接或间接方式进入市场，生态资产随即转化为生态产品（图 1-3）。

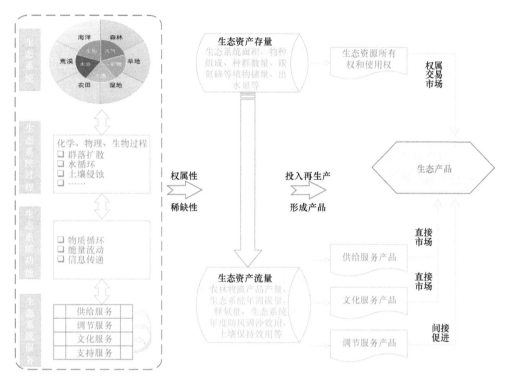

图 1-3　生态产品形成过程[21]

生态产品主要包括两大部分内容：一是生态资产存量赋权后，其生态资源所有权和使用权在权属交易市场上进行交易，如排放权、取水权、排污权、用能权等产权交易体系，形成生态产品；二是生态资产量可以直接或间接地进入市场进行交易，主要可以分为供给服务产品、文化服务产品和调节服务产品三类，其中供给服务产品和文化服务产品直接进入市场进行交易，调节服务产品多是间接进入市场，可以有效促进经济发展和其他产品发展。

1.3.2　生态产品的经济特征

生态产品的概念中包括以下四部分内涵：一是生态产品中包含人类生产劳动过程，是人类生产和生态生产共同作用的结果，生态产品既可以是像其他经济产品一样被生产经营的商品，也可以是从原始生态系统中，通过简单管理或干预获得的生态产品，如野生食品或净化空气等；二是直接或间接用于市场交易，除少量生产供自己使用外，通过交换方式提供给市场被人们使用和消费，具备在市场中流通、交易而成为商品的可能和基础；三是以人类消费为最终目的，生态产品的核心是物品的有用性，能够满足人类一定需求，满足人民日益增长的美好生活需要；四是终端产品，终端产品或服务是由生态系统过程和功能产生的具体的、可感知的、可测量的结果，它与特定人类收益直接关联，不需要通过其他生态功能和过程而直接影响人类收益。通过对生态产品内涵进行分析可以发现，其特点与经济产品在基本内涵上具有共性。

　　生态产品主要分为三类，分别是公共性生态产品、准公共性生态产品和经营性生态产品（图1-4）。公共性生态产品的产权是区域性或者是公共性的，主要包括生态系统的生态调节功能，如清洁的水和空气等，这类产品由于不具备排他性和竞争性，与当地自然资源禀赋直接相关，不同地区和不同人群的差异相对较大。但公共性生态产品的非排他性和非竞争性取决于其承载空间和承载能力，只有种类稀缺时才会在市场上体现出价值，当种类不稀缺时很难直接在市场上体现出价值，但这类生态产品非常重要，是经济社会发展不可或缺的重要生产要素，间接产生经济价值。准公共性生态产品具有非竞争性和排他性，主要包括生态系统的文化服务价值，如风景优美的景区和在环境良好地区修建的养老康养设施等，是人类活动和大自然联合作用的产物。准公共性生态产品也包括可交易的排污权、碳排放权、用水权等资源开发权益，以及总量配额和开发配额等资源配额指标。经营性生态产品具有较高的竞争性和排他性，主要是生态系统的供给服务，是人

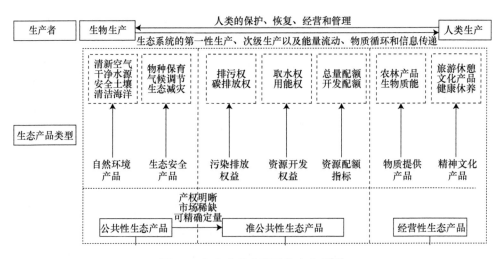

图1-4　生态产品内涵及基本分类[45]

类参与度最高的生态产品，一般具有明确的产权，在生态产品进入市场交易时实现生态资本化经营。当这些生态产品来源于更好的生态环境地区时将会具有更高的使用价值，但这类产品的生态溢价，往往会因为信息不对称而需要第三方认证才能实现[49]。

1.3.3 生态产品的供给方和需求方

生态产品的供给和需求关系是非常独特的，这是由生态产品的公共物品特性和自然生态系统同时参与到供给和需求决定的。也就是说，生态系统既是供给方，也是需求方。

1. 生态产品供给方

生态产品供给方主要包括生态系统、政府、企业等经营主体。其中，生态系统是生态产品第四产业的核心供给方，政府是制度供给的关键主导方，企业是重要的市场主体。社会公众也可通过个人对生态保护的贡献成为生态产品的供给者。

第一供给方为生态系统。生态系统指在一定地域范围内生物及其生存环境通过能量流、物质流、信息流形成的功能整体，包括各类"山水林田湖草"自然生态系统及以自然生态过程为基础的人工复合生态系统，如森林、草原、湿地、荒漠、海洋、农田、城市等。生态系统作为初级生态产品的生产主体，是生态产品的核心供给方。

第二供给方为政府。首先，政府是生态产品生产供给的核心推动主体和制度保障主体，如生态资产确权登记、权益流转经营制度、交易市场构建等机制；其次，政府是生态产品生产供给的规范引导主体，通过产业政策予以引导激励，在生态产品监测、核算、认证等环节需要标准规范；最后，政府是生态产品生产供给的直接投资主体，中央及地方政府是国有或集体生态资产所有权的代表主体，依法向社会企业、组织或个人出让生态资产使用权的第一投资主体。

第三供给方为企业。生态产品市场经营开发商在通过政企合作、特许经营等方式获得生态资产经营及使用权的前提下，开展生态产品开发、生态资产管理、生态资本运营，实现生态资本持续循环、保值增值，是生态产业发展的核心市场主体。例如，以生态环境导向的开发（EOD）等模式统筹实施生态环境综合治理和生态产品开发经营的生态环境综合服务商，在产业链中具有重要支撑作用。

2. 生态产品需求方

生态产品需求方主要包括社会公众和自然生态系统。当然，从自然生态系统向社会经济系统提供资源能源、环境容量、人类生存环境的角度来看，整个社会经济系统都是生态产业的需求方，这也是一些专家把自然生态产品产业划分为第零产业的重要原因。从生态产品服务于人与自然和谐共生角度出发，社会公众和生态系统是生态产品的主要需求方。

社会公众是第一需求方，是生态产品的消费主体和受益主体。社会公众作为生态产品的终端消费者，可享受到更优美的生态环境，更优质的生态物质产品，更丰富的休闲旅游、健康养老等服务。同时，社会公众通过消费生态产品可直接或间接地支持生态产业发展，增强产业的整体效益，带动更多社会资本投入生态产业，形成良性循环。

生态系统是第二需求方。由于产业经营产生的部分现金流通常以生态反哺形式流入生态建设和保护修复，自然生态系统不仅是生态产品的核心供给者，同时也是生态产业发展的最终受益主体之一。

1.3.4 生态产品和经济产品的对应关系

生态环境转化为生态产品，价值规律可以在其生产、流通与消费过程发挥作用，运用经济杠杆实现环境治理和生态保护的资源高效配置。生态产品可以分为供给服务、调节服务、文化服务三大类、28 个小类，分类如表 1-2 所示。有些生态产品已经进入经济系统，成为经济产品的一部分，如供给服务中的生态农业、生态林业、生态畜牧业和生态渔业，以及文化服务中的生态旅游、生态康养等产业。还有一些生态产品如调节服务目前没有进入经济系统，还没有成为经济产品，以间接的形式体现在经济产品中。

表 1-2 生态产品与经济产品的对应关系

服务	一级分类	二级分类	直接或间接体现在经济产品中
供给服务	生态农、林、牧、渔业产品及其加工产品	生态农业	直接
		生态林业	直接
		生态畜牧业	直接
		生态渔业	直接

续表

服务	一级分类	二级分类	直接或间接体现在经济产品中
调节服务	生态调节服务	水源涵养	间接
		土壤保持	间接
		空气净化	间接
		水质净化	间接
		气候调节	间接
		固碳释氧	间接
		病虫害控制	间接
		物种保育	间接
		减灾降灾	间接
	衍生性生态调节服务	碳排放权开发	间接
		排污权开发	间接
		用水权开发	间接
		用能权开发	间接
		清水增量指标开发	间接
		绿化增量指标开发	间接
		碳汇开发	间接
		其他衍生性产品	间接
文化服务	生态文化服务	农业休闲观光	直接
		休憩服务	直接
		生态旅游	直接
		生态康养	直接
		自然教育	直接
		生态美学服务	间接
		生态文化资源开发	间接

1.4　生态总值核算的历史沿革

1.4.1　国际进展

国际上关于生态系统服务价值的评估主要源自 20 世纪 60 年代中后期，其中 King[50]和 Helliwell[51]分别在其著作 *Wildlife and Man Information Leaflet* 和论文 *Valuation of Wildlife Resources* 中提到了"野生生物服务"（wildlife service）的概念。

1970 年，联合国大学（United Nations University）发表《人类对全球环境的影响报告》，首次提出"环境服务功能"的概念，并列举了生态系统对人类环境服务功能的主要类型。其后，Holder 和 Ehrlich（1974 年）、Westman（1977 年）、Odum（1986 年）进行了早期较有影响的研究，其中较有代表性的是 1977 年 Westman 提出的"自然的服务"概念及其价值评估问题[33]。经过多位学者的发展和补充，Ehrlich P 和 Ehrlich A [34]正式将生态系统对人类社会的影响及其效能确定为"生态系统服务"，生态系统服务的概念逐渐为人们公认和普遍使用。20 世纪 90 年代以后，生态系统服务价值的研究日益增多，其中最具有代表性的研究是在全球生态系统服务价值的评估研究中，Costanza 等[10]和 Daily [29]等学者先后提出用生态系统服务价值将生态系统提供给人类的服务进行量化。

在此基础上，国际组织陆续推动一系列大型的生态系统服务价值核算研究，主要包括联合国的千年生态系统评估（millennium ecosystem assessment，MA）[28]、欧盟的生态系统和生物多样性经济学（TEEB）项目[52]、世界银行的财富账户与生态系统价值核算（wealth accounting and the valuation of ecosystem services，WAVES）项目[53]和联合国统计司（UNSD）发布的基于环境经济核算体系的《实验性生态系统核算》[54]等一系列成果都对生态价值核算在方法学、政策应用方面做了大量探索。其中，MA、TEEB 等将生态系统服务划分为供给服务、调节服务、文化服务和支持服务四类，《实验性生态系统核算》基于最终服务的考虑，正式提出将生态系统服务划分为产品服务、调节服务和文化服务三类进行价值核算，得到学术界一致肯定。经过两轮的全球意见征集，联合国统计司完成《实验性生态系统核算》修编工作，正式版的《生态系统核算》[54]已于 2021 年 3 月正式发布。与《实验性生态系统核算》相比，《生态系统核算》更加强调核算的适用性，对于评估方法还不成熟的非使用价值（non-use value，NUV）和消费者剩余（consumer surplus）价值，未纳入核算体系，但并不否认其对于生态价值的重要性；同时，新的核算体系在生态系统分类方法中采纳了 2020 年世界自然保护联盟（IUCN）的全球生态系统分类（IUCN global ecosystem typology）[55]；核算指标中将固碳服务作为气候变化调节服务的一部分进行整合，并在调节服务中加入了栖息地保护服务。

联合国环境经济核算委员会（UNCEEA）在 2017 年联合国统计委员会第 47 届大会上提出，"2020 年，至少应有 50 个国家建立官方生态系统核算账户"。在2022 年联合国统计司的最新评估中，截至 2021 年，全球有 41 个国家开展了环境经济核算–生态核算（SEEA-EA）实践[56]。在国家层面，荷兰、澳大利亚和英国发布的生态系统价值核算报告最为详细，西班牙和南非定期发布区域层面的生态系统价值核算报告。欧盟会定期评估成员方生态账户状况并发布报告，经济合作与发展组织（OECD）成员国会通过本国的国际援助渠道或通过世界银行、联合国等机构联合大学和科研机构支持一些发展中国家开展生态系统价值核算工作。

1.4.2　国内进展

生态产品总值核算主要对生态系统提供的各种最终服务和产品进行价值量核算。我国生态产品总值核算实践所采用的思路，主要包括服务价值核算法、当量因子法和基于能值的生态元法三种。中国科学院地理科学与资源研究所（简称中国科学院地理所）谢高地[①]基于 Costanza 的研究成果，提出了当量因子法，在区分全国不同生态系统服务功能的基础上，基于可量化的标准构建了不同类型生态系统各种服务功能的价值当量，然后结合生态系统的面积进行评估。当量因子法方法统一、直观易用、数据需求少、结果便于比较，但其体现的是一个宏观平均化的量值，无法完全反映具体区域的生态系统特征。刘世锦等[②]提出了基于能值的生态元核算方法，主要从地球生物圈能量运动角度出发，以太阳能值来表达某种资源或产品在形成或生产过程中所消耗的所有能量，并在此基础上建立一般系统的可持续性能值核算指标体系。"生态元"是衡量生态系统服务价值的"当量"单位，并以生态元为标准构建生态系统服务实物量度量单位。但其核算过程利用的参数较多，核算结果存在较大的不确定性，尚需实践检验。

服务价值核算法在对各种生态系统不同指标服务的实物量进行核算的基础上，核算生态服务价值。生态环境部环境规划院[57, 58]、中国科学院生态环境研究中心[59]、中国科学院地理所、中国林业科学研究院、中国环境科学研究院等相关单位的研究团队都以这种方法为主开展核算。核算体系、核算指标和价值量评估方法的不同，直接影响了核算结果的可比性。生态环境部环境规划院在 2008～2013 年持续开展全国生态破坏退化成本核算的基础上，从 2014 年开始启动并持续开展了全国生态产品总值核算，完成了 2015～2020 年覆盖全国 31 省（自治区、直辖市）和所有地级以上城市的生态产品总值核算，形成了国家层面的生态产品总值核算年度报告制度，同时指导福建、西藏、青海、江西、云南、内蒙古等地建立了大量的生态产品总值核算试点。为提高生态产品总值核算的科学性、规范性和可操作性，生态环境部环境规划院联合中国科学院生态环境研究中心，编制完成《陆地生态系统生产总值（GEP）核算技术指南》，该指南被生态环境部以技术文件的形式，向全国各省（自治区、直辖市）生态环境厅（局）和新疆生产建

[①] 谢高地, 张彩霞, 张昌顺, 等. 2015. 中国生态系统服务的价值. 资源科学, 37(9): 1740-1746.
[②] 北京腾景大数据应用大科技研究院. 2019. 基于"生态元"的全国省市生态资本服务价值核算排序评估报告.

设兵团生态环境局印发，并指导福建省完成我国首个陆海统筹的《福建省生态产品总值核算技术指南》，为地方开展生态产品总值核算提供了全面的技术支撑。

在单个生态系统价值核算中，森林、草地、湿地等生态系统价值核算是我国研究的重点领域。我国在技术规范和具体核算监测等方面开展了大量的详细研究，先后发布了《森林生态系统服务功能评估规范》（LY/T 1721—2008）、《荒漠生态系统服务评估规范》（LY/T 2006—2012）、《自然资源（森林）资产评价技术规范》（LY/T 2735—2016）、《戈壁生态系统服务评估规范》（LY/T 2792—2017）、《岩溶石漠生态系统服务评估规范》（LY/T 2902—2017）、《森林生态系统服务功能评估规范》（GB/T 38582—2020）等规范导则。中国林业科学研究院森林生态环境与保护研究所的王兵等提出了森林生态系统服务全指标体系连续观测与清查新技术，采用长期定位观测技术和分布式测算方法，定期对同一森林生态系统进行重复的全指标体系观测与清查，建立了森林生态系统从数据收集到价值核算的科学、统一的方法体系，已在多个省市进行应用。针对草地、湿地等不同生态类型价值的核算工作近年来也有较快增长，其中以中国科学院地理所、兰州大学为代表在草地生态系统价值方面发表研究成果较多，主要研究区域集中在青藏高原、四川、内蒙古等西部地区；湿地方面以中国科学院东北地理与农业生态研究所、中国林业科学研究院湿地研究所、中国科学院生态环境研究中心发表的研究成果较多，研究区域集中在东北湿地、广东、浙江等东南沿海和青藏高原区域；森林方面以北京林业大学、西北农林科技大学、福建农林大学为代表发表的研究成果较多，研究区域较为分散，多在我国重点生态功能区划定的范围开展。

在《生态文明体制改革总体方案》和各个生态文明试验区实施方案等政策要求下，我国地方政府对生态价值核算具有实践需求，积极开展生态产品总值核算实践，探索建立生态产品总值核算制度，助推我国生态系统价值核算理论提升。2019 年 8 月，《中共中央 国务院关于支持深圳建设中国特色社会主义先行示范区的意见》明确提出，要"探索实施生态系统服务价值核算制度"。2021 年 6 月发布的《中共中央 国务院关于支持浙江高质量发展建设共同富裕示范区的意见》提出，"探索完善具有浙江特点的生态系统生产总值（GEP）核算应用体系"。截至目前，浙江省、贵州省、福建省、江西省已发布了各自的生态产品总值核算技术规范。青海、山西、海南、内蒙古等省（自治区），深圳市、丽水市、福州市、厦门市、兴安盟、承德市、南平市等市（盟）以及武夷山市、阿尔山市、丰城市、将乐县、崇义县、万年县、赤水市等 100 多个县（市）进行了生态产品总值核算试点示范，从时间、空间、生态系统等多个维度，对生态系统提供的生态产品总值进行核算（图 1-5）。其中，深圳市盐田区率先开展生态价值核算结果在政府绩效考核中的应用研究,并提出 GDP 与生态产品总值双核算、双运行、双提升的目标要求,把生态价值提升作为与 GDP 同等重要的指标,这一制度创新助推了生态价值核算在政策管理中的应用。如何推动"绿水青山"向"金山银山"的转化,探索生态产品价值实现,是地方政府关注的焦点。

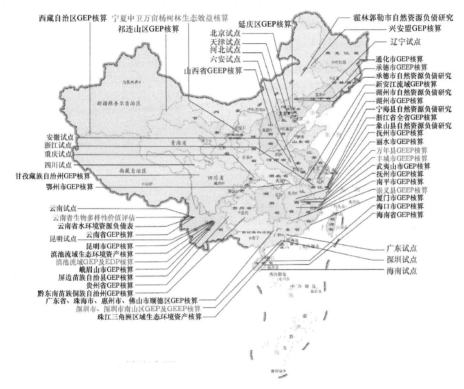

图 1-5　全国 GEP/经济生态生产总值(GEEP)核算试点分布(截至 2021 年底)

1.4.3　发展趋势

生态系统服务价值或自然资本核算在近 30 年来的发展过程中呈现出核算方法和规则规范化、数据支撑精细化、工具方法成熟化、应用领域多元化等特征。特别是在核算框架的规范方面,在联合国《生态系统核算》等国际核算标准的引导下,目前大多数学者和政府机构基本认可以供给服务、调节服务和文化服务为基础的生态系统服务价值核算概念框架。通过对大量的国家和国际核算项目的梳理,发现生态系统价值核算有以下几个发展趋势。

1. 流量与存量并重

联合国《实验性生态系统核算》框架阶段（2014～2020 年）包括之前的一些研究项目都主要聚焦于生态系统服务价值的流量核算，因为流量核算无论是规则还是核算时间，都便于和宏观经济核算指标 GDP 进行脱钩比较，用于衡量宏观经济社会发展对自然生态与环境资源的消耗程度。随着核算结果在绿色金融等政策领域的应用和对核算工作要求的提高，在新修订的《生态系统核算》（2021 年）框架中，生态资产存量核算已经被提到了与流量核算相同的高度。未来生态系统价值核算不仅要核算流量的生态系统服务价值，还要根据生态系统类型（草原、森林等）的生命周期核算生态资产的存量价值。

2. 实物量评估与价值量评估并重

虽然生态系统服务价值量核算具有地区间可比较、方便交易、与现行经济核算体系具有更好的衔接性等诸多优点，但由于价值量化参数不好选取，方法存在争议，特别是以支付意愿为代表的陈述偏好法，存在调查费用高、调查结果控制难度大等问题，因此国际上对生态系统服务价值核算及其政策应用不局限于生态系统服务价值的价值量。事实上以英国生物多样性补偿案例为代表，以等价交换、占补平衡为核心原则实现了区域生物多样性的总量平衡。在这类政策应用场景中，仅通过开展生态系统服务价值实物量核算，就可以支撑一系列政策应用。

3. 融入国民经济核算体系

由于生态环境资源消耗以及生态系统贡献价值的缺失，国民经济核算体系被长期诟病。自 20 世纪 80 年代开始，国际上不停地探索如何将 GDP 指标进行完善或找到替代性指标，具有代表性的工作包括可持续经济福利指数（index of sustainable economic welfare，ISEW）（1989 年）强调将资源消耗的环境退化从 GDP 中扣减；净国家福祉（gross national well-being，GNH）（2005 年）提出在国民经济核算的基础上，加入环境、教育在内的 7 个指标；超越 GDP 行动倡议［《超越GDP——在变化世界中衡量进步》（GDP and Beyond：Measuring Progress in A Changing World）］（2009 年）从多个角度提出 GDP 在衡量社会发展中的不足，是对唯 GDP 至上思想的一次彻底性纠偏，受到广泛关注。联合国《生态系统核算》是新发展阶段下，对国民经济核算体系改进的又一次尝试，结合《生物多样性公约》第十五次缔约方大会，联合国将再次呼吁各国将生态系统价值纳入国民经济核算体系当中。

4. 纳入综合决策的主流化程序

英国、荷兰、加拿大和澳大利亚等国开展生态价值评估的主要目标，都是将生态系统价值核算纳入各级政府管理和综合决策中。在具体实施中，各国都提到要实现生态系统价值核算的标准化和规范化，将生态系统价值核算在绿色金融、生态补偿、规划决策等方面的应用设定为近远期工作目标，细化各阶段的工作目标，形成完善的生态系统价值核算与绿色金融政策发展保障制度。在规范化和标准化的生态系统价值核算基础上，越来越多的政府将生态系统价值纳入综合决策的进程。

1.5　生态产品价值实现的进程

1.5.1　国际发展趋势

生态产品价值实现是中国研究者使用的词语，其实质是生态产品的使用价值转化为交换价值的过程[60]。虽然国际视角不用"生态产品价值实现"，但自然资产的开发利用和价值提升，一直是其政府和学者研究的重点。相关国际组织和国家基于自然资产存量和流量价值的核算结果，开展了多种形式的生态产品价值实现探索，生态价值有偿使用（PES）、规划决策和资源管理，是自然资产价值核算应用和研究的重点。

1. 生态价值有偿使用

生态价值有偿使用是一种基于市场化的生态保护投资手段，最早用于鼓励和资助土地所有者或农民恢复生态用地，提高生态价值，在国内被称为生态补偿。为了使生态价值增加与交易价格一致，需要利用生态价值核算进行衡量。20 世纪 90 年代开始，生态价值有偿使用作为一项刺激性政策工具在美国、澳大利亚和欧盟等发达国家和地区实施，并逐步扩展至大量的发展中国家。这一政策目前正在朝着制度化方向发展，特别是在发展中国家和最不发达国家，该政策的执行不仅具有本地生态改善和社会经济发展的协同效应，同时也为生物多样性保护和气候变化等全球议题做出贡献。

美国的土地休耕保护计划（Conservation Reserve Program，CRP）是目前全球最大的生态价值有偿使用项目，该计划利用补偿手段引导农民休耕或退耕还林还草，采用美国农业部推出的生态效益指数（EBI）综合评价退耕地的生态环境效益，根据退耕地生态环境效益改善的实际情况不断完善补偿标准，取得了较好效果。芬兰、瑞典森林生态补偿是欧洲版的"天然林保护工程"，根据由 18 项指标构成的指标体系分级评估森林的生物多样性价值，确定生态补偿的金额[61, 62]。世界自然基金会（WWF）在克罗地亚、罗马尼亚、土耳其和保加利亚等国均开展了森林和草地恢复的生态价值有偿使用项目，项目重点关注水流动调节服务、固碳、景观效果和生物多样性保护四个领域，其中多瑙河流域的生态价值有偿使用项目不仅保护沿岸生态系统，还有效改善了下游农民的生活条件。全球环境基金会（GEF）[63]通过世界银行、联合国开发计划署等项目执行机构在全球资助了近百个生态价值有偿使用项目，95%的项目在发展中国家开展，超过一半项目与生物多样性保护和气候变化直接相关。由于热带雨林提供的固碳价值高于其砍伐后产生的经济价值，哥斯达黎加[64]通过立法，建立国家森林基金，利用基金资助当地农民恢复森林，并根据生态价值核算将森林包装成碳汇产品，通过国际交易卖到欧洲或美洲市场，换取外汇重新注入基金，形成良性循环。1997~2018 年，基金资助了 120 万 hm^2 热带雨林的植树和土地恢复，直接帮助了 16000 余人脱贫。哥伦比亚[65]通过征收企业碳税，设立国家生态价值有偿使用项目保护热带雨林、海岸带和生态功能区。根据全球环境基金会的核算，生态价值有偿使用项目带来的生态价值远高于项目投资额，项目的金融杠杆效果明显。

2. 规划决策

生态系统价值核算作为规划决策的支撑工具，可以对规划决策从费用效益、费用效果、可持续性、公众满意度等多个角度进行评价。近年来，国外基于生态价值核算的规划决策研究和实践逐渐扩展，在政策应用层面，生态价值核算结果已经应用在绿色旅游、可持续农业、流域管理、国土开发、生态修复、自然资源管理等多个领域。荷兰[66]的生态价值核算研究显示，生态系统价值对本国单位面积旅游收入的贡献占到50%或更高比例，保护生态系统就是促进经济发展。印度尼西亚要求在空间规划中开展生态价值核算，将基于高分辨率影像的生态价值空间数据整合在空间规划中，为地方政府制定和实施森林管理政策提供支撑。芬兰在编制城市空间规划中，除整合生态价值空间数据外，还匹配空间人类活动强度数据，估算出不同土地利用类型下单位土地面积生态系统服务价值，并识别出生态系统服务价值和人类活动高度交叉的"热点"地区，为未来规划决策的费用效益分析提供重要支撑。在生态修复方面，欧盟国家和地区在采石场生态恢复方案设计中加入了生态价值核算[67]，研究结果显示，不同生态恢复方案都会产生一定的生态价值，但文化旅游价值高于生态调节服务，应在制定恢复方案中重点考虑。

3. 资源管理

在自然资源管理方面，美国联邦能源管理委员会（FERC）在批准水电站运行许可时，要求申请机构提交基于生态价值核算的报告，报告中应详细阐明水电站在运行期间对水生态恢复、休闲旅游等产生的重大影响，并核算成价值量与水电站的运营收入情况进行比较，用以全面评价水电站的可持续性。英国在开展海洋资源规划研究中通过支付意愿的方法核算了北海海床不同规划情境下的生态价值，结果显示海床改造为海鸟栖息地维持生物多样性的方案价值要高于将其改造为海洋文化遗产的旅游价值，该研究为海洋资源规划编制的最终决策提供重要参考。在流域管理方面，匈牙利为改造本国多瑙河下游湿地的利用方式，对其开展了生态价值核算和情景分析[68]，研究结果表明，该地块改为林地的综合生态价值远高于改造成农田所带来的生态系统供给服务和保留湿地所提供的洪水调蓄价值，该比选方案已作为技术附件提交政府以供决策参考。

1.5.2　国内实践进展

自 2010 年国务院发布的《全国主体功能区规划》，首次提出生态产品的概念以来，"增强生态产品生产能力"就成为我国生态文明建设的一项重要任务。"绿水青山就是金山银山"深刻揭示了生态环境保护与经济社会发展之间辩证统一的关系，阐明了保护生态环境就是保护生产力、改善生态环境就是发展生产力的道理。加大生态环境保护力度，着力解决突出环境问题，践行绿水青山就是金山银山的理念，坚持节约资源和保护环境的基本国策，实行最严格的生态环境保护制度，建立生态产品价值实现机制，完善市场化、多元化生态补偿，促进人与自然和谐共生，是党中央、国务院关于生态文明建设的一系列重要战略部署和制度创新。

1. 生态产品价值实现相关政策文件出台

2010 年国务院发布的《全国主体功能区规划》，首次提出生态产品的概念，认为"人类需求既包括对农产品、工业品和服务产品的需求，也包括对清新空气、清洁水源、宜人气候等生态产品的需求"，将生态产品与农产品、工业品和服务产品并列为人类生活所必需的、可消费的产品，重点生态功能区是生态产品生产的主要产区。2012 年党的十八大，生态文明建设被提升到前所未有的战略高度，将"增强生态产品生产能力"作为生态文明建设的一项重要任务。生态产品生产能力被视为生产力的重要组成部分，体现了"改善生态环境就是发展生产力"的理念。

2015 年，先后出台的《关于加快推进生态文明建设的意见》和《生态文明体制改革总体方案》提出要"深化自然资源及其产品价格改革，凡是能由市场形成价格的都交给市场"，并指出自然生态是有价值的，保护自然就是增值生态价值和自然资本的过程，就是保护和发展生产力，应得到合理回报和经济补偿，生态产品是自然生态在市场中实现价值的载体。2016 年，《关于健全生态保护补偿机制的意见》要求建立多元化生态保护补偿机制，提出"加快建立生态保护补偿标准体系，根据各领域、不同类型地区特点，以生态产品产出能力为基础，完善测算方法，分别制定补偿标准"，将生态补偿作为生态产品价值实现的重要方式。2017 年发布的《关于完善主体功能区战略和制度的若干意见》，将贵州等 4 个省份列为国家生态产品价值实现机制试点，标志着我国开始探索将生态产品价值理念付诸为实际行动。

2021 年 4 月 26 日，中共中央办公厅、国务院办公厅发布《关于建立健全生态产品价值实现机制的意见》，提出建立健全生态产品价值实现机制，是贯彻落实习近平生态文明思想的重要举措，是践行绿水青山就是金山银山理念的关键路径，标志着生态产品价值实现成为国家和地方社会经济发展的重点工作，为经济高质量发展和生态文明建设提供有力抓手。

2. 各种典型案例区试点应用

生态文明试验区。2016 年 8 月，中共中央办公厅、国务院办公厅印发了《关于设立统一规范的国家生态文明试验区的意见》，提出"探索建立不同发展阶段环境外部成本内部化的绿色发展机制"。在此基础上，中共中央办公厅、国务院办公厅先后印发《国家生态文明试验区（福建）实施方案》（2016 年）、《国家生态文明试验区（江西）实施方案》（2017 年）、《国家生态文明试验区（贵州）实施方案》（2017 年）、《国家生态文明试验区（海南）实施方案》（2019 年），率先在福建、江西、贵州和海南 4 个省份开展国家生态文明试验区工作。福建省把生态产品总值核算作为生态文明试验区的重要内容，在厦门市和武夷山市两地开展生态产品总值核算，形成了各具特色的"山区样板"和"沿海样板"。江西省以抚州市作为生态价值实现主要试点地区，把生态价值实现与脱贫攻坚有机结合起来，实现了生态保护与生态扶贫双赢，并在绿色金融方面取得了重要的经验。贵州省开展了内陆山区生态系统生产总值核算研究工作，设立了黔西市等多个试点，形成了"生态+旅游""生态+治理"等多种模式的生态脱贫机制。海南省以生态文明体制改革样板区、陆海统筹保护发展实践区、生态价值实现机制试验区、清洁能源优先发展示范区为战略定位，结合大数据创新数字化精准支撑自然资源资产离任审计。

生态产品价值实现机制试点。2018 年 4 月，习近平总书记在深入推动长江经济带发展座谈会上，强调要在全国开展生态产品价值实现机制试点。2019 年 1 月，推动长江经济带发展领导小组办公室正式批复支持丽水成为全国首个生态产品价值实现机制试点市，全面开展探索"政府主导、企业和社会各界参与、市场化运作、可持续的生态产品价值实现路径"工作。丽水市探索建立生态产品总值核算评估体系，出台了《丽水市领导干部自然资源资产离任审计实施办法（试行）》，组建了"两山银行"，探索多元生态产品价值实现路径。抚州市发布《生态系统生产总值核算技术规范》（DB 36/T 1402—2021）并开展了生态产品总值核算，出台江西省地方标准《"两山银行"运行管理规范》（DB 36/T 1403—2021），成为全国首个"两山银行"管理标准，创新生态资产权益抵押贷款机制，通过创新古建筑收储托管机制，推出"古村落金融贷"，探索创新林业碳汇交易试点，"绿宝"碳普惠公共服务平台建设被国家发展和改革委员会列入国家生态文明试验区改革举措及经验做法第一批推广清单。

"绿水青山就是金山银山"实践创新基地。"绿水青山就是金山银山"实践创新基地（简称"两山"基地）是践行"两山"理念的实践平台，旨在创新探索"两山"转化的制度实践和行动实践，探索生态产品价值转化通道。自 2017 年以来，生态环境部命名了 136 个"两山"基地，并于 2021 年发布《绿水青山就是金山银山"实践创新基地建设管理规程（试行）》[①]，进一步规范了"两山"基地建设管理工作。目前，各地依托"两山"基地建设，在夯实绿水青山本底、壮大绿色

---

① 中华人民共和国生态环境部."绿水青山就是金山银山"实践创新基地建设管理规程（试行）. https://www.mee. gov.cn/xxgk2018/xxgk/xxgk03/201909/W020190919344656829212.pdf.

发展动能、探索"绿水青山就是金山银山"转化路径、培育生态文化和推动生态惠民等方面取得积极进展，其中生态修复、生态农业、生态旅游、"生态+"复合产业、生态市场、生态金融、生态补偿七种以生态经济化为核心的实践模式和以经济生态化为核心的生态工业模式[69]，为全国生态价值实现提供了经验借鉴和参考样本。

自然资源领域生态产品价值实现试点。2021年4月26日，中共中央办公厅、国务院办公厅印发了《关于建立健全生态产品价值实现机制的意见》（简称《意见》），这是习近平总书记提出"绿水青山就是金山银山"理念以来，首个将"两山"理论落实到制度安排和实践操作层面的纲领性文件。《意见》从建立生态产品调查监测机制、建立生态产品价值评价机制、健全生态产品经营开发机制、健全生态产品保护补偿机制、健全生态产品价值实现保障机制、建立生态产品价值实现推进机制六个方面进行了制度设计，为各地区开展生态产品价值实现提供了顶层设计和实践依据，需要地方加大推进力度，因地制宜、分类施策，积极稳妥推进生态产品价值实现工作。随着该意见的发布，自然资源部批复了一批具备条件的自然资源领域生态产品价值实现国家级试点市县，主要包括山东邹城市、河南灵宝市、河南淅川县、河南西峡县、福建南平市、江苏苏州市、江苏江阴市七个试点。自然资源领域生态产品价值实现试点在生态环境质量提升、生态保护与修复的基础上，应用好现有资源禀赋，实现生态产品的开发和保值增值，并结合生态产品的公共物品特征探索生态补偿、生态权益交易、资源产权流转、"生态+"产业等多种生态产品价值实现路径，实现经济发展与生态保护共赢。

第 2 章
生态产品总值核算进展

本章主要介绍了国际上主流的生态产品核算账户及其用途，重点介绍了联合国生态系统账户（SEEA-EA）的建立初衷、发展变革和应用范围。从账户结构的角度介绍了生态系统账户的总体框架、生态系统质量账户框架、生态系统服务流量账户框架、生态资产价值量账户框架以及生物物种、海洋、城市和气候变化等生态系统专题账户，完整地梳理了联合国生态系统账户主要框架结构和主要指标。此外，本章还介绍了国际上一些具有代表性的生态产品核算账户框架，以及我国近年来在生态环境核算与应用领域所开展的多项工作，包括绿色 GDP 核算、生态产品总值（GEP）核算、经济生态生产总值（GEEP）核算以及自然资源资产负债表编制等。

2.1 生态产品核算账户及其用途

一般来说，核算的本质是记录数据，生态产品核算账户的核心是生态系统，生态系统核算的目的是以系统的方式对选定的生态系统的存量和流量数据进行记录。虽然生态系统是生态产品核算账户的核心，但在 SEEA 中应用的核算内容还包括记录生态系统、人和经济单位之间的关系，为分析生态系统在支持经济和其他人类活动方面所发挥的作用以及理解经济和人类活动对生态系统的影响提供了基础。

生态系统账户 SEEA-EA[70]在核算框架中包含了实物量和价值量两方面的核算概念和结构，同时应用了 2008 年 SNA[71]中描述的国民经济核算原则，可以对生态系统账户的数据与传统经济账户的数据进行比较，如宏观经济常用指标国内生产总值（GDP）等。

虽然生态产品核算聚焦于生态功能单元，但是根据生态产品核算和用途以及目的的不同可以从不同的角度来研究，并且这些角度在不同的度量环境和不同的目的下也都是具有相关性的。SEEA-EA 的统计框架考虑了不同目的下账户表达形式的多样性，总结和归纳了五个不同的核算观点：①空间观点（spatial perspective）。在这种观点下，生态系统的概念被用来表征在一个确定的领土内生态系统出现的次数，这些生态系统可以相互共生或相互排斥的方式进行分类，这样就可以形成一个提供综合测量的统计单位。②生态学观点（ecological perspective）。在这种观点下，生态系统定义为衡量其生态完整性、健康和状况的指标，并作为生态系统恢复力和生态阈值评估等概念的基础。③社会收益观点（societal benefit perspective）。在这种观点下，生态系统被视为人类、经济和社会的收益来源，生态系统与经济社会潜在的关系和联系可以提供具有经济收益的服务和利益。④资产价值观点（asset value perspective）。在这种观点下，生态系统被视作为未来提供服务和利益的资产，这些资产取决于其生态状况和对生态系统服务的社会需求，核算框架从这一角度考虑了生态系统退化和恢复/增强的问题。⑤制度所有权观点（institutional ownership perspective）。在这种观点下，生态产品核算要考虑如何将生态系统与现有的经济和法律实体的关系理顺，这个观点也同时考虑了生态系统退化成本的管理和分配问题。

为了避免在生态产品核算框架内混淆不同观点，并有助于同一观点下核算内容进行集成，SEEA-EA 建议在不同生态系统类型下划定空间统计单元，这些统计单元包括：决定账户范围的生态系统集合（空间观点）；作为生物物理测量和评估重点的生态功能单元（生态学观点）；提供生态系统服务和相关利益的供应或生产单位（社会收益观点）；存储未来价值的资产（资产价值观点）和包括具有法律、社会或机构联系的实体（制度所有权观点）。

2.2   联合国生态系统账户框架

2.2.1   核算总体框架

2021 年 3 月发布的联合国环境经济核算体系——SEEA-EA 在原有实验生态

系统核算导则（SEEA-EEA）[72]的基础上对核算框架（图 2-1）和指标内容进行了优化，与《实验性生态系统核算》相比，《生态系统核算》有五个较为明显的改变：①在框架体系上不再强调生态系统服务的流量核算，而是从生态系统的范围和生态系统状态出发核算生态系统存量账户，通过存量的改变反映流量的变化。②在核算指标上将原来的"调节服务"改为"调节与维持服务"。③增加了栖息地保育服务（habitat maintenance services）价值核算指标，对一些指标也进行了修订，如将"固碳服务"改为"全球气候调节"等（表 2-1），在核算方法上更加强调核算的适用性，没有将评估方法还不成熟的非使用价值（non-use value）和消费者剩余价值（consumer surplus）纳入核算体系，尽管人们认可其对于生态价值的重要性。④新的核算体系在生态系统分类方法中采纳了 2020 年 IUCN 的全球生态系统分类（IUCN global ecosystem typology）；核算指标中将固碳服务作为气候变化调节服务的一部分进行整合，并在调节服务中加入了栖息地保护服务。⑤增加了专题核算账户，针对目前的研究热点领域，SEEA-EA 增加了城市（urban）、海洋（ocean）、生物多样性物种（species）、碳汇（carbonsink）等专题核算账户，从方法学层面进一步对不同专题提出有针对性的核算框架和方法。

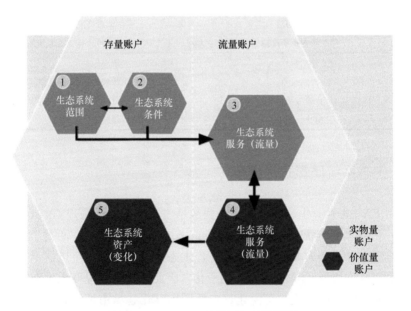

图 2-1　SEEA-EA 核算框架和流程图

表 2-1　SEEA-EA 核算指标

服务类别	核算指标	备注
供给服务	生物量供给	最终服务
	遗传资源供给	中间服务
	水资源供给	最终服务
调节与维持服务	全球气候调节	最终服务，2021 年生态系统账户新增指标
	本地微气候调节	中间或最终服务
	降雨模式调节	中间或最终服务，洲际间核算，2021 年生态系统账户新增指标
	大气净化	最终服务
	土壤质量调节	中间服务
	土壤和沉积物保持	中间或最终服务
	固废的自然消纳	中间或最终服务，2021 年生态系统账户新增指标
	水质净化	中间或最终服务
	水流动调节	中间或最终服务
	洪水调蓄	最终服务
	暴风雨减缓	最终服务
	噪声消减	最终服务
	授粉服务	中间或最终服务
	病虫害防治	中间或最终服务
	栖息地保护和维持	提供最终服务的中间服务，2021 年生态系统账户新增指标
文化服务	休闲娱乐	最终服务
	视觉美学	最终服务
	科研与教育	最终服务
	精神与艺术	最终服务

2.2.2　生态系统质量账户框架

在 SEEA-EA 中，生态系统质量账户包括生态系统范围账户（ecosystem extent account）和生态系统状态账户（ecosystem condition account）两类。生态系统范围账户的建立有四个方面的考虑：首先，生态系统范围账户可以展示一个国家或区域内生态系统类型（混合/组合）的变化。因此，在一定程度上生态系统范围账户可以记录包括森林砍伐、荒漠化、农业用地转化、城市扩张和其他一些人为或者非人为活动导致的生态系统变化。生态系统范围账户支持生态系统多样性的测量和变化指标的推导，同时也可以反映生态系统核算区域（ecosystem accounting area）内的变化信息，包括生态系统类型的位置和配置以及随时间的推移如何变化（如景观的碎片化，耕地是否接近自然生态系统）。

鉴于生态产品总值核算的核心意图是将生态系统数据纳入主流经济规划和决策，生态系统范围账户可以为不熟悉生态概念和数据的决策者讨论生态系统提供一个直接但有意义的切入点。特别是为生态系统范围描述提供了一个共同的框架，通过这个框架可以获取关于生态系统的其他数据。例如，基于相关数据，可以根据生态系统类型将同一类型的生态系统状况和生态系统服务流量放在一个表格中，进行相关分析。

1. 生态系统范围账户

生态系统范围账户的结构见表 2-2。表 2-2 中行的结构设置反映了 SEEA 中心框架中描述资产账户的一般逻辑，包括开放的范围、封闭的范围以及增加和减少的范围。具体指标一般使用适合分析规模的测量单位，如公顷或平方公里。对于生态系统的类型数量，目前没有限制，SEEA-EA 推荐使用基于 IUCN 全球生态系统类型学[87]的参考分类或者当地标准化的分类方式。

表 2-2　生态系统范围账户的结构

生态系统范围		领域	陆地的					淡水的	海洋的
		生物群落	热带亚热带森林		温带北方森林		……	高原湖泊	沿海盐沼
		生态系统功能群（EFG）	热带亚热带–林地	热带亚热带–灌木丛	温带山地森林	干旱期森林	……	芦苇床	红树林
开放的范围	增加的范围	因管理措施增加的范围							
		因非管理措施增加的范围							
	减少的范围	因管理措施减少的范围							
		因非管理措施减少的范围							
	净变化的范围								
封闭的范围									

生态系统范围账户记录的重要信息包括：①核算期（范围），表示某一特定生态系统类型在核算期间开始和结束时的生态系统资产总面积，一般为一年。②新增范围，代表了一个生态系统类型面积的增加。为了便于理解新增范围性质和可

能的政策应用，可以标记为管理性新增（managed expansion）或非管理性新增（unmanaged expansion）。其中，管理性新增是指由于生态系统中的直接人类活动，包括这种活动的计划外影响，而导致的生态系统类型面积的增加。例如，将森林转变为农业用地或在沿海地区进行的土地复垦工作。人类活动也可能创造更自然的生态系统类型的新区域，如在农业区域重新造林。非管理性新增是指生态系统通过自然演替、未受到人类活动的影响而自然增加的面积。例如，受气候变化的影响而造成的沙漠扩张，或由人类放弃土地而造成的沙漠扩张等。③减少范围，代表了一个生态系统类型的面积减少。在可能的情况下，为了便于理解减少范围性质和可能的政策应用，减少的类型也可分为管理性减少和非管理性减少。管理性减少表示由生态系统中直接的人类活动，包括这种活动计划外的影响，也包括非法活动，而导致的一种生态系统类型的面积减少，如森林砍伐和城市地区的增加。非管理性减少表示与自然过程相关的生态系统类型的面积减少，如由于气候变化的影响导致珊瑚礁的丧失，或由于人为原因放弃的土地等。

2. 生态系统状态账户

生态系统核算的一个核心特征是反映生态系统核算区域内不同的生态系统资产和生态系统类型的状态。生态系统状态账户提供了一种结构化的方法来记录和综合描述生态系统资产的特征及其如何变化的数据。

根据定义，生态系统状态是生态系统核算区域内所有生物和非生物的质量和特性。根据生态系统的组成、结构和功能来评估支持生态系统的生态完整性，并支持其持续提供生态系统服务的能力。生态系统状态的测量可以反映多种价值，并可以在各种时间和空间尺度上进行。

生态系统状态账户的核算对支撑生态环境政策和决策具有重要意义，因为生态系统状态账户往往侧重于确定特别关注的生态系统，因此，定期开展生态系统状态核算可以对开展保护、维持和恢复生态系统状态的各类措施进行比选和优化。生态系统状态账户可以利用现有环境监测系统针对不同的生态系统或热点问题进行补充监测，丰富数据来源，如生物多样性、水质和土壤性质等。生态系统状态账户核算的目的不是取代现有的监测系统，其提供了一种将各种生态概念和数据纳入经济和发展规划过程的方法，而且生态系统状态账户定期核算的结果很可能反过来有助于系统性地强化现有的监测系统。

生态系统状态账户并不会直接评估气候模式，气候只是所观察到的生态系统类型中的一个决定因素。然而，在某些情况下，与气候相关的变量，如温度和降水等与评估当地生态系统的状况有关；而其他变量，如物种丰富度，可能会受到更广泛的气候变化模式的影响。因此，对气候模式的分析可以支持对生态系统状态的测量。

生态系统特征描述是生态系统状态账户核算的重要内容。生态系统特征是生态系统及其主要非生物系统的特性以及生物成分（水、土壤、地形、植被、生物量、生境和物种等），其特征包括植被类型、水质和土壤类型。生态系统特征涵盖描述一个生态系统的长期"典型行为"的所有观点，包括生态系统资产的属性，如组成、结构、流程和功能。生态系统特征在自然界中可能是稳定的，如土壤类型或地形，也可能是由自然过程和人类活动而导致的动态变化，如降水和温度、水质和物种丰度（表 2-3）。

表 2-3   SEEA 生态系统状态类型学

分组	分类	定义
A 组：非生物 生态状态特征	A1	物理状态特征：生态系统中非生物成分的物理性描述，如土壤结构、水的可利用性等
	A2	化学状态特征：生态系统中非生物成分的化学组成，如土壤养分水平、水质、空气污染物浓度等
B 组：生物 生态状态特征	B1	组成状态特征：在特定地点和时间内的生态群落的组成/多样性，如关键物种的存在/丰度、相关物种类群的多样性等
	B2	结构状态特征：生态系统或其主要生物成分的质量、密度，如总生物量、冠层覆盖率、年最大 NDVI 等
	B3	功能状态特征：主要生态系统区域之间的生物、化学和物理相互作用的频率、强度，如净初级生产力、干扰频率等
C 组：景观 水平特征	C1	景观特征：在景观的空间尺度上描述生态系统类型的指标，如景观多样性、连通性和碎片化等

生态系统状态账户核算的一个主要好处来自使用一种方法核算有关生态系统状态不同方面的数据，以支持与其他和生态系统有关数据的结合，如与生态系统范围和生态系统服务流量有关的数据。这种结构化的方法基于对生态系统资产大小、组成、功能、位置和类型的核算，提供了比单一数据集更全面的对变化的判断。

2.2.3   生态系统服务流量账户框架

1. 生态系统服务实物流量核算

对生态系统服务的核算并不能完整评估生态系统和人之间的关系。虽然生态系统服务的概念范围很广泛，但对生态系统服务的关注确实为描述我们使用和依赖生态系统提供了一条重要的信息。结合生态系统资产的范围和状态、环境保护和资源管理的支出以及经济活动的数据，可以描绘出更丰富的关系图景。开展生态系统服务流量核算有助于理解相关的环境压力和政策响应，同时核算与 SEEA 中心框架和 SNA 的数据也有重要的联系。外界因素如何影响生态系统资产，进而影响生态系统服务的流动，是为决策者提供相关信息的一个重要方面。在许多情况下，生态系统服务与劳动力和生产资本等其他投入相结合，有助于提高效益。"联合生产"是生态系统资产与经济和其他人类活动之间关系的一个重要特征，因此需要强调对生态系统服务和效益进行区分。在某些情况下，生态系统服务是通过生态系统资产的组合提供的，如河流的一个集水区（catchment）内包括森林、草地等生态系统共同提供的防洪服务。在某些情况下，一种生态系统服务可以被不同的经济单位使用，如大气净化服务可以为家庭和企业同时提供效益。因此，有必要对生态系统服务的流量进行核算。

生态系统核算的主要焦点是对最终的生态系统服务的测量。最终的生态系统服务是指生态系统服务的用户是一个经济单位，如企业、政府或家庭等。因此，每一种最终的生态系统服务都代表了一种生态系统资产和一个经济单元之间的流动。从概念上讲，生态系统核算框架允许将生态系统资产的间接贡献记录为中间服务。虽然中间服务也为最终服务的利益做出了贡献，但为了避免重复计算，在核算和汇总生态系统服务流量时，应尽量区分中间服务和最终服务。

以实物量计算生态系统服务的目的是在核算结构中，以 m^3 和 t 等物理单位记录生态系统服务。实物量化通常侧重于生态系统结构、过程和功能的测量。生态系统服务实物量核算是对生态系统对外供应服务变化的表征，如记录游客访问国家公园的次数。开展生态系统服务实物量核算的一个重点是要考虑地区多种生态系统交叉和多个最终用户对生态系统服务的协调与使用。每种生态系统服务的流量都应使用适合于该生态系统服务的测量单位进行记录。一般的计量单位包括 t、m^3 和参观次数等。在实践中，所应用的测量单位取决于可用的数据和所使用的测量方法。虽然 SEEA-EA 中没有规定测量单位，但《生态系统核算生物物理模型指南》（即将出版）正在研究相关的技术导则。

为了对生态系统服务不同流量进行适当的比较，SEEA-EA 采用了生态环境贡献框架来区分：①生态系统服务；②非生物流；③空间功能。如表 2-4 所示，在这一框架中，非生物流是对环境的贡献，而这些环境不支持或依赖生态特征和过程。

表 2-4　非生物流与环境的贡献

对环境的贡献	定义
生态系统服务	生态系统供给服务； 生态系统调节和维持服务； 生态系统文化服务
非生物流	地球物理过程与相关流动：包括水（含地下水）和风能、太阳能、潮汐能、地热能以及类似的能源； 地质资源流与地质资源有关流动：包括化石燃料、矿石、砂、砾石的开采
空间功能	与环境转移位置或运输和移动以及建筑和结构相关的流动； 与使用环境作为污染物和废物的储存场所有关的流动（不包括被生态系统的污染物净化功能已计算的部分）

2. 生态系统服务价值流量核算

对生态系统服务和生态系统资产进行价值量核算有多种目的，取决于分析的对象和使用的价值量评估方法。不同的目的对价值量评估的概念、方法和假设有不同要求。在生态系统核算中，开展价值量评估的主要目的是能够与国民账户中记录的产品和资产的标准指标使用一致的单位，便于对不同生态系统服务和生态系统资产进行比较，有助于建立一个针对经济和环境的综合价值与数量体系，这也是 SEEA-EA 建立的核心目的。

开展生态系统服务价值核算有多种价值视角可以选择，包括内在价值（intrinsic value）和工具价值（instrumental value），这里描述的货币价值并不包括所有这些关于生态系统服务和生态系统资产的价值视角。此外，为了评估自然价值的某些方面（如精神联系），一个核算框架可能并不合适。然而，关于生态系统服务的物理流动和生态系统资产的范围与状况的数据可能支持对其他一些价值观点的评估。

在国民经济核算（也包括生态系统核算）中，价值量主要来自市场价格（market price）和交换价值（exchange value），市场价格被定义为愿意的买家从愿意的卖家那里购买东西的金额。由于国民账户中的绝大多数核算条目都是根据涉及市场价格的交易数据来衡量的，使用所观察到的市场价格意味着这些账目包含了相关经济单位所揭示的偏好信息。因此，SEEA-EA 鼓励尽可能使用市场价格来进行生态系统服务价值核算。

但是基于交换价值的价值量评估也有其独特的作用，如可以支持将环境资产（包括生态系统）与其他资产类型（如生产资产）进行比较，作为国家财富扩展衡量的一部分；强调非市场生态系统服务的相关性（如大部分的调节服务等）；评估生态系统投入对特定行业及其供应链生产的贡献；通过考虑相对价格比较不同生态系统服务的价值；对国民收入的退化调整进行衡量；评估收入和财富衡量的趋势；通过将支出作为投资而不是成本，提高环境公共支出的问责制和透明度；提供基线数据以支持生态系统情景建模和更广泛的经济建模；评估与环境相关的财务风险；校准环境市场、环境税、补贴等货币环境政策工具的应用情况。

在生态系统服务价值核算中，核算的重点通常是衡量生态系统资产和服务的变化对经济和人类福利的影响。例如，改善公园和减少污染对人类健康的影响或土壤肥力降低对农场收入的影响。对积极和消极影响的评价是制定具体的政策选择和政策设置、项目评价和激励设计的一项重要要求。例如，生态系统服务价值核算可以包括详细的成本效益分析和对补偿与损害索赔的评估。这种分析可以用一组基于交换价值的生态系统账户的数据来补充，但赔偿或补偿不能被交换价值完全替代，因为分析结果可能受到更详细和更精细的数据与估值的影响。总体来说，SEEA-EA 账户为生态系统服务价值核算相关数据的收集和组织提供了一个连贯的框架，并可以支持对微观–宏观联系的理解和对随时间变化的评估。

在生态系统服务价值核算中，生态系统服务与它们所贡献的收益是不同的，因此评估的重点是生态系统资产的贡献（即生态系统服务的投入），而不是对收益的评估。例如，评价与农业生产有关的生态系统服务时，必须从产出的价值中扣除与生产农业产出（如水稻）有关的包括燃料、化肥、劳动力和生产资本的直接经营与投入成本，以单独核算生态系统服务的价值。对于每一个最终的生态系统服务，可以假设在一个生态系统资产和一个经济单位之间存在一个单一的资本服务流。此外，由于存在多种供应环境（如大气净化服务可由不同的生态系统资产提供）和不同的用户组合（如大气净化服务可由家庭和当地企业使用），因此可能需要为同一类型的生态系统服务记录各种不同的资本服务流。更重要的是，一个单一的生态系统资产通常要提供一系列的生态系统服务，应对提供给每种用户类型的每种服务类型进行单独核算。因此，在 SEEA-EA 中，生态系统服务价值核算假定了生态系统服务的可分割性。但在实践中，如果不能明确地分离生态系统服务，那么只能将服务作为一个整体进行评估，然后应用适当的分配方法，尽可能减少生态系统服务重复计算的可能性。

2.2.4 生态资产价值量账户框架

生态资产价值量账户是生态系统核算账户的重要组成部分，其通过核算生态资产提供的生态系统服务的净现值来获得生态系统资产的价值量。生态系统服务价值如 2.2.3 节所述，根据净现值原则，利用市场价格和交换价值的概念对生态系统服务流量进行核算并价值化。生态资产价值核算仅是依据生态系统服务价值核算在特定生态系统服务范围内对交换价值的衡量，其并不能被视为对自然价值的全面或普遍衡量标准。

$$V_\tau(\text{EA}) = \sum_{i=1}^{i=S} \sum_{j=\tau}^{j=N} \frac{\text{ES}_\tau^{ij}(\text{EA}_\tau)}{(1+r_j)^{(j+1-\tau)}} \qquad (2\text{-}1)$$

式中，ES 为某种生态资产（EA）从 τ 年到 j 年所产生的生态系统服务 i 的全部价值；S 为所有生态系统服务的数量；r 为 j 年的贴现率；N 为生态资产的生命周期；τ 为计算的初始年，默认为 0。

开展生态资产价值核算可以支持讨论不同的生态系统资产和生态系统类型的相对重要性，生态资产的价值可以与其他类型资产的价值进行比较或者整合，如生态资产的价值可以用来评估社会净财富。生态资产的价值变化一般与社会经济等驱动因素有关，如经济活动和人口趋势的变化，这些因素与实物方面的信息（如生态系统状态的变化）可一起用于评估生态系统服务流动的可持续性。由于生态资产的价值核算更关注生态系统服务在未来的流动趋势，因此生态系统资产价值核算对一些支持项目，如生态系统监测网络等有较高的要求。

生态资产价值量账户记录每个从期初到期末的核算期间，生态系统核算区域内所有生态系统资产的货币价值，以及这些资产在核算期间的价值变化。生态资产价值的变化分为五种主要类型：生态系统增强、生态系统退化、生态系统转化、生态资产量的其他变化以及由价格变化导致的重新估算。

生态资产价值量账户的本质是一个框架，在这个框架中，单个生态资产（如一片草地、一块森林等是根据生态系统范围和状态来判断）都被作为一个单一实体进行核算和货币化，从而反映其提供的生态系统服务流量账户中生态系统服务的净现值。同时，各类生态资产作为单一的实体，也用来定义有关生态系统退化和生态系统增强等价值变化的概念。

如前文所述，生态资产价值量是通过分别估计生态资产提供的每个生态系统服务的净现值，并尽可能考虑服务和资产之间的关键联系来获得的。实践中证明净现值法特别适合用于资产类价值的核算。在实际的核算工作中，净现值法也非常灵活，可以通过附加建模的方式进行优化，从而更深入地考虑生态系统状态、生态系统能力和生态系统服务流之间的联系，并且会保持核算框架的架构不受影响。

2.2.5 专题账户

1. 物种核算专题

SEEA-EA 与生物多样性有关的两个重要改进就是增加了栖息地保育服务价值指标和为生物多样性价值核算专门建立了物种核算专题账户。

SEEA-EA 明确指出开展生物多样性核算的目的包括为保护生物多样性行动提供信息，除了作为生态环境管理目标加强生物多样性本身外，还应了解如何确保生态系统服务供给，及可能涉及的各种政策对策，如生物多样性融资等。在 SEEA-EA 下开展生物多样性核算，应按照《生物多样性公约》（CBD）对生物多样性的定义、生物多样性的不同组成部分以及经济活动与生物多样性变化之间的联系进行核算与统计分析。

由于 SEEA-EA 是从国民经济核算的角度开展生物多样性核算，因此物种账户也借鉴了平衡表的概念，按照期初和期末两个时间节点来评估物种账户的主要变化：①物种"状态"，即在一个核算期间的灭绝风险；②物种存量（如物种存在度、丰度）；③物种分布，所有物种账户具有相同的主要结构，即期初、期末存量及核算期内的变化。物种账户表（表2-5）内的数据不能直接表征物种多样性，但可以支持对物种多样性的评估，并可能为物种多样性指标提供数据来源。对于物种核算账户，物种的选择将作为核算的重点。SEEA-EA 确定了四个高级别物种核算群体：①受关注物种（如受威胁物种）；②对生态系统服务很重要的物种；③具有社会或文化意义的物种；④对维持生态系统状况（或功能）很重要的物种。物种账户可侧重于某个单个物种或与核算目的相关的物种或分类。

表 2-5　SEEA-EA 物种账户表示例

项目		物种或物种群 1	物种或物种群 2	物种或物种群 3	物种或物种群 4	物种或物种群 5	物种或物种群 6	物种或物种群 7
期初测算值								
	增加　因自然增加							
	因管理增加							
	减少　因自然减少							
	因管理减少							
	净变化							
期末测算值								

根据 SEEA-EA 的核算原则，部分国家和地区已经开发了一系列物种账户。

例如，南非的苏铁账户和犀牛账户、澳大利亚首都地区的蝴蝶账户、荷兰的物种账户等。

在 SEEA-EA 中，当没有个别种群数据的情况时，评估物种的一个常见方法是使用有关物种栖息地面积和空间配置的数据。鉴于栖息地和生态系统类型之间存在着某种关系，因此有可能利用生态系统账户中关于生态系统范围和生态系统状况的数据，基于栖息地的信息评估物种的多样性。已经实践的案例有乌干达黑猩猩和牛油果树的核算；秘鲁圣马丁地区的多物种植物、脊椎动物和无脊椎动物多样性核算。进一步研究 SEEA-EA 与基于栖息地的生物多样性评估之间的潜在联系，是生物多样性核算研究的一个领域。

2. 海洋专题

SEEA-EA 介绍了一组海洋账户的设计。海洋账户设计遵循专题核算的一般原则，将不同账户的数据关联起来。与陆地和淡水生态系统相比，海洋数据更加分散，对海洋生态系统、海岸带生态系统和其他生态系统之间的生态和经济联系的理解也不够深入，可以预计这种联系是高度非线性的。SEEA-EA 强调各种对海洋有贡献的账户可以自行编制，如海岸带和海洋生态系统的状况账户（遵循生态系统状况账户原则）和生态系统服务流量账户（遵循生态系统服务流量账户原则）。

一套全面的海洋账户能够使决策者监测几个关键趋势：①海洋生态系统范围和状况的变化，以及生态系统服务的相关流量；②海洋财富的变化，包括生产资产（如港口）和非生产资产（如红树林、珊瑚礁）；③不同群体的海洋相关收入和福利，如当地社区的渔业收入；④以海洋为基础的经济生产，如被认为与海洋有关的部门的国内生产总值；⑤海洋治理和管理方式的变化，如海洋区划、监管法规和责任以及社会环境。海洋空间规划、综合海岸带区划管理、海洋部门发展规划和协作资源管理是一系列海洋治理进程的重要手段。

海洋账户框架以 SEEA 生态系统范围、生态系统状况和生态系统服务流量账户为基础，增加了 SEEA 中心框架中关于自然资源的海洋压力账户，以及关于海洋经济与治理、管理、技术的账户（图 2-2）。

海洋资产是 SEEA 中心框架中的一类环境资产［矿物、能源和水生生物资源（如鱼类种群）］和 SEEA-EA 中生态系统资产的组合。空间分布的各种环境资产依据陆生领域和海生领域进行划分。建立这些资产的海洋账户时，需要特别注重处理迁徙鱼类种群和专属经济区以外的鱼类种群，这些鱼类种群的管理或许不能被 SEEA 中心框架或 SNA 中的账户捕捉到。

图 2-2 **SEEA-EA** 海洋账户核算框架范围

海洋生态系统根据 SEEA-EA 的原则处理，范围和状况账户描述了海岸带和海洋生态系统。对于过渡生态系统，如河口和潮间带，利用世界自然保护联盟全球生态系统类型进行划分，将陆地和淡水生态系统账户联系起来。在开发此类生态系统资产的海洋账户时，其挑战可能在于是否能够准确反映海洋区域的三个维度并捕捉到生态系统状况的变化。通常将海洋压力的评价（如污染）与海洋生态系统状况的直接评价联系起来是有益的。虽然压力数据对于了解与经济和人类活动的联系很重要，但仍需要直接监测海洋健康状态。

海洋服务包括生态系统服务，以及从矿物开采和能源捕获等渠道获得的非生物流。海洋生态系统服务包括提供生物质（通过野生鱼类和水产养殖）、海岸保护和潮汐缓冲、净水、苗圃种群和栖息地维护、相关休闲服务和视觉舒适性服务。海岸带和海洋生态系统提供的这些服务应该以实物量和价值量形式计入生态系统服务流量账户。

3. 城市专题

城市生态系统账户包括范围，以及相关状况变量和指标（如城市树冠覆盖、城市空气质量）与相关服务（如本地气候调节、水资源管理、相关休闲服务）的数据。城市生态系统是 SEEA-EA 生态系统类型分类中的一类，同时基于城市生态系统账户的编制，也为对城市区域子类型进行更详细的核算提供了机会。根据世界自然保护联盟全球生态系统类型划分提供的更宽泛的框架范围，可以更突出城市的绿色空间和蓝色空间。此外，还可以根据不同的目的，考虑不同边界和空间分辨率的基本统计单位与报告单位。

　　界定城市生态系统账户的核算区域有几种方法，可以根据行政边界（即地方政府边界）、功能边界（如根据人口普查数据定义的通勤流量）或地形标准（如建成区的范围加上缓冲区）编制城市账户。具体采用哪种方法取决于正在编制的城市账户的预期目的和用户。

　　城市区域往往呈现从欠发达地区甚至农村周边地区向较发达的城市核心区扩张的梯度发展布局。即使是在密集的建成区，也可能建有大块的城市绿地，如庭院、公园、墓地、街道树木或绿色屋顶。将城市地区划分为亚类型的主要方法包括景观分类法和单一资产分类法。

　　景观分类法：该方法将整个城市区域进行分解，并将具有共同特征的大块区域进行分类，即根据亚类型对这些区域进行分类。例如，一种分类方法是将城市内的不同建成区和半自然区分成具有一些共同特征的相连区域。按照景观分类法，有关状况特征的信息（如不透水/渗透表面的百分比、土壤污染物浓度）可列入状况账户，作为衡量这些子类景观水平特征的指标。景观分类法倾向于支持跨部门的市政规划和区划整合。

　　单一资产分类法：该方法根据现有的高分辨率（10m 或以下）卫星图像或其他空间数据集，尽可能精细地跟踪各种单一资产类型（如街道树木、游乐场、绿地花园、绿色屋顶、排水和存储系统等）。在这种情况下，城市账户中的生态系统资产可以定义为提供生态系统服务的绿色和蓝色基础设施区域。这种方法为在相关状况账户中报告这些绿色/蓝色资产的状况提供了信息。单一资产分类法可以支持针对市政部门机构的、有针对性的专题和部门政策制定，如城市园林、城市农业、雨水管理。

　　对于城市一级的应用，城市生态系统账户需要与市政环境管理的组织方式紧密结合，以便满足综合和特定部门的市政政策与规划的需求。因此，通常需要综合采用景观分类法和单一资产分类法。

　　在城市一级开展应用进行价值量评估时，与国家一级账户的要求相比，需要更高的空间分辨率和对变化的监测。这个问题可以通过不同的方法来解决，如可以收集大量跨决策单元的数据。考虑到这一点，城市生态系统的价值量账户往往需要有具体的主题和政策目的。

　4. 气候变化专题

　　SEEA-EA 账户与 SEEA 中心框架及 SNA 账户相结合，可以支持气候变化政策的各个方面，包括碳减排和适应政策、碳市场和融资机制、碳存量评估和管理；

将空气排放与经济活动联系起来，气候变化对生态系统、生态系统服务和经济活动影响的记录与建模；基于部门的评估（如农业），以生态系统为重点的规划（如泥炭地），了解碳项目和政策的共同利益以及缓解措施的影响。

气候变化专题核算以两种方式补充了《2006 年 IPCC 国家温室气体清单指南》中描述的现有测量方法。首先，陆地生态系统的碳排放来自两个过程：人类活动（管理）和环境变化。IPCC 已制定温室气体核算准则，以核算人类活动造成的净排放量。而 SEEA-EA 更加全面（如在其碳账户中），既包括纳入管理的生态系统，也包括未纳入管理的生态系统（宽泛的资产账户边界要求所有土地纳入账户范围）。此外，SEEA 允许与经济活动联系起来。

气候变化范围账户显示了生态系统类型中纳入管理和未纳入管理之间的转换，生态系统的转换直接支撑着生态系统中碳吸收和排放的变化。因此，来自范围账户的数据可与 IPCC 测算的"土地利用、土地利用变化和森林"（LULUCF）产生的温室气体排放量评估挂钩。LULUCF 与核算之间的联系在《SEEA-农业、林业和渔业》[73]中进行了详细阐述。

气候变化状况账户包含与气候变化高度相关的生态系统特征和指标。与生态系统中储存的碳相关的实物状态特征包括土壤有机碳和干物质生产率。生物质的碳存量指标与下面介绍的碳库存量账户有直接联系。状况指标还应捕捉本地气候变化对生态系统状况的影响，如在某些情况下，生态系统状况的评估可能受到本地温度和降雨模式的影响。但需要注意的是，生态系统账户并不直接包括气候相关数据，如大气和海洋中的温室气体浓度，或关于温度和降水量的综合数据。

与气候变化特别相关的生态系统服务包括全球气候调节服务，指生态系统对影响全球气候的大气中的温室气体浓度进行调节的贡献，主要通过生态系统的碳沉降和碳储存的过程实现。实物量和价值量生态系统服务流量账户展示了哪些生态系统类型在固碳中发挥重要作用，及其随时间的变化。按生态系统类型计算的固碳的实物量数据体现在气候变化账户下建立的碳存量账户中。

此外，还有一些生态系统调节服务减轻了气候变化的影响。本地气候调节服务是生态系统调节环境大气状况的贡献。例如，城市树木提供的蒸散降温贡献和树木提供的遮阴贡献。降雨模式调节服务是洲际尺度植被，特别是森林通过蒸散传输来维持降雨的生态系统贡献。洪水调蓄服务，特别是潮涌和河流洪水减缓，是生态系统减轻洪水对当地影响的贡献。防风固沙服务是植被生态系统的贡献，特别是带状景观，可以缓解风、沙和其他风暴（与水有关的事件除外）对当地的影响。这些账户说明哪些生态系统类型是减少气候变化影响的主要贡献者，同时也说明哪些是生态系统服务的主要受益者。

　　虽然气候变化核算专题账户并没有单独测算气候变化对生态系统服务流量的确切贡献，但供水、生物质供应、休闲等生态系统服务都会受到气候变化的影响。

2.3　欧盟核算框架

1. 绘制与评估生态系统及其服务项目

　　绘制与评估生态系统及其服务（mapping and assessment of ecosystems and their services，MAES）项目在"欧盟生物多样性战略 2020"的指导下，由欧盟委员会发起，要求所有欧盟成员方对其领土范围内的生态系统状况和质量进行综合评估并绘制核算地图，利用经济学方法评估生态系统的服务价值，并提出将生态系统服务价值纳入国家核算与报告系统的方案（图 2-3）。截至目前，该项目已总结出

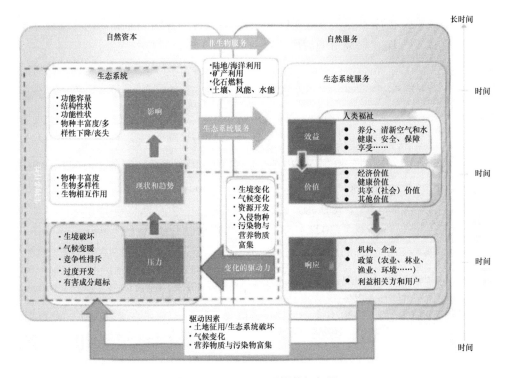

图 2-3　MAES 项目评估框架图

欧盟层面的技术报告 6 份和若干国别报告，在欧洲环境署（EEA）、欧盟统计局（Eurostat）和欧盟联合研究中心（JRC）等单位的技术支持下，欧盟成员方有力地推动了生态系统服务价值评估工作的推广和影响。

2. 综合自然资本核算项目

欧盟综合自然资本核算（integrated natural capital accounting，INCA）项目于2015 年启动，该项目以欧盟为试点开展生态系统核算，同时作为第一个联合国环境经济核算体系——实验生态系统核算在全球的大规模测试案例。欧盟综合自然资本核算项目的核算结果为 SEEA-EA 提供技术支持。其结果证实，遵循 SEEA-EA的指导开展宏观尺度的生态系统核算是可行的，核算出的欧盟各国生态系统及其为社会提供的大规模服务结果具有时空一致性和国别可比性，能够提供大量具有参考性的信息。该项目的报告总结了欧盟各国 2020 年生态系统范围账户（广泛类型的生态系统）、生态系统状态账户（如森林、农田生态系统和河流湖泊等）和生态系统服务账户（各项生态系统提供的服务）。报告还介绍了生态系统服务账户的可能用途以及在现有政策中的应用。

2.4　生物多样性和生态系统服务政府间科学政策平台

2008 年，联合国环境规划署（UNEP）整合了千年生态系统评估的后续行动和生物多样性科学知识国际机制，提出了生物多样性和生态系统服务政府间科学政策平台（intergovernmental science-policy platform on biodiversity and ecosystem services，IPBES）的概念。经过多轮谈判，IPBES 于 2012 年 4 月在巴拿马正式成立，秘书处设在德国波恩。截至 2021 年 12 月，IPBES 已有 198 个成员方。作为生物多样性领域第一个独立的政府间机制，IPBES 旨在通过加强科学政策对生物多样性和生态系统服务的影响，从而实现生物多样性保护与可持续利用，以及人类的长期福祉与可持续发展。2018 年，IPBES 发布四大区域生物多样性和生态系统服务评估报告，2020 年，IPBES 发布《生物多样性和生态系统服务全球评估报告》[74]。

1. IPBES 概念框架

IPBES 概念框架是 IPBES 评估工作的核心基础，于 2013 年 12 月在 IPBES 第二届全体会议正式通过。IPBES 概念框架是表征自然界和人类社会之间复杂的相互作用的高度简化模型，综合了生物多样性、生态系统服务功能及其与人类福祉的相互关系，主要包含两个部分：一是基本要素及其相互关系，二是时空变化（图 2-4）。

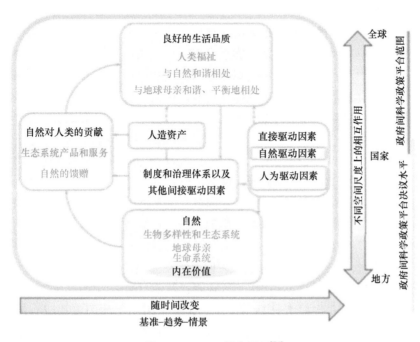

图 2-4   **IPBES 概念框架**[74]

基本要素及其相互关系（图 2-4 中灰色框内部分）是概念框架的主体，反映了与 IPBES 目标最相关的内容，是开展评估和创造新知识的重点，也是政策制定和能力建设活动必不可少的信息。"自然"、"自然对人类的贡献"和"良好的生活品质"在参与进程中被确定为对概念框架涉及的所有利益攸关方有意义和相关的总体类别，包括自然和社会科学及人文科学的各种学科，以及其他知识体系，如土著人民和地方社区的知识体系。图 2-4 中的绿色文字表示科学概念；蓝色文字表示源自其他知识系统的概念；实线箭头表示各要素之间的影响，虚线箭头表示公认重要但并非 IPBES 关注重点的各种联系。

2. IPBES 概念框架的基本要素

（1）自然：指自然界，重点是生物多样性（针对 IPBES 涉及的议题）。就科学概念而言，它包括生物多样性、生态系统功能、生物圈、人类共享的进化遗产，以及生物文化多样性等类别。就其他知识系统而言，它包括地球和生命系统等类别。自然的其他组成部分，如深层含水层、矿物和化石矿藏，以及风能、太阳能、地热和海浪发电，并非 IPBES 的关注重点。自然通过其对人类的贡献，进而间接地贡献于社会。

（2）自然对人类的贡献：指人类从自然中获取的所有惠益。生态系统的产品和服务无论是单独的某项还是某一类别，都属于自然对人类的贡献这一范畴。在其他知识体系中，自然的馈赠和类似概念指人类从自然中获得了好的生活质量。自然对人类的贡献是从人的角度来体现自然的价值，与内在价值不同的是这种价值与人类的评价相关。自然对人类的消极方面，如害虫、病原体或捕食者，也列入这一广泛的类别。

自然对人类的调节贡献指生物和生态系统各个方面的功能和结构，它们可以改变人们所经历的环境条件，并且（或者）维持和（或）调节物质和非物质贡献的产生。例如，这些贡献包括净化水、调节气候和调节土壤侵蚀。

自然对人类的物质贡献指自然提供的物质、物品或其他物质要素，它们维持人的物质存在，以及社会或企业运行所需的基础设施（即基本物质和组织结构与设施，如建筑物、道路、电力供应）。它们通常在体验过程中被实际消耗，如当植物或动物被转化为食物、能量或作为遮蔽物、装饰材料使用时。

自然对人类的非物质贡献是指自然对人类个体和集体的主观或心理生活质量的贡献。提供这些无形贡献的事物可以在该过程中被实际消耗（如娱乐性或仪式性捕鱼或狩猎动物）或并不会被实际消耗（如作为灵感来源的个别树木或生态系统）。

（3）良好的生活品质：指人类达到满意的生活水平，是美满人生的实现，是一种取决于个人和群体具体情况的状态，包括可以获得粮食、水、能源和生计保障，也包括健康良好的社会关系、公平、安全、文化认同，以及选择和行动自由。这一概念包含物质、非物质和精神等多个层面，不同社会因其地点、时间和文化的差异对与自然的关系持有不同观点，对集体与个人权利、物质与精神领域、内在价值与工具价值，以及现在与过去或未来之间的关系的重视程度不同。人类福祉的概念在西方社会被广泛应用，与其他知识体系，如与自然和谐共存、与地球平衡和谐共处在理念上有差异和共性。

（4）人造资产：指人造基础设施、卫生设施、知识（包括土著和地方知识体系、技术或科学知识，以及正规和非正规教育）、技术（实物和程序）及金融资产等。着重说明人造资产的目的是强调良好生活是通过自然与社会之间共创惠益来实现的。

（5）变化驱动因素：指影响自然、人造资产、自然对人类的贡献以及良好的生活品质的所有外部因素。它们包括体制和治理制度及其他间接驱动因素，以及直接驱动因素（自然和人为）。

（6）直接驱动因素：指直接影响自然环境的因素，分为自然驱动因素和人为驱动因素。自然驱动因素指非人类活动产生且不受人类控制的因素，包括地震、海啸、火山爆发、极端天气或与海洋有关的事件等，以及长期处于干旱或寒冷、热带气旋和洪水、厄尔尼诺/拉尼娜–南方涛动以及极端潮汐事件等。直接人为驱动因素是人类决策（即体制和治理制度及其他间接驱动因素）带来的结果，包括生境改变（如陆地和水生生境退化）、毁林和造林、野生种群开发、气候变化、土壤污染、水污染和空气污染以及生物入侵等。其中一些驱动因素，如污染，可能对自然产生负面影响；而其他一些驱动因素，如生境恢复或引入天敌对抗入侵物种，可以产生积极影响。

（7）制度、治理和其他间接驱动力：指社会组织方式及其对其他社会组成部分产生的影响，是人与自然相互作用的方式，包括土地政策、法律法规、国际机制、经济政策等。它不直接影响自然，而是通过人为驱动力来影响自然，是导致生态系统外部环境变化的根本原因，能影响人与自然关系的各个层面，是决策工作中的关键杠杆。

同时，IPBES 概念框架在评估和决策过程中纳入了时空尺度的概念，考虑了不同空间尺度上各个要素间的相互作用及其随时间的变化。图 2-4 下方和右侧的彩色粗箭头分别表示时间和空间尺度。从概念框架的空间尺度上可以看出，IPBES 主要关注国家层面以上地理尺度的评估，即区域、次区域和全球尺度的评估，并在适当尺度上开展重点专题评估和工具方法评估。

3. IPBES 考虑的三种主要价值类型

（1）内在价值：是指实体（如有机体、生态过程）的价值，和其与人类的关系无关。

（2）工具价值：与用于实现人类目的、兴趣或偏好的实体相关联。工具价值包括经济价值，无论该实体是被直接或间接使用还是未使用（存在价值和遗赠价值）。

（3）关系价值：与关系的意义有关，包括人与自然之间和人与人之间的关系，以及通过自然产生的跨代关系。这些价值以不可替代的方式附加到实体本身，因此与工具或功利主义的观点不同，代表人们认为自然具有的意义（如依恋、责任、承诺），也包括与实现美好生活相关的人与自然的关系，如在选择"做正确的事情"时，或在"有意义的生活"的背景下。

虽然 IPBES 在一定程度上考虑了所有类型的价值（图 2-5），但对工具价值和关系价值的研究和讨论更详尽。

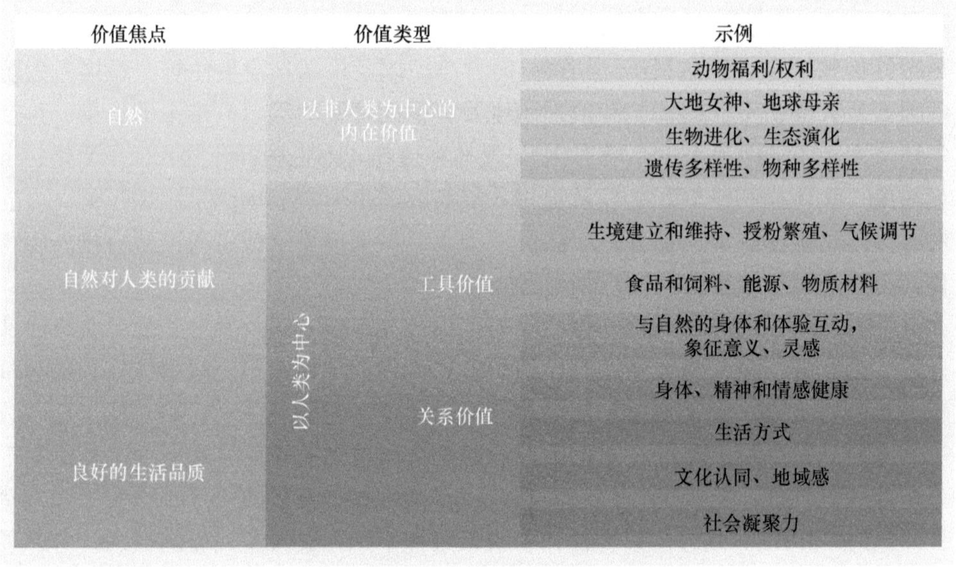

价值焦点	价值类型	示例
自然	以非人类为中心的内在价值	动物福利/权利
		大地女神、地球母亲
		生物进化、生态演化
		遗传多样性、物种多样性
自然对人类的贡献	工具价值	生境建立和维持、授粉繁殖、气候调节
		食品和饲料、能源、物质材料
		与自然的身体和体验互动、象征意义、灵感
良好的生活品质	关系价值	身体、精神和情感健康
		生活方式
		文化认同、地域感
		社会凝聚力

图 2-5　IPBES 报告中引用的价值类型[75]

2.5　生态系统和生物多样性经济学

生态系统和生物多样性经济学（TEEB）是一项由 G7 和五大发展中经济体发起，目前是由联合国环境规划署（UNEP）主导的生物多样性与生态系统服务价值评估、示范及政策应用的综合方法体系。TEEB 旨在通过生态系统服务价值评估，将森林、湿地、农田、草地等生态系统为人类提供的服务和产品货币化，并将评估结果纳入决策、规划以及生态补偿、自然资源有偿使用、政绩考核等，同时为生物多样性保护和可持续利用决策提供依据和技术支持。目前全球已有超过30 多个国家和地区启动了 TEEB 国家行动。TEEB 研究主要集中于"生物多样性的全球经济效益、失去生物多样性与未能采取保护措施的代价以及有效保护的成本"。TEEB 还致力推动将生物多样性和生态系统服务的经济价值纳入决策中。

TEEB 基本延续了千年生态系统评估（MA）的核算框架和价值量评估方法，在 TEEB 中生态系统服务价值统称为"生物多样性价值"，汇集了生态系统供给、调节和文化三大类服务。与 MA 最大的不同是，TEEB 不再核算支持服务，而是增加了与生物多样性相关的特色核算账户，包括物种资源价值核算和遗传资源价值核算等。与联合国生态系统账户（EA）相比，TEEB 的指标框架在评估实践中可以被灵活地运用。TEEB 的一些案例显示，在利用 TEEB 框架评估生态系统服务价值时，可以仅评估某一种或几种物种资源的价值，如亚速尔群岛项目利用旅游文化价值评估了当地灰雀的价值。

根据 TEEB 的定义，物种资源价值是指人类从物种资源层面获得的惠益，包括直接为人类所利用的直接使用价值和依托生态系统为人类提供服务的间接使用价值，以及人类目前尚未认知但确实存在的潜在价值。

物种资源价值评估的范围是生态系统服务价值评估时未考虑的野生动植物的价值，同时不属于遗传资源的价值。物种资源价值一般可采用效益转移法和分层取样法来评估物种的价值，其中效益转移法是以现有研究成果为基础，将其转移到不同时间和地点（政策场景），对与原创研究地类似的环境服务和产品进行经济估算；分层取样法是先按照与研究内容有关的因素或指标将总体各个单位（或个体）分为不同的等级或类型（层），然后从每一层中按比例或不按比例再用简单随机抽样或机械抽样的方法抽取一定数量的个体构成样本。采用分层取样法把评估对象分成 N 个等级，每个等级选取数个代表物种，用效益转移法确定代表物种的价值，进而评估每个等级（表 2-6）的价值，将各个等级物种的价值加和即为物种资源的价值。

表 2-6　物种资源稀缺度分级

类别	珍贵级别	珍贵程度系数 k
野生绝迹、绝迹、濒危	非常珍贵	4
渐危	珍贵	3
稀有	较珍贵	2
其他	一般	1

TEEB 中遗传资源价值指通过人工选育、栽培或养殖获得的具有实际或潜在价值的（包括经济、社会、文化和环境等），来自植物、动物、微生物或其他来源的任何含有遗传功能单位的材料，包含物种及物种以下的分类单元，涵盖个体、器官、组织、细胞、染色体、DNA 片段和基因等多种形态。

按照价值分类，遗传资源价值分为物种层次、品种层次、基因层次和野生近缘种四类（表2-7）。其中，物种层次考虑直接实物价值、直接非实物价值、间接价值和非使用价值；品种层次重点评估直接实物价值（改良品种价值）、直接非实物价值（社会、文化、科学、美学及其他价值）、间接价值（抗逆性服务价值），因品种随时间更新换代较快，故不再考虑非使用价值；基因层次重点评估直接实物价值（改良品种价值）、直接非实物价值（科学价值）、非使用价值（选择、遗产和存在价值）；野生近缘种重点评估直接实物价值（改良品种价值）、直接非实物价值（科学价值）、非使用价值（选择、遗产和存在价值）。

表2-7　不同层次遗传资源价值的评估范围

不同层次遗传资源价值的评估范围	直接实物价值	直接非实物价值	间接价值	非使用价值
物种层次	√	√	√	√
品种层次	√	√	√	
基因层次	√	√		√
野生近缘种	√	√		√

2.6　国内生态环境核算与应用

2.6.1　绿色 GDP 核算

为了落实 2004 年胡锦涛在中央人口资源环境工作座谈会上提出的"研究绿色国民经济核算方法，探索将发展过程中的资源消耗、环境损害和环境效益纳入经济发展水平的评价体系，建立和维护人与自然相对平衡的关系"的精神，2006 年国家环境保护总局和国家统计局联合开展了"绿色 GDP"核算工作，引起社会高度关注。自党的十八大以来，提出把资源消耗、环境损害、生态效益等指标纳入经济社会发展评价体系后，2015 年 1 月实施的《中华人民共和国环境保护法》也要求地方政府对辖区环境质量负责，建立资源环境承载力监测预警机制，实行环保目标责任制和考核评价制度，绿色 GDP 核算再次引起了社会各界的高度关注。2015 年，环境保护部启动了绿色 GDP 2.0 工作，加强了环境经济核算工作，在 2004 年原绿色 GDP 1.0 的基础上，新增了环境容量核算为基础的环境承载力研究，开展环境绩效评估，进行经济绿色转型政策研究，探索环境资产核算与应用长效机制，核算经济社会发展的环境成本代价。生态环境部环境规划院作为技术支撑单位，持续开展绿色 GDP 核算工作，形成了年度绿色 GDP 核算工作制度，截至目前已经完成 2004～2022 年 19 年的绿色 GDP 核算报告。在此期间，世界银行和挪威等国家和机构相继与国家统计局开展了中国资源环境经济核算合作项目。中国的许多学者、研究机构、高等院校也开展了相关工作。其中，《中国绿色国民经济核算研究报告 2004》是迄今为止唯一一份以政府名义公开发布的绿色 GDP 核算研究报告。

绿色 GDP 可以在一定程度上反映一个国家或地区真实经济福利水平，也可以较全面地反映经济活动的资源和环境代价。绿色 GDP 是一个"经环境污染和部分生态破坏调整后的 GDP"，由于环境统计数据可得性、剂量反应关系缺乏等原因，目前开展的绿色 GDP 核算没有包括诸如噪声和辐射等物理污染损失、臭氧对人体健康的影响损失等。现阶段，绿色 GDP 核算是在国民经济核算的基础上，扣除人类在经济生产活动中产生的环境退化成本、生态破坏成本和突发生态环境事件损失后剩余的生产总值。其中，环境退化成本主要包括大气污染导致的环境退化成本、水污染导致的环境退化成本和土壤污染导致的环境退化成本。大气污染导致的环境退化成本主要包括大气污染导致的人体健康损失、种植业产值损失、室外建筑材料腐蚀损失、生活清洁费用增加成本四个部分。水污染导致的环境退化成本主要包括水污染导致的人体健康损失、水污染导致的污染型缺水损失、污水灌溉导致的农业损失、水污染造成的工业用水额外治理成本、水污染引起的家庭洁净水成本等指标。土壤污染导致的环境退化成本包括土壤污染修复成本和固体废物占地损失两个部分，土壤污染修复成本需要确定污染地块和单位面积污染地块的修复成本，主要包括农用地污染地块、建设用地污染地块和矿山污染地块。生态破坏成本主要对森林、草地、湿地、农田、海洋等生态系统因人类不合理利用导致的生态调节服务损失量进行核算。该指标是在生态系统调节服务核算的基础上，考虑不同生态系统的人为破坏率，对森林、草地、湿地三大生态系统的生态破坏成本进行核算。通过该项工作，生态环境部环境规划院建立了草地、森林、湿地等生态系统的价值核算方法。

2.6.2　生态产品总值核算

党的十八大以来，党中央、国务院加快推进生态文明建设，为践行"绿水青山就是金山银山"的科学理念，生态环境部环境规划院于 2014 年启动绿色 GDP 2.0 版本，即开展生态系统生产总值核算工作，并完成了 2014～2022 年全国生态产品总值（GEP）核算报告。生态系统生产总值核算生态系统物质产品价值、调节服务价值和文化服务价值，不包括生态支持服务价值。生态系统生产总值核算指标体系由物质产品、调节服务和文化服务三大类构成。其中，物质产品主要包括农业产品、林业产品、畜牧业产品、渔业产品和生态能源；调节服务主要包括水源涵养、土壤保持、防风固沙、海岸带防护、洪水调蓄、碳固定、氧气提供、空气净化、水质净化、气候调节和物种保育；文化服务主要包括休闲旅游、景观价值。

20 世纪 90 年代，国内学者开始尝试对全国或区域的生态系统服务价值进行估算。从生物多样性、环境净化、大气化学平衡的维持、土壤保护等方面，重点对地表水、草地、森林、湿地等类型的区域生态系统服务进行了深入研究，促使国内生态系统服务及其价值评估的理论与实证研究快速发展。生态环境部环境规划院[57, 58]、中国科学院生态环境研究中心[59]、中国科学院地理所、中国林业科学研究院、中国环境科学研究院等相关单位开展了大量的生态产品总值核算研究。我国在技术规范和具体核算监测等方面先后发布了《荒漠生态系统服务评估规范》（LY/T 2006—2012）、《自然资源（森林）资产评价技术规范》（LY/T 2735—2016）、《湿地生态系统服务评估规范》（LY/T 2899—2017）、《岩溶石漠生态系统服务评估规范》（LY/T 2902—2017）、《森林生态系统服务功能评估规范》（GB/T 38582—2020）等规范导则。

傅伯杰等[76]参考国内外生物多样性与生态系统服务评估的主要研究成果，在充分考虑"生物多样性–生态系统结构–过程与功能–服务"级联关系的基础上，提出了生物多样性与生态系统服务评估指标体系构建的主要原则，构建了中国生物多样性与生态系统服务评估指标体系（表2-8）。其中，生态系统服务指标体系包括供给服务、调节服务和文化服务 3 个类别。其中，供给服务包括淡水、食物、木材和纤维、基因和生物资源 4 项主题指标，调节服务包括气候变化减缓、地区微气候调节、空气质量调节、自然灾害调节、洪水调控、侵蚀调节、水质调节和病虫害调控 8 项主题指标，文化服务包括休闲娱乐、文化遗产、文化多样性 3 项主题指标。

欧阳志云等[77, 78]认为生态产品总值可以定义为生态系统为人类福祉和经济社会可持续发展提供的产品与服务价值的总和，包括产品服务价值、调节服务价值和文化服务价值（表2-9）。生态系统生态产品总值核算的基本任务有 3 个，即核算生态系统产品与服务的功能量、确定生态系统产品与服务的价格、核算生态系统产品与服务的价值量。生态系统生态产品总值核算可以用于揭示生态系统对经济社会发展和人类福祉的贡献，分析区域之间的生态关联，评估生态保护成效和效益。生态系统主要包括森林、湿地、草地、荒漠、海洋、农田、城市 7 个类型。生态系统产品与服务是指生态系统与生态过程为人类生存、生产与生活所提供的

表 2-8　傅伯杰提出的核算框架

一级指标	二级指标	三级指标
供给服务	淡水	产水量
	食物	农牧渔产品量
	木材和纤维	森林地上生物量
	基因和生物资源	物种丰富度
调节服务	气候变化减缓	生态系统碳固定
	地区微气候调节	实际蒸散量
	空气质量调节	释氧量和滞尘量
	自然灾害调节	森林覆盖率
	洪水调控	湿地和冲积平原面积/洪水风险区面积
	侵蚀调节	土壤保持量
	水质调节	植被覆盖度
	病虫害调控	植被物种丰富度
文化服务	休闲娱乐	绿地和湿地景观覆盖率
	文化遗产	世界遗产
	文化多样性	物种丰富度、生态系统类型多样性

表 2-9　欧阳志云提出的核算框架与评估方法

一级指标	二级指标	三级指标	评估方法
产品服务	农业产品	农产品量	市场价值法
	林业产品	林产品量	市场价值法
	畜牧业产品	牧产品量	市场价值法
	渔业产品	渔产品量	市场价值法
	水资源	可直接使用的淡水资源	市场价值法
	生态能源	对环境无污染的、可再生的能源，如沼气、秸秆等	市场价值法
	其他	用于装饰的一些产品和花卉、苗木等	市场价值法
调节服务	水源涵养	水源涵养量	替代价值法
	土壤保持	土壤保持量	替代价值法
	洪水调蓄	蓄积洪峰水量	替代价值法
	防风固沙	固沙量	替代价值法
	固碳	固碳量	替代价值法
	释氧	释氧量	替代价值法
	大气净化	大气污染物减少量	替代价值法
	水质净化	水中有机物质降解量	替代价值法
	气候调节	蒸散量	替代价值法
文化服务	自然景观	游客访问量	旅行成本法

条件与物质资源。生态系统产品包括生态系统提供的可为人类直接利用的食物、木材、纤维、淡水资源、遗传物质等。生态系统服务涵盖形成与维持人类赖以生存和发展的条件，包括调节气候、调节水文、保持土壤、调蓄洪水、降解污染物、固碳、释氧、传播植物花粉、控制有害生物、减轻自然灾害等生态调节功能，以及源于生态系统组分和过程的文学艺术灵感、知识、教育和景观美学等生态文化功能。

中国科学院地理所谢高地等[79]提出利用当量因子法核算生态系统服务价值（表 2-10），他们认为基于单位服务功能价格的方法输入参数较多、计算过程较为复杂，更为重要的是对每种服务价值的评价方法和参数标准也难以统一。而当量因子法是在区分不同种类生态系统服务功能的基础上，基于可量化的标准构建不同类型生态系统各种服务功能的价值当量，然后结合生态系统的分布面积进行评估。相对于服务价值法而言，当量因子法较为直观易用，数据需求少，特别适用于区域和全球尺度生态系统服务价值的评估。谢高地将生态系统服务概括为供给服务、调节服务、支持服务、文化服务 4 个一级指标，在一级指标下进一步划分为 11 种二级指标。其中，供给服务包括食物生产、原材料生产和水资源供给 3 个二级指标；调节服务包括气体调节、气候调节、净化环境、水文调节 4 个二级指标；支持服务包括土壤保持、维持养分循环、维持生物多样性 3 个二级指标；文化服务则主要为提供美学景观服务 1 个二级指标。

表 2-10　当量因子法的核算框架与评估方法

服务分类体系	二级指标	评估方法
供给服务	食物生产	
	原材料生产	
	水资源供给	
调节服务	气体调节	单位面积生态产品总值当量因子法
	气候调节	
	净化环境	
	水文调节	
支持服务	土壤保持	
	维持养分循环	
	维持生物多样性	
文化服务	提供美学景观服务	

当量因子表的构建是采用当量因子法进行生态系统服务功能价值评估的前提条件。单位面积生态系统服务功能价值的基础当量是指不同类型生态系统单位面

积上各类服务功能年均价值当量（简称基础当量）。基础当量体现了不同生态系统及其各类生态系统服务功能在全国范围内的年均价值量，也是合理构建表征生态系统服务价值区域空间差异和时间动态变化的动态当量表的前提和基础。但是生态系统在不同区域、同一年内不同时间段的内部结构与外部形态是不断变化的，因而其所具有的生态系统服务功能及其价值量也是不断变化的。谢高地通过前期的初步研究认为，生态系统食物生产、原材料生产、气体调节、气候调节、环境净化、养分循环维持、生物多样性维持和美学景观功能保持与生物量在总体上呈正相关，水资源供给和水文调节与降水变化相关，而土壤保持与降水、地形坡度、土壤性质和植被盖度密切相关。结合生态系统服务价值基础当量表，谢高地又构建了生态系统服务时空动态变化价值当量表，对当量因子法进行补充完善。

2.6.3 GEEP 核算

十八大以来，为了把资源消耗、环境损害、生态效益等指标纳入经济社会发展评价体系，不以"GDP 论英雄"，生态环境部环境规划院构建经济生态生产总值（GEEP）核算体系。GEEP 是在 GDP 的基础上，扣减人类不合理利用的生态环境成本，增加生态系统给经济系统提供的生态福祉。GEEP 既考虑了人类活动创造的经济财富，也考虑了生态系统为经济系统提供的生态福祉，还考虑了经济生产活动产生的生态环境代价（GGDP 是扣减了生态环境代价后的 GDP），是一个有增有减、有经济有生态的综合指标。这一指标把"绿水青山"和"金山银山"统一到一个框架体系下，是"两山论"的集成，是践行"绿水青山就是金山银山"理念的衡量工具。与 GDP 相比，GEEP 更有利于推动地区可持续发展，是相对更为科学的地区绩效考核指标。GEEP 核算主要包括绿色 GDP 核算和 GEP 核算（图 2-6）。前者主要核算环境退化成本、生态破坏成本和突发生态环境事件损失，其中突发生态环境事件损失指由于发生突发生态环境事件而产生的各项损失；后者主要核算生态系统提供的产品供给、调节服务和文化服务三部分内容。GEEP的概念模型如式（2-2）所示：

$$\begin{aligned} \text{GEEP} &= \text{GGDP} + \text{GEP} - (\text{GGDP} \cap \text{GEP}) \\ &= (\text{GDP} - \text{EnDC} - \text{EcDC} - \text{EaC}) + (\text{EPS} + \text{ERS} + \text{ECS}) - (\text{EPS} + \text{ECS}) \quad (2\text{-}2) \\ &= (\text{GDP} - \text{EnDC} - \text{EcDC} - \text{EaC}) + \text{ERS} \end{aligned}$$

式中，GGDP 为绿色 GDP；GEP 为生态产品总值；GGDP∩GEP 为 GGDP 与 GEP 的重复部分；GDP 为国内生产总值；EnDC 为环境退化成本；EcDC 为生态破坏成本；EaC 为突发生态环境事件损失；ERS 为生态系统调节服务；EPS 为生态系统产品供给服务；ECS 为生态系统文化服务。

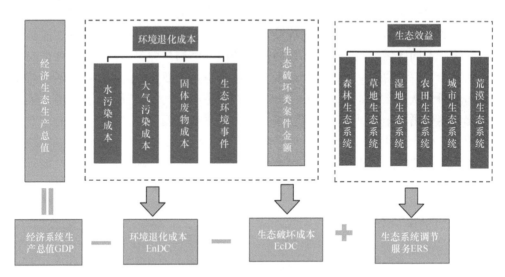

图 2-6 经济生态生产总值（GEEP）核算框架

自 GEEP 核算概念提出以后，生态环境部环境规划院开展年度 GEEP 核算工作，完成了 2015～2022 年 GEEP 年度核算。同时，我国山西省，河北省承德市，江西省丰城市、万年县、崇义县，福建省福州市、南平市、平潭综合实验区、将乐县和长汀县等地开展了大量的 GEEP 核算实践，对"绿水青山"和"金山银山"价值进行量化。其中，福建省作为国家生态文明试验区，是我国各省开展 GEEP 核算试点地区最多的省份，按照 2016 年《国家生态文明试验区（福建）实施方案》的要求，福建省环境保护厅发布《关于开展生态系统价值核算试点有关工作的函》，分别在厦门市和武夷山市试点开展 GEP 核算工作。2019 年，为进一步深化生态文明体制改革的决策部署和国家生态文明试验区建设要求，深化厦门市、武夷山市生态系统价值核算试点成果的实践应用，福建省生态环境厅、福建省生态文明建设领导小组办公室又发布了《福建省推进生态系统价值核算工作方案的通知》，通过扩大试点、校验校核，相继在福州市、南平市、平潭综合实验区、将乐县和长汀县组织开展 GEP 和 GEEP 核算。

2.6.4　自然资源资产负债表

探索编制自然资源资产负债表，是新时期党中央和国务院为推进生态文明建设做出的一项重大决策部署。2013 年 11 月，党的十八届三中全会通过的《中共中央关于全面深化改革若干重大问题的决定》（以下简称《决定》），提出了探索编制自然资源资产负债表，实行领导干部自然资源资产离任审计，建立生态环境损害责任终身追究制。自提出探索编制自然资源资产负债表以来，党中央和国务院先后出台了一系列重大决策部署，推动生态文明建设取得了重大进展和积极成效。自《决定》通过后，探索编制自然资源资产负债表的路径主要有两类：一是以国家统计局为代表的沿着 SEEA-2012 的路径编制的自然资源资产负债表；二是沿着经典资产负债表及其平衡关系的路径前行[80]。

1. 国家统计局推进的自然资源资产负债表工作

2015 年，国务院办公厅印发《编制自然资源资产负债表试点方案》（以下简称《试点方案》），该方案提出，通过探索编制自然资源资产负债表，推动建立健全科学规范的自然资源统计调查制度，努力摸清自然资源资产的家底及其变动情况，为推进生态文明建设、有效保护和永续利用自然资源提供信息基础、监测预警和决策支持，并提出在内蒙古自治区呼伦贝尔市、浙江省湖州市、湖南省娄底市、贵州省赤水市、陕西省延安市开展编制自然资源资产负债表试点工作。近年来，除试点方案中包含的五个城市以外，承德市、深圳市大鹏新区、荔波县、郑州市、三亚市、北京市延庆区等市（县、区）也陆续开展了相关编制工作，并在关键领域取得了一些进展。从试点地区目前的编制情况来看，大部分地区根据试点方案建议的核算范围以及生态文明建设的要求，将具有重要生态功能的土地资源、林木资源、水资源和矿产资源优先纳入编制中，建立四类自然资源资产账户，部分地区还加入了本地区特色资源的核算[81]。2020 年 10 月，国家统计局又印发了《自然资源资产负债表编制制度（试行）方案》，特别强调了自然资源资产负债表编制研究为资源可持续利用提供信息决策支持，摸清我国自然资源资产"家底"的作用。

试点地区编制自然资源资产负债表的主要内容包括编制土地、林木、水和矿产 4 种自然资源的资产账户。自然资源资产账户的主栏一般为年（期）初存量、存量增加、存量减少和年（期）末存量，宾栏为特定自然资源的细分项。其中，土地包括湿地、耕地、园地、林地、草地、城镇村及采矿用地、交通运输用地、水域及水利设施用地和其他土地；林木包括乔木林、竹林、特殊灌木林和其他林木；水包括地表水和地下水；矿产包括煤炭、石油、天然气三种重要的能源资源以及铁、铜、铝土、铅、锌、钨、锡、钼、金、银、硫铁、磷等 10 余种重要金属和非金属固体矿产。此外，土地资源、林木资源、水资源资产账户中，除包括相应资源的存量及变动情况外，还包括一些质量及变动情况。自然资源资产负债表的基本平衡关系是：期初存量+本期增加量–本期减少量＝期末存量。期初存量和期末存量来自自然资源统计调查和行政记录数据，本期期初存量即为上期期末存量。核算期间自然资源增减变化的主要影响因素有两类：一是人为因素，如林木的培育和采伐引起的林木资源资产变化；二是自然因素，如降水和蒸发等引起的水资源资产变化。由于自然属性差别较大，与经济体的关系不尽相同，各种自然资源都有其特有的增加、减少方式和原因。按照自然资源变动因素，依据行政记录和统计调查监测资料，建立自然资源增减变化统计台账，填报相关指标[82]。

具体来看，土地资源账户中土地资源存量及变动表的编制主要基于年度土地变更调查或全国国土调查，利用调查结果直接获得编制所需相关数据。土地质量相关表的编制主要以土地利用现状调查的耕地图斑为评价单元，从气候条件、地形状况、土壤状况、农田基础设施条件、土地利用水平等方面综合评定。林木资源存量及变动表的编制主要依靠国家森林资源清查或林木资源年度监测成果获取相关存量数据。林木资源存量增加数据可从历年《林业统计年鉴》等资料中获取，存量减少数据可从森林采伐管理、林业行政执法（督查、办案）、森林火灾调查、森林病虫害调查等方面获得。水资源存量及变动表的编制主要依据当年的《中国水资源公报》获得，对于公报中没有的期初存量及非用水消耗量等数据，以2010年国务院批复的《全国水资源综合规划》成果为基础，依据《全国水资源调查评价技术细则》的规定，结合历年水资源公报数据，逐年推算得出。对于水环境质量及变动表，主要从地表水、地下水水质监测成果中获得相关数据。矿产资源资产账户主要通过《全国矿产资源储量通报》和《全国油气矿产储量通报》获取相关数据。

试点和试编过程中，也发现了理论和实践方面的一些问题与困难。一是自然资源负债概念界定目前在理论上尚未取得一致。由于是否需要核算和如何核算自然资源负债，国内存在较大争议，因此目前在试点试编工作中暂未考虑自然资源负债。二是尚难以编制价值量自然资源资产负债表。由于农用地、未利用地、森林、草原等自然资源价格体系还未形成，其价格数据获取也有一定难度，因此暂未编制价值量自然资源资产负债表。三是编制自然资源资产负债表的基础尚存在薄弱环节。从试点情况来看，部分自然资源统计监测基础工作薄弱，不同行政层级的资料缺口呈现出明显的"行政层级越低基础资料缺口越大"的特征。基层普遍面临人手紧张、人员缺乏相关专业知识、统计监测手段落后和资金保障不足等困难，编表能力普遍明显不足。

2. 国内相关学者沿着经典资产负债表及其平衡关系探索的自然资源资产负债表编制工作

封志明等[83]认为自然资源资产负债表应该是一张（一套）既包括自然资源资产，也包括自然资源负债和所有者权益的"形神兼备"的资产负债表，是一套主要用于体现自然资源存量、反映自然资源流量、核算自然资源质量的价值与实物并重的计量报表。自然资源资产负债表是会计学领域向资源学领域的拓展。类似于资产负债表中的"自然资源"总账，在自然资源能够确权和自然资源能够量化到"统一价值"时，编制思路可由"资产–负债=资产负债差额"转变为"自然资源资产=自然资源负债+所有者权益"，采用账户形式对核算要素的增减变化进行列示和填报。自然资源资产负债表编制应既要坚持实物与价值并重、数量与质量并重、存量与流量并重和加法与减法结合、分类与综合结合、科学与实用结合的"三并重三结合"的基本原则，也要遵循先实物后价值、先存量后流量、先分类后综合的"三先三后"的技术途径。其中，自然资源实物量核算和价值量核算应贯穿自然资源资产负债表编制的全过程。自然资源资产负债表是一个至少包括"1张总表+3×2张主表或4张分类表+2张扩展表"的报表体系，而非单张报表，即1张自然资源资产负债表（价值量）总表，3张资源、环境、生态综合实物量表和价值量表或4张土地资源、水资源、林木资源、矿产资源分类实物量表和价值量表，以及2张环境、生态综合核算的实物量表和价值量表。

高敏雪[84]认为扩展的自然资源资产负债表主要包括自然资源实体、自然资源经营权益、自然资源开采权益三个层次。自然资源实体的核算，即编制自然资源实物核算表。此表框架直接来自 SEEA-2012（中心框架），纵列标题显示核算对象，横行标题显示核算要提供的指标，交叉起来即可分别针对各种自然资源，就某一特定的时期显示以下实物量信息。自然资源经营权益的核算，即编制自然资源经营权益核算表。经营权益属于无形资产（尽管也是用实物单位计量），造成其增减变化的原因由此与自然资源实体有所区别。纵列标题仍然按资源类别分列，但核算对象仅限于经过确权（被各类经济单位持有）从而进入经济体系自然资源类别。横行标题就一段特定时期显示：①期初与期末两个时点上经确权的自然资源总存量；②经确权的自然资源存量在当期内发生的增减变化及其原因。自然资源开采权益是指基于自然资源开采权，依据会计学资产负债表构成三要素，设计自然资源资产负债表。①将得到确认（或通过各种方式分配）的自然资源开采权视为经济系统（及其内部不同部门）的初始"资产"；②以自然资源实际开采使用量与上述确权量相比较，未超出部分作为对"资产"的抵减，超出部分则定义为"负债"；③以资产与负债相减，余值作为基于自然资源开采权益的净资产。杨世忠等[80]认为"自然资源资产=自然资源权属"能厘清资源资产与资源权属之间的关系，从而实现"清家底明责任"的时代要求。当自然资源负债得以公认并纳入资产负债核算系统时，基本平衡公式就变形为"自然资源资产=自然资源负债+自然资源权益"。根据此公式组织核算并编制的报表，是名副其实的自然资源资产负债表。如果称"自然资源资产=自然资源权属"为基本平衡公式，则"自然资源资产=自然资源负债+自然资源权益"就是应用平衡公式。在总平衡关系的调节下，自然资源资产负债核算所依据的平衡关系还有分层分类核算与汇总分类平衡、四柱结算与跨期变动平衡、复式记账与试算平衡、投入产出或来源去向平衡、资产原值与资产净值平衡。

第 3 章
生态产品核算国际案例

生态产品核算研究可以追溯到 20 世纪 60 年代，但是里程碑式的研究成果首推 Robert Costanza 教授在 1997 年发表的首个全球生态系统价值核算文章。联合国在 2000 年初启动了一个在局地、流域、国家、区域以及全球尺度上开展多尺度评估的项目——千年生态系统评估。此外，千年生态系统评估项目开展 20 多年来，全球生态产品核算领域也取得了系列研究进展。本章还介绍了英国、澳大利亚、荷兰等部分发达国家在建立国家生态产品核算账户方面所做的探索和尝试。此外，欧盟会定期评估成员方生态账户状况并发布报告，经济合作与发展组织（OECD）成员国会通过本国的国际援助渠道或世界银行、联合国等机构联合大学和科研机构支持一些发展中国家编写生态产品核算报告。本章最后介绍了生态系统和生物多样性经济学（TEEB）国际倡议收录的日本、美国、马尔代夫，以及中亚各国和哥斯达黎加五个通过生态产品总值核算影响决策的案例。

3.1 全球生态系统价值核算

3.1.1 全球首发生态系统服务价值核算

全球尺度的生态系统服务价值研究已经成为国内外学者和相关国际机构研究的焦点。1997 年，Daily[29]指出生态系统服务是自然生态系统及其物种通过其状况与过程提供的维持或满足人类生活所需的条件，同年 Costanza 等[10]在《自然》杂志发表了题为 *The Value of the World's Ecosystem Services and Natural Capital* 的论文，将生态系统提供的产品与服务二者统一纳入生态系统服务的概念中，Daily 和 Costanza 等的研究成果在学界引起了强烈反响，受到了全世界的关注，极大地推动了全球范围内生态系统服务相关研究的进程。

1997 年，Costanza 等发表的文章针对全球 16 种不同生境类型提供的 17 种生态系统服务价值进行货币化定量核算，其将生态系统服务分为气候调节、水文调节、土壤保持、养分循环、授粉、休闲娱乐及文化美学等类型。结果表明，1994 年全球生物圈的总服务价值估计在 16 万亿～54 万亿美元，平均价值为 33 万亿美元/年。此项研究也为后来的研究者们提供了创新并且可供参考的评估方法，包括所使用的物质量评价法、能值分析法、市场价值法和机会成本法等都为后来的研究者们提供了重要参考与基础，生态系统服务的价值评估研究开始进入了快速发展阶段。Costanza 等认为从大自然获取的产品是基于获取成本而进入市场交易的，如看似无限且坚不可摧的森林、草原、河流和海洋等自然产品的价值都应该计入成本中，也就是说，生态系统服务指的是人类从生态系统中直接或间接得到的利益总和；生态系统的价值是不可计量也不可替代的，越是消耗至接近零点，其剩余的价值越会趋向于无穷大，科学评估生态系统服务的价值有利于人类清晰认识保护生态系统的必要性和迫切性，为制定合理的资源利用及环境保护等政策提供基础。Costanza 等指出为了实现可持续发展这一总体目标，生态系统服务价值评估需要秉持生态可持续性、社会公平性和经济效率性 3 项原则[85]。

传统的观念认为，当经济体规模较小时，它对生态系统服务损害的边际效应可以忽略不计，但当今社会的经济活动对全球生态环境都造成了影响，已经不能被忽略不计，而是应当将源自大自然的投入以及返回到环境中的废物排放都包含在经济核算当中。Costanza 等的论文详细说明了这一观点，利用图 3-1 解释了如何定价人造的、可替代物品，并用同样的理论指出了生态系统服务价值评估中所缺少的要素。在图 3-1 右边的生态系统服务供需关系图中，假设无人付费，但特定数量的自然供给仍在持续，如水资源或者森林等，没有任何的供应商可以在特定时期内调整生态系统服务价值的高低，这就是起初人们认为生态系统服务是免费的原因；Costanza 等的文章试图解释本已存在的需求曲线，假定纵向的供给曲线向左移动到一个较低的数量（即通过科学监控使生态环境服务减少），那么需求曲线就会凸显出来，因为有些人愿意支付一定的价格，Costanza 等的文章列举的一个典型例子就是大气，其明确指出，少量改变全球大气的气体组成可能会造成大规模的气候变化；同时还指出，如果必不可少的生态系统服务接近零（如饮用水等服务），那么人们愿意为之付出的价格将趋向于无限大[85]。

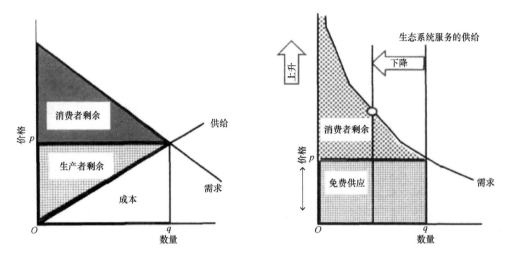

图 3-1　生态系统服务价值评估中缺少的部分（与普通商品相比）

　　Costanza 等的研究还表明，当水资源供给量超过 800 万 L/d，而需求量却远小于供给量时，没有人会采用供给需求曲线来描述自然生态系统，但在近几十年里，随着人类对生态系统服务的威胁越加显著，水量可能会减少，并且如果进一步将水质划分成不同标准，可饮用的水资源供给量会显著减少。假定随着水的供给曲线左移，供给量减少到 400 万 L/d，而需求量随着人口的增长、人类活动强度的增强而增加，这时以前被认为免费的生态系统服务就需要被量化，进行价值核算。Costanza 等的文章中的例子与中国的情况十分相似，如对于一片森林，通过一定的办法可以将木材生产力提高 50 美元，这时卖方肯定是愿意支付不超过 50 美元从而获取收益；进一步地，如果生产力的提高带来了其他非市场化的收益，如景观和水土保持，对于那些享受服务的人来说"愿意支付"的价值假定为 70 美元，那么总收益就变为 120 美元，但 GDP 只是将 50 美元的增长价值计算在内[85]。

3.1.2　联合国启动千年生态系统评估

　　千年生态系统评估（MA）是联合国秘书长在 2000 年联合国千年大会上的报告——《为了我们民众：联合国在 21 世纪中的作用》中发起的。随后，2001 年由世界卫生组织（WHO）、联合国环境规划署（UNEP）和世界银行（WB）等机构组织在全球范围内启动 MA 计划[86]。这是一个为期 4 年的国际合作项目，共有来自全世界 95 个国家的 1360 多名学者和专家参与了评估工作，它是世界上第一个针对全球陆地和水生生态系统开展的多尺度、综合性评估项目，其宗旨是针对生态系统变化与人类福祉间的关系，通过整合现有的生态学和其他学科的数据、资料与知识，为决策者、学者和广大公众提供有关信息，改进生态系统管理水平，以保证社会经济的可持续发展。MA 首次阐释大尺度不同类型生态系统的现存问题和预测未来发展趋势，并从生态系统的支持服务、调节服务、提供服务和文化服务四个方面构建评价体系，以评价生态系统对人类活动的贡献。研究结果表明，全球大约 60% 的生态系统服务处于退化状态。自然资源并非"取之不尽，用之不竭"，生态系统服务的价值很难直接简单地通过市场反映，采用合适的研究方法可以对生态系统服务功能的经济价值进行有效评估，科学的价值评估结果有助于人类全面认识各种各样的生态系统服务功能价值，并为合理利用生态资源及科学管理自然生态环境提供一定的决策依据。

1. MA 概念框架

MA 是由在局地、流域、国家、区域以及全球尺度上开展的一系列相互联系的评估组成的一个多尺度的评估项目。MA 重点关注生态系统与人类福祉之间的联系，尤其重视对生态系统服务的评估以及生态系统服务变化是如何影响人类福祉的[28]。MA 的评估对象包括所有类型的生态系统，如干扰相对较轻的天然林地、多种利用方式相混合的景观以及农业用地和城市用地等经过人类集约化管理而改变了的生态系统。MA 的概念框架认为人类是生态系统不可或缺的组成部分，人类与生态系统的其他组分之间存在着动态的相互作用。其中，人类的状况可以通过直接或间接的方式促使生态系统发生变化，从而导致人类福祉的改变（图 3-2）。同时，它还认为和生态系统无关的社会、经济及文化因素可以改变人类的状况，而且许多其他自然因素也可以对生态系统产生影响。尽管 MA 强调生态系统与人类福祉之间的联系，但是它认为人类改变生态系统的行动不仅仅是基于对人类福祉的关注，同时还包括基于对物种与生态系统内在价值的考虑。内在价值是事物内在的自身价值，它与对别人有用与否无关。

2. MA 的主要贡献

MA 为在全球范围内推动生态学的发展和改善生态系统管理工作做出了极为重要的贡献，它是生态学发展到一个新阶段的里程碑。MA 的贡献主要有以下几个方面。

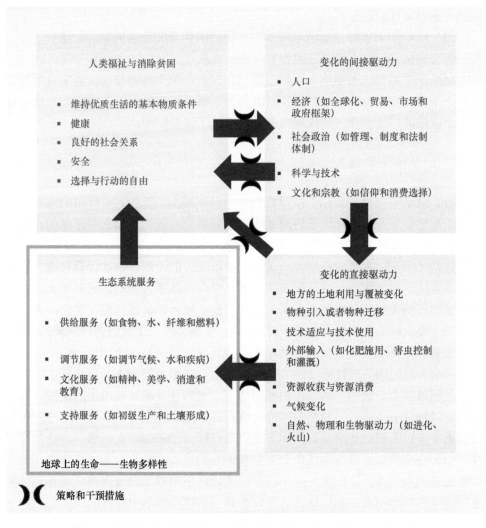

图 3-2　评估生态系统服务及人类福祉之间相互作用的 MA 概念框架
资料来源：千年生态系统评估

（1）MA 首次在全球尺度上系统、全面地揭示了各类生态系统的现状和变化趋势、未来变化的情景和应采取的对策，以及它们与人类社会发展之间的相互关系、为在全球范围内落实环境领域的有关国际公约所提出的任务，进而为实现联合国的千年发展目标提供了充分的科学依据。

（2）MA 丰富了生态学的相关内涵，明确提出了生态系统的状况和变化与人类福祉密切相关。"生态系统与人类福祉"成为生态学研究的核心内容和引领 21

世纪生态学发展的新方向。

（3）MA 提出了评估生态系统与人类福祉间相互关系的框架，并建立了多尺度、综合评估它们各个组分之间相互关系的方法。

MA 的实施标志着生态学已经发展到以深入研究生态系统与人类福祉的相互关系，全面为社会经济的可持续发展服务为主要表征的新阶段。MA 的实施受到了各个阶层的广泛关注，其成果在全世界引起了强烈反响。

3. MA 的主要发现

（1）MA 评估结果显示，全球自然资产日渐减少。例如，可饮用的水源在减少，土地退化加剧，海洋渔业资源遭受过度捕捞等，人类活动正对地球的自然生态系统服务功能造成严重压力。

近几十年来，人类对自然系统进行了前所未有的改造，如砍伐森林或开垦稀树草原造地、引水灌溉，或采用新型技术从事海上捕捞等活动，这对于养活全世界快速增长的人口、改善数十亿人的生计起到了积极的促进作用。然而，人类以空前的速度大肆消耗自然资源的同时，也应该认真清查一下我们的自然资产状况。这点正是 MA 所关注的，MA 评估结果不容乐观，结果显示全球范围内生态系统提供的服务功能中，有接近 2/3 处于下降态势，在很多情况下，自然资产的赤字已远远超过盈余。例如，由于我们利用地下淡水的速度超过其再生的速度，因此不得不以牺牲子孙后代的利益为代价来消耗自然资产。

近年来，人们已逐渐意识到因蚕食自然资产而带来的恶果。然而，这些恶果往往由那些享受自然服务功能所带来福祉的人们直接承受，而是可能降临在远在千里之外的人们身上。例如，某个位于南亚地区的鱼塘是通过围垦红树林沼泽湿地而建成的，养殖业成为该地区的生计来源。而这些鱼塘中养出的鱼虾会出口到欧洲各国，成为欧洲人的盘中美餐。但同时，这种水产养殖活动会对抵御海浪冲击的天然屏障——红树林造成破坏，使沿海居民更容易遭受各种自然灾害的侵袭。另外，我们所居住的世界的多样性也在日趋减少，人类活动导致地球上的景观多样性越来越少，并使成千上万的物种面临灭绝的境地，同时也使自然生态系统服务功能的恢复受到严重影响。此外，自然生态系统所提供的精神文化价值也越来越少。因此，人们必须认识到地球在自然资源资产负债表上已处于负债状态，并要防止这种赤字继续扩大，否则就可能使全世界改善福祉、消除饥饿、摆脱极度贫困的努力失败，同时还可能使地球生态系统发生剧变的风险进一步增加。

（2）MA 评估结果发现，全球范围内那些缺乏最基本人类福祉条件的贫困人口，恰恰是那些最容易受到自然生态系统恶化影响的人口。换句话说，如果人们制定的旨在缓解贫困的经济发展政策忽略了人类现有行为方式对自然生态环境可能造成的影响，那么这样的政策注定是要失败的。

全球范围内共有 20 多亿人口居住在干旱地区，与居住在其他地区的人们相比，他们遭受着营养不良、婴儿死亡率较高、水污染或供水不足所引发的疾病等更多问题的困扰。例如，非洲撒哈拉沙漠南部等地区是自然生态系统服务功能受到人类活动影响最为严重的地区。与世界上其他地区食物产量不断增长的趋势相反，这一地区的人均食物产量仍在不断下降。另外，贫困与自然的退化可能形成恶性循环——贫困社区所拥有的保护其自然资源的手段更少，从而导致土地退化和贫困状况进一步加剧。现在，人们已将旱区的退化，即土地荒漠化问题认定为既是导致贫困的一种原因，也是贫困引起的一项后果，不良的耕种方式可能导致严重的土壤侵蚀和土地干旱现象，使该地区人口的生存更为艰难。

进一步来看，生态系统服务功能下降，不仅对欠发达国家造成影响，还将影响一些发达国家，并可能会将这一影响转嫁至贫困地区。尽管发达国家能够更好地找到可替代的自然服务功能，但它们也难以完全避免自然系统退化所带来的不利影响，或者将自然生态系统破坏所带来的后果转嫁至其他地区乃至子孙后代。例如，过度捕捞会直接导致捕捞船队的减少，而向失业渔民发放福利或促进他们的再就业，可能消耗掉大量的公共资金，从而对沿海区的经济发展造成损害，加拿大纽芬兰与拉布拉多省以及苏格兰东北部地区的情况就是如此。发达国家已普遍采取净化技术，减少了局地空气和水污染的程度，但若干年后人们仍将感受到养分富集所带来的不利影响，如磷可以在土壤中保存数十年，此后会进入河道，从而对其他地区造成影响。

（3）今后数十年内，随着人类需求的不断增加，生态系统还将面临更大的压力，并且可能使人类社会赖以生存的自然生态系统服务功能进一步降低。因此，我们必须更加合理地利用自然资产，减少破坏性的利用活动，才能保障和改善人类未来的福祉。这就要求我们相应地对决策方式和实施方式做出根本性的转变。

MA 设定了不同种情景，描述了今后 50 年内自然系统与人类福祉可能出现的变化趋势。需要注意的是，这些情景并非预测，而只是反映如果国际社会采取不同的途径进行合作和保护自然系统，就"有可能出现的未来状况"。在所有情景中，与自然系统所受压力相关的某些趋势是相同的。例如，各个情景显示，预计到 21 世纪中叶，世界人口将达到 80 亿～100 亿，其中人口增长最快的将集中在中东、非洲撒哈拉沙漠南部地区和南亚地区中的贫困城市。评估结果表明，农业围垦仍将是影响生物多样性变化的主要因素。但在今后数十年内，除此以外的其他因素将对生物多样性造成越来越大的影响。在所有情景中，气候变化也是影响自然生态系统服务功能的一个重要因素。例如，如果物种面临灭绝的威胁越大，自然界发生旱灾和洪灾的频率就会越高，从而使水电供应出现问题。然而，在有关自然生态系统服务功能的未来整体状况方面，各个情景间存在差异。如果国际社会不重视保护自然系统，并且各国政府仅仅关心本国或本地区的安全，不关心国际合作，那么在未来情景中，自然生态系统服务功能的降低将最为严重。相反，如果全世界采取措施远远超出现有规模的合作，如投资开发净化技术、采取积极的保护措施、开展教育、采取措施缩小贫富差距，那么我们就将看到一个自然资产在各个方面均得到改善的未来情景。

此外，MA 评估的一项重要内容是要指出为缓解自然生态系统所承受的压力有哪些可能的解决方案。但是，MA 并不能找到一个能解决所有问题的"万能药方"，而只是系统地分析了哪些措施已经证明有效，与此同时必须排除根本性的障碍才能减小自然生态系统所受到的压力。MA 指出了以下三点非常重要：第一，如果人们仍把自然生态系统服务看作可以随意获取、取之不尽，那么对自然生态系统服务的保护就不可能受到重视，只有那些在进行经济发展决策时要求考虑自然生态系统服务成本的政策，才是真正行之有效的政策。第二，如果当地社区民众能真正对如何利用自然生态资源的有关决策发挥影响，并能更公平地分享到有关惠益，那么他们的行为方式将更有利于保护这里的自然资源。第三，如果中央政府和企业在集中决策的过程中能认识到保护自然资产的重要性，那么自然资产就将得到更好的保护。

3.1.3 近 20 年来全球核算最新进展

生态产品总值（GEP）核算是当前国内外研究的热点，开展全球尺度 GEP 核算研究，是实施全球生物多样性保护和共建地球生命共同体的内在要求，是衡量各国、各地区生态保护和经济发展模式的定量尺子，更是建立和完善生态产品价值实现机制、实现生态环境治理体系和治理能力现代化的重要举措。Costanza 团队的基本观点为生态系统服务是可以被量化和价值化的，这使得生态经济学家和环境学家们开始探索生态系统服务的"成本"或"价值"，而以前这些服务都被认为是免费的、"自然的"或者至少是"不可计数的"。然而，Costanza 团队并没有估算自然资本的存量，33 万亿美元是对应全球生态系统每年所提供服务的价值。Costanza 团队进一步评估了 1997～2011 年全球生态系统服务价值及其因土地利用变化而造成的生态服务损失[10, 87]，并基于已更新的 2015 年数据提供了一份新的研究报告。其研究结果展示的不再是全球生态系统服务价值的总量，而是以单位时间内单位面积的价值来表征，如温带森林的平均估价为 3013 美元/（hm²·a）[88]。随后，学者 Konarska 和 Suttona 利用 1 km 分辨率土地利用/土地覆盖（land use/land cover，LULC）数据集评估全球生态系统的服务价值，分别探讨研究空间尺度对生态系统调节服务（ESV）评估的影响、ESV 与 GDP 之间的关系[88]。Sutton 与 Costanza 利用卫星影像数据、土地覆盖和生态系统服务价值估算了全球生态系统的市场价值和非市场价值，并且分析了其与全球各国 GDP 之间的关系[87]。Kubiszewski 等[89]利用 1 km 分辨率 LULC 数据集，基于重大转型计划（great transition initiative，GTI）设置 4 种土地利用规划情景，模拟评估不同情景下 2050 年全球 16 种不同生境类型的生态系统服务总价值。Ouyang 和 Song 等基于全球不同土地覆盖数据集，探讨全球土地覆盖数据的不确定性及其对生态系统服务价值估计的影响，不同的土地覆盖数据导致全球生态系统服务价值在 $3.50×10^{13}$～$5.65×10^{13}$ 美元[59]。Lisa 基于欧洲航天局（European Space Agency，ESA）土地利用数据，评估了 1992～2015 年全球耕地生态系统服务价值及其对陆地生态系统服务价值的影响，耕地变化造成了 1668.2 亿美元的绝对损失[17]。上述这些研究都持有一个明确的观点，即自然界生态系统服务并不是可以自由支取或免费享有的，它们是有价值的。

生态环境部环境规划院在深入总结联合国 MA、SEEA 实验生态系统账户、CICES V4.3 通用型服务分类方案、《陆地生态系统生产总值（GEP）核算技术指南》《森林生态系统服务功能评估规范》等国内外相关成果经验的基础上，充分考虑数据可获得性并剔除重复计算部分，最终确定了全球陆地 GEP 的核算框架，如图 3-3 所示。通过搭建全球陆地生态系统 GEP 核算体系框架，并利用空间分辨率为 1km 的遥感影像解译数据，对 2017 年和 2018 年全球 179 个主要国家的森林、湿地、草地、荒漠、农田等陆地生态系统进行了核算，其中不包含全球海洋生态系统[90]。

生态环境部环境规划院团队共核算了全球生态系统物质产品、调节服务、文化服务 3 项功能共计 10 项指标，如表 3-1 和表 3-2 所示。其中，生态系统物质产品价值核算结合了世界银行世界发展指标数据库，主要包括农业产品、林业产品、渔业产品、水资源 4 个指标；调节服务价值核算在综合考虑数据可得性等情况的基础上，最终选取了气候调节、固碳调节、氧气生产、水源涵养、土壤保持 5 个指标；文化服务价值核算包括文化旅游 1 个指标。

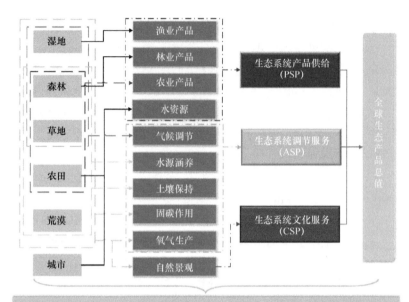

图 3-3 全球 GEP 核算框架图

表 3-1 全球陆地 GEP 核算指标

序号	功能类别	核算项目	说明
1	物质产品	农业产品	从农业生态系统中获得的初级产品，如水稻、小麦、玉米、谷子、高粱等其他谷物，豆类，薯类，油料，棉花，麻类，糖类，烟叶，茶叶，药材，蔬菜，瓜类，水果等
2		林业产品	林木产品、林下产品以及与森林资源相关的初级产品，如木材、橡胶、松脂、生漆、油桐籽、油茶籽等
3		渔业产品	人类利用水域中生物的物质转化功能，通过捕捞、养殖等方式获取的水产品，如鱼类、虾蟹类、贝类、藻类、其他等
4		水资源	人类利用的水资源量，包含工业用水量、农业用水量、生活用水量和生态用水量
5	调节服务	水源涵养	生态系统通过结构和过程拦截滞蓄降水，增强土壤下渗，有效涵养土壤水分和补充地下水、调节河川流量
6		土壤保持	生态系统通过其结构与过程减少雨水的侵蚀能量，减少土壤流失
7		固碳调节	植物通过光合作用将 CO_2 转化为碳水化合物，并以有机碳的形式固定在植物体内或土壤中，有效减缓大气中 CO_2 浓度升高，减缓温室效应
8		氧气生产	植物通过光合作用产生 O_2，调节大气中 O_2 含量
9		气候调节	生态系统通过蒸腾作用和水面蒸发过程降低温度、增加湿度的生态效应
10	文化服务	文化旅游	为人类提供美学价值、灵感、教育价值等非物质惠益的文化旅游，其承载的价值对社会具有重大的意义

表 3-2　各个核算项目实物量及价值量核算指标体系

序号	功能类别	核算项目	实物量指标	价值量指标
1		农业产品	农业产品产量	农业产品产值
2	物质产品	林业产品	林业产品产量	林业产品产值
3		渔业产品	渔业产品产量	渔业产品产值
4		水资源	用水量	水资源价值
5		水源涵养	水源涵养量	水源涵养价值
6		土壤保持	土壤保持量	减少泥沙淤积价值、减少面源污染价值
7	调节服务	固碳调节	固定二氧化碳量	固碳价值
8		氧气生产	氧气生产量	氧气生产价值
9		气候调节	植被蒸腾消耗能量	植被蒸腾调节温湿度价值
			水面蒸发消耗能量	水面蒸发调节温湿度价值
10	文化服务	文化旅游	游客总人数	景观游憩价值

核算结果显示,2017 年全球 GEP 价值总量为 108.28 万亿～187.86 万亿美元,平均价值为 147.76 万亿美元,这一结果高于 Costanza 团队核算价值量结果。如果都按照当年价格进行比较,可以看出,2011～2017 年,全球陆地生态系统服务价值年均增长率为 11.94%,略高于 Costanza 在 2014 年统计的 1997～2011 年的年均增长率(9.13%)。从 GEP 的三项指标结构来看,全球陆地生态系统的调节服务价值达到 132.75 万亿美元,占比 89.84%;随后依次是全球陆地生态系统的物质产品服务价值 8.41 万亿美元、文化旅游服务价值 6.59 万亿美元。在全球陆地生态系统的调节服务功能中以气候调节功能的价值最高,达到 99.04 万亿美元,其次是水源涵养的功能价值达到 31.38 万亿美元;在全球不同的生态系统类型中,以湿地生态系统的生产总值最高,尤其是湿地生态系统的气候调节能力最为突出,而森林生态系统的其他服务价值均最高。

从 GEP 的空间分布来看,2017 年全球 GEP 总量排名前五的国家分别是巴西、美国、中国、加拿大和俄罗斯,均以生态系统气候调节服务价值为主,这五个国家的 GEP 之和超过全球 GEP 总量的 40%;而 GEP 总量排名前十的国家还包括刚果(金)、印度尼西亚、印度、赞比亚和阿根廷,这 10 个国家的 GEP 之和占全球 GEP 总量的 60%左右(图 3-4)。

从不同生态系统类型 GEP 来看,森林、草地、湿地等生态系统所具有的调节服务功能不尽相同,固碳调节、氧气生产和气候调节功能仅对森林、草地和湿地三种生态系统核算,土壤保持和水源涵养对于所有生态系统都核算。在各个生态

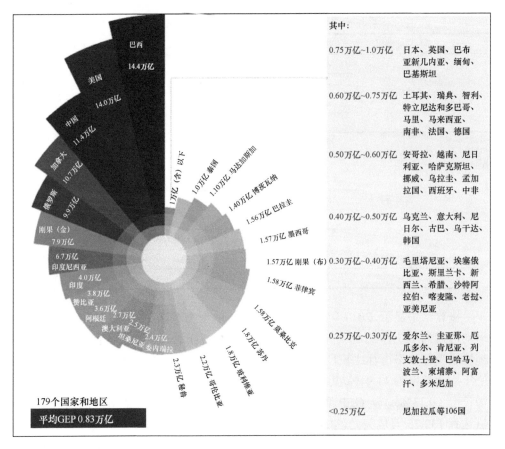

图 3-4　2017 年全球 GEP 的排名情况

系统类型方面，总的服务价值量大小依次为湿地、森林、草地、荒漠、农田和城镇；在各个调节服务功能方面，价值量大小依次为气候调节、水源涵养、氧气生产、固碳调节和土壤保持。湿地的气候调节价值量占总价值量的比例最大，达到41.8%，森林固碳调节、氧气生产、水源涵养和土壤保持能力高于其他生态系统类型，其次是草地生态系统，在各个服务价值量中的占比也较大，城镇作为人工生态系统，其各种服务价值量都处于最低水平。

根据全球各个国家和地区的 GEP 核算结果，结合已收集整理的全球 GDP、人口和面积数据，开展针对全球不同国家、不同区域的统计分析，如图 3-5 所示。总体来看，与宏观经济指标（GDP 指标）相比，全球大部分国家的 GEP 总量均明显高于该国 GDP 总量，如 GEP 最高的巴西，其 GEP 总量是 GDP 总量的 7 倍，另外，俄罗斯和加拿大的 GEP 总量也达到了其 GDP 总量的 6 倍以上。然而，仍然可以看出，少数几个国家的 GDP 总量超过其生态系统提供的 GEP 价值，尤其是日本，2017 年其 GDP 总量高达 GEP 总量的 5.64 倍；此外，2017 年美国 GDP 总量全球最高，同时也达到了美国 GEP 总量的 1.39 倍，而中国 2017 年的 GDP 总量与 GEP 总量大体持平，略高于 GEP。当年全球 GDP 总量排名前五的国家分别是美国、中国、日本、德国和英国，美国和中国是仅有的两个既在 GEP 指标上排名靠前也在 GDP 指标上排名靠前的国家，同时也是 GEP 排名前五的国家中仅有的 GEP 总量小于 GDP 总量的国家。

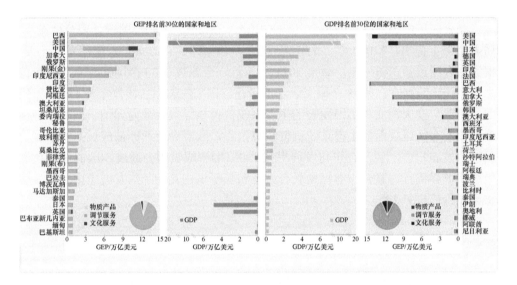

图 3-5　2017 年全球 GEP 与 GDP 总量排名前 30 位的国家和地区

关联生态资产与经济发展水平可以看出，各国 GEP 排名、GDP 排名差别较大，仅中国、美国等少数国家两项指标排名均靠前，而 GEP 排名靠前但 GDP 排名落后的国家基本上为非洲国家，其具有良好的生态优势，但同时面临地理位置偏僻、经济最为落后的困境。GEP 排名靠前而 GDP 排名较低的国家包括圣多美和普林西比、中非、刚果（布）、刚果（金）、赞比亚、毛里塔尼亚、博茨瓦纳，这些国家的 GEP 与 GDP 的比值均超过 100。除此之外，几内亚比绍、瑙鲁、莫桑比克也都具有相对较高的 GEP 排名；而以荷兰、韩国、法国、德国、意大利、日本等为代表的发达国家属于 GDP 排名较高但 GEP 排名相对靠后的情况，其 GEP 总量和本国 GDP 总量的比值均处于全球最后几名，经济发展较少地依赖或不依赖于其生态系统本底。可以看出，GEP 排名靠前而 GDP 排名落后的国家，基本上来自非洲，这些非洲国家具有良好的地理条件和生态禀赋优势，但同时绝大多数都被列入了经联合国批准的最不发达国家名单，经济非常落后。此外，发达国家的人均 GEP 和单位面积 GEP 明显高于全球平均水平，其中美国、日本、德国、法国、英国等的这两项指标位于前列；"一带一路"共建国家人均 GEP 和单位面积 GEP 指标整体偏低，分别为 1.25 万美元/人和 87.84 万美元/km^2。

3.2　国家生态核算账户

联合国环境经济核算委员会（UNCEEA）在 2017 年联合国统计委员会第 47届大会[91]上提出，"2020 年，至少应有 50 个国家建立官方生态系统核算账户"。根据联合国最新调研结果，截至 2021 年 1 月，全球共有 34 个国家建立了官方的生态系统核算账户，有 13 个国家表示准备建立国家生态系统核算账户。在国家层面，荷兰、澳大利亚和英国发布的生态系统价值核算报告最为详细，西班牙和南非定期发布区域层面的生态系统价值核算报告。欧盟会定期评估成员方生态账户状况并发布报告，经济合作与发展组织（OECD）成员国会通过本国的国际援助渠道或世界银行、联合国等机构联合大学和科研机构支持一些发展中国家开展生态系统价值核算工作。

3.2.1　英国

2011 年，英国政府要求英国环境、食品与农村事务部（DEFRA）和英国国家统计局（ONS）在 2020 年前将自然资本价值核算纳入英国国家环境核算体系中。2012 年，英国政府成立了自然资本委员会（Natural Capital Committee，NCC），主要提出了为政府提供自然资产的可持续利用，保护和提升自然资本的优先领域，以及制定和实施英国《25 年环境规划》①以保护和提高自然资本三个方面的建议。2017 年，英国自然资本委员会发布了《自然资本评估指南》②，该报告指出公共和私营决策中不能充分评估自然资本资产的综合经济成本收益，是导致自然资本恶化的主要原因。该报告建议加快建立一个研究框架，重点研究自然资本的投资顺序、确定改善自然资本的目标、避免自然资本恶化或补偿损失必须采取的行动、保护和改善自然资本的整体进展情况等方面的内容。2019 年，自然资本

---

① A Green Future: Our 25 Year Plan to Improve the Environment. https://www.gov.uk.
② Natural Capital Committee Improving Natural Capital: An Assessment of Progress. Fourth Report to the UK Government Economic Affairs Committee 2017. https://www.gov.uk/government/publications/natural-capital-committees-fourth-state-of-naturalcapital-report.

委员会发布的《〈25 年环境规划〉实施进度评估报告》[①]显示，2000～2017 年英国自然资本总值的变化反映了经济的可持续性，但生态系统核算也反映出自然资产缺乏监管，需要开展生态修复。该报告核算结果显示，2016 年英国自然资本总值约为 1 万亿欧元，英国自然资本委员会认为该数字被严重低估，并强调英国还需开展大量工作，提高自然资本价值核算的可信度。英国国家统计局根据这一要求对核算框架进行了重新设计，目前新的框架计算范围包含了 14 项生态系统服务，涵盖林地、耕地、海洋、湿地、城市、草原、滨海以及山脉、沼泽和荒原等生态系统类型。

该报告同时指出，目前在实现《25 年环境规划》的部分目标上只取得了很小或者非常有限的进展，水、大气、土壤质量等仍在下滑。例如，自 2013 年以来，受保护地区恢复到良好状态的数量仅增加了 2.2%，达到 38.9%，但在《25 年环境规划》中设定的目标则是 75%；《25 年环境规划》要求，将至少 75% 的水体改善至尽可能接近其自然状态，而目前英国只有 16% 的地表水体达到了较高或良好状况，这一比例有所下降；按照 17% 的林地覆盖率所实现的温室气体 2050 年零排放目标，英国需要以每年 30000hm² 的速度来植树，而 2018 年、2019 年仅仅种植了 13400hm²；2018 年英国的海鸟繁殖指数比 1986 年低 28%，是有记录以来的第二低点。英国自然资本委员会通过对自然资本进行核算，及时跟踪《25 年环境规划》实施进度，反馈规划与目标的差距信息。

2019 年，英国自然署发布了英国国家自然保护地的《自然资本评估报告》[②]，该报告从总体的逻辑链"生态资产–生态服务–效益–价值"出发，运用自然资本核算（NCA）方法，充分介绍了每一项内容的基础概念、评估方法以及案例分析。自然资产账户同时发挥了传统账户两个重要的作用：第一，通过审计账目核算自然资本的实物量，提供外部的自然资源存量信息；第二，通过管理账户统计自然资产每年产生的流量价值，从而支撑相关部门的经济发展决策。

自然资本账户逻辑链的核心是"生态资产–生态服务–效益–价值"的转化。生态资产三种重要的资产属性分别为数量、质量和位置。对于不同的生态资产，三种属性的比重会有明显的区别。例如，生产甘草的价值受到土地数量以及土壤质量影响，尽管位置对于甘草种植没有显著的影响，但对于休闲用地等自然资产而言，靠近人口中心的位置往往价值量更高。影响逻辑链的因素包括压力驱动和管理干预。例如，气候变化可以通过改变生态资产的结构来影响生态服务。生态资

[①] 25 Year Environment Plan Annual Progress Report, 2019.

[②] Accounting for National Nature Reserves: A Natural Capital Account of the National Nature Reserves managed by Natural England. Natural England Research Report, 2019.

产在转化为经济价值的过程中涉及大量人为因素的干预，如制造、加工以及运输。总体而言，自然资本账户逻辑链是一个对高度复杂系统的简化。尽管该逻辑链从宏观层面上阐释了生态资产转化为价值的过程，但是目前尚未涵盖对于自然资产服务在特定情景下的协同作用以及权衡作用。自然资本账户通常使用资产负债表来报告资产的货币成本和价值。英国自然署以自然资本逻辑链作为负债表的基础，对链上的每一部分进行指标分析量化，最终形成一份包含自然资本数量、质量、位置、服务以及效益价值的汇总资产负债表，旨在为决策者提供更完整的资产、流量、收益和价值信息参考。

生态资产的评估通常由栖息地划分和资产基线两个负债表组成。英国自然署共管理着 64544hm^2 的自然保护地。其中，最主要的栖息地类型是海洋、海岸和沼泽。在陆地上，最主要的栖息地类型是阔叶林地和草地。同时，英国自然署对每一种栖息地上的生态资产进行指标量化分析。该负债表应用了多个指标量化分析了该区域生态资产的质量，如水文环境（地表水达标率、地下水达标率）、化学成分（二氧化硫含量、氮沉积）、土壤（有机碳含量）、植被覆盖和物种构成（植被多样性、无脊椎物种）以及文化（遗迹保护、噪声）等。

目前，英国自然署只能对广泛的生态服务功能进行一小部分的量化。以生态系统分类以及指标评估负债表为例，英国自然署根据每一项生态系统服务的重要性按照 1～3 分进行打分。但是目前无法对所有生态系统服务进行指标性的分析，如蓄洪、水质净化、空气净化等服务缺失明确的指标以及数量上的统计。

自然保护区的社会效益和价值主要体现在人们从生态系统中获得的乐趣以及享受，如自然保护和生物多样性保护带来的景观美学，以及乡村、公园和露天休闲地等开放空间。英国自然署使用"信号灯"颜色——"红色—橙色—绿色"（从低到高）来表明数字统计背后呈现的自然资本的质量和价值。根据评估结果，娱乐活动给英国社会带来的旅游、教育访问和志愿者收益达到每年 2400 万英镑，总资产价值约为 7.74 亿英镑。基于目前英国自然署的统计，最高的效益来自碳汇，英国所有自然保护区每年碳封存量约为 185000t CO_2 当量，提供了大约 1200 万英镑的年收益。碳汇预计在未来 50 年大幅上升，到 2077 年，年收益会达到 6500 万英镑。

3.2.2 澳大利亚

澳大利亚政府在 2018 年制定了生态系统服务价值核算–国家战略和行动计划

（5 年期）[①]，该行动计划以联合国《实验性生态系统核算》框架为基础，建立了澳大利亚生态系统服务价值核算工作的路线图。根据规划，澳大利亚政府将利用 1～3 年时间逐步开展四项工作，包括数据工作、账户工作、分析工作和应用工作。其中，数据工作包括收集核算基础数据、建立数据分类和质控体系、识别数据差距等；账户工作包括开展国家核算试点、编制核算技术指南、分析账户利益相关方等；分析工作包括账户分析和应用的能力建设、账户核算情况的评估等；应用工作包括逐步设计纳入核算信息的全生命周期政策制定–执行–后评估、根据利益相关方需求将核算信息纳入决策机制等。

实施的前两年内，将开始开展一系列基础工作，对一系列利益相关方和行政辖区内的环境经济核算的需求和使用情况进行综合评估，以建立国家核算方法体系。这将有助于更清楚地确定应优先采用国家环境经济核算方法的政策和其他问题，并在确定未来核算时制定进一步关联的政策问题。这样，账户的开发将成为用户驱动型。在数据汇编、账户开发和应用程序方面进行工作盘点，以建立核算工作的专业知识。通过简单而清晰的环境经济核算及其在决策中的应用信息，提高各级政府和社区的能力建设，见图 3-6。

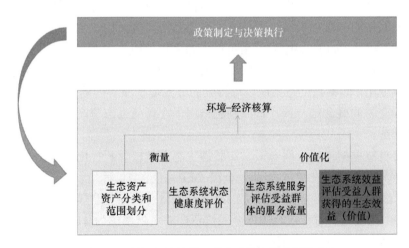

图 3-6 环境–经济核算及其在决策中的应用信息[②]

---

① Environmental Economic Accounting: A Common National Approach Strategy and Action Plan. Interjurisdictional Environmental-Economic Accounting Steering Committee for the Meeting of Environment Ministers, Commonwealth of Australia 2018.

② Environmental Economic Accounting: A Common National Approach Strategy and Action Plan. Interjurisdictional Environmental-Economic Accounting Steering Committee for the Meeting of Environment Ministers, Commonwealth of Australia 2018.

澳大利亚政府希望在行动计划发布的 4～5 年内：①建立纳入生态系统服务价值考量的公共决策机制；②建立纳入生态系统服务价值考量的战略规划机制；③建立生态系统价值投资和回报达到平衡的实现机制；④建立实现生态系统服务和生态系统资产支撑经济社会发展的可持续发展道路。

3.2.3 荷兰

2019 年，荷兰瓦格宁根大学（Wageningen University & Research）与荷兰国家统计局（CBS）合作，核算了 2015 年荷兰全国分地区生态系统服务价值和生态资产价值[①]。该研究的目的是为荷兰的生态系统服务和生态系统资产提供实验性的货币价值，并将这些价值组织成一个核算框架。该研究的目的不是提供关于价值的所有方面的统计信息，其结果也不能作为自然的"真实"价值。此外，研究报告中所做的估值并不能解决市场上缺乏稀缺性信号的问题。

这项研究有一些非常明确的结论。首先，研究只估计了生态系统对人类利益做出贡献的经济价值。非经济价值（如景观的文化价值）和所谓的"非人类"收益（如作为动物栖息地的生态系统）已被排除在本研究之外。其次，研究只对最终的生态系统服务赋予价值，也就是由生态系统产生而用于生产活动（如供给服务）或消费活动（如调节服务）。由可供生态系统使用的生态系统产生的中间生态系统服务被排除在外。最后，根据 SEEA-EA 的建议，核算关注的是生态系统服务的实际使用，而不是生态系统以可持续的方式提供服务的能力，这与 SNA 中记录的实际交易的概念相一致。该原则也适用于在评估生态资产价值时预期的未来使用的服务。

研究核算框架遵从了联合国《实验性生态系统核算》提出的方法框架。正式发布的核算报告显示，2015 年荷兰全国 GEP（包含 10 种生态系统服务）为 130 亿欧元，约为当年荷兰全国 GDP 的 1.9 倍。2015 年，荷兰全国生态系统资产总价值为 4190 亿欧元，对荷兰全国非金融性资产的贡献率约为 11%（图 3-7）。研究者同时注意到，虽然所有的生态系统服务功能均按照联合国《实验性生态系统核算》推荐的最佳方法进行计算，但生态系统的服务价值依然被低估，主要原因包括：①并非所有的生态系统服务都纳入核算范围，如洪水调蓄、海岸带防护、海洋生态供给价值等未被核算；②荷兰对农业、林业和渔业产品进口的依赖度超过50%，生态系统对这些产品在其他国家生产过程中的贡献未被考虑。

---

① Statistics Netherlands, Wageningen University & Research. 2019. Experimental monetary valuation of ecosystem services and assets in the Netherlands.

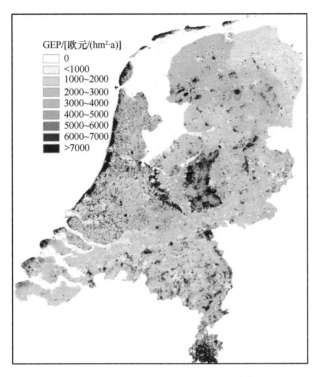

图 3-7　2015 年荷兰 GEP 空间分布[①]

3.2.4　奥地利

为了更好地了解欧洲阿尔卑斯山的生态服务，由奥地利牵头，六个相关国家（奥地利、法国、德国、意大利、列支敦士登和斯洛文尼亚）于 2015 年 12 月共同启动了为时 3 年（2015～2018 年）的"阿尔卑斯山生态系统服务——规划、维护、管理"项目[②]，项目由意大利博尔扎诺欧洲研究院（Eurac Research）负责，受欧洲区域发展基金赞助。项目的具体参与方包括公共机构、决策者、非政府组织、研究人员和经济学者。该项目旨在收集、分析和总结这片深受威胁的山脉所提供的生态系统服务价值，为阿尔卑斯山的区域性以及跨国环境治理提供指导性框架。为了实现这一总体目标，研究者们提出了以下具体步骤：①确定奥地利境内阿尔卑斯山生态系统服务概念；②绘制奥地利境内阿尔卑斯山生态系统空间地图和评

---

① Statistics Netherlands, Wageningen University & Research. 2019. Experimental monetary valuation of ecosystem services and assets in the Netherlands.

② Ecosystem Services and Governance in the Alps: Tools and Tips for Effective Environmental Management and Territorial Development. 2018.

估其生态系统服务；③通过专用信息平台和交互式 WebGIS 系统向利益相关方提供结果；④确保项目的评估结果能最大程度地在创新、流动的学习工具平台上进行多方以及跨区域的传播。

该研究采用了国际生态系统服务分类（CICES），将生态系统分为三个主要类别：供给服务（提供食物、水、木材等），调节和维护服务（调节气候、水质净化、洪水调蓄和固碳等），文化服务（提供娱乐、美学和精神乐趣）。在选定的八项生态系统服务中，供应、流量和需求分别用不同的色调来表示：深色代表较高的指标值，浅色代表较低的指标值。项目评估的 22 个生态系统服务指标项目都直接链接到所对应的项目 WebGIS 中的地理单元。

阿尔卑斯山的生态系统服务价值估算得益于其强大的地理信息系统（GIS）和遥感（RS）技术支撑，在生态参数遥感的精度和基于 GIS 的模型深度分析方面进行了深入的研究。此外，研究项目在数据处理算法上注重自主创新，制定了科学的数据处理方案，并研发了基于 GIS 的特色生态科学数据库、模型库等。在 GIS 和 RS 技术与生态系统服务价值评估模型之间集成的深度与广度方面，强化多因素结合、大尺度范围、时空分析以及情景预测的研究。此外，还加强了生态系统服务机理模型、经济学模型和社会行为学模型与 GIS 技术系统的耦合机制研究，构建开放、集成和智能化的数据与研究成果的共享平台。

3.2.5 南非

2015 年，南非政府在联合国统计司（UNSD）和联合国开发计划署（UNDP）的资助下，建立了全球第一个国家流域生态系统价值核算试点项目，该项目为"全球推进联合国试验生态系统核算项目"（Global Advancing SEEA Experimental Ecosystem Accounting）[92]的一部分。该项目旨在以南非全流域为研究对象，评估河流生态系统状况和变化趋势，在试点项目期间，南非水利和公共卫生部（Department of Water and Sanitation）建立了全流域的淡水卫生状况数据集，结合南非国家淡水生态系统优先区域项目（National Freshwater Ecosystem Priority Areas Project，NFEPA），建立了南非国家流域生态系统服务实物量账户、生态系统服务价值量账户以及流域生态状况指数等重要数据信息，为南非国家流域生态保护规划提供支撑。

流域生态系统服务实物量账户内容主要为流域生态系统的基本状况，包括流域范围、河网长度、河道分布、河床生态系统状况、水流量和基于水流量的生态系统容量以及在空间上划分出的 9 个水管理区（WMA）和 31 个流域生态核算区。

流域生态系统服务价值量账户内容主要为 31 个河流生态核算区内各条河流分类型（山间河流、上游丘陵河流、下游丘陵河流和低地河流四种）的生态系统服务（如水流动调节、水质净化、气候调节、固碳、渔业供给等）价值量。

南非以河流为基础，以流域为依托开展生态系统价值核算，根据流域特征和状况划分流域生态核算区，覆盖了全国 100% 的陆地面积，既可充分掌握全国生态系统价值和变化特征，又可按照流域特点和发展需要协调流域保护与经济发展的关系，完善全国流域生态保护规划。

3.3　TEEB 核算案例

生态系统和生物多样性经济学（TEEB）是生物多样性与生态系统服务价值评估、示范和政策应用的综合方法体系，为生物多样性保护和可持续利用提供了新的思路和方法。TEEB 于 2007 年在德国波茨坦举行的八国集团环境部长会议上发起，由欧盟委员会、德国、英国、挪威、荷兰和瑞典资助，由联合国环境规划署作为其绿色经济倡议的构成部分加以管理。2008 年起，TEEB 正式得到了联合国环境规划署的支持，旨在提醒人们注意生物多样性的全球经济利益，突出生物多样性丧失和生态系统退化日益增加的代价，TEEB 的价值评估方法多采用市场价值法、显示性偏好法、陈述性偏好法等。目前，全球有 30 多个国家开展了 TEEB 国家研究，对生态系统和生物多样性相关政策的制定产生了积极影响。本书摘录了日本、美国、马尔代夫，以及中亚各国和哥斯达黎加五个案例介绍了生态产品价值核算是如何影响决策的。

1. 日本使用合鸭给田地施肥——种养结合提升供给服务价值[①]

日本合鸭的生产方式巧妙地结合了不同的有机农业生产方式，不仅节约了以往在购买化学药剂上的支出，并且有助于粮食生产的多样化，为农民创造了更高的收益，保护了生物多样性并改善了生态系统服务的供应链。

在幼苗种植后 1～2 周，将两周大的幼合鸭引入稻田。幼鸭的数量可能会有所不同，不同研究提到的数量分布在每公顷 100～400 只。稻田作为一个庇护所，保护鸭子，使其免受狗、猫、黄鼠狼、猛禽等的侵害，并让鸭子可以完全自由地活动。一旦水稻植株形成谷穗，养殖者必须把鸭子带走，以防止它们吃掉谷粒，然

---

① TEEB Case Studies (2009-2013). https://teebweb.org/publications/other/teeb-case-studies/.

后喂养它们直到成熟并产卵。除了麸皮、豆粕外，养殖者还引入了一种生长在水面上的固氮水生蕨类植物——细叶满江红（*Azolla filiculoides*），用作鸭饲料。这种植物可以为鱼提供庇护，鱼以鸭粪、水蚤和蠕虫为食。鱼和鸭子提供肥料给水稻施肥，使水稻长出更强壮的茎抵抗湍流。因此，水稻不仅不易受到风暴的侵袭，而且反过来为鸭子和鱼提供了庇护所。科学分析表明，该系统对提高土壤肥力和保护生物多样性具有积极作用，如节肢动物群落的多样性。

与人工除草的传统有机耕作方法相比，合鸭养殖方法每年每公顷可以节约多达 240h 的人工劳动时间。表 3-3 显示了不同施肥模式的水稻产量大致相同，但由于合鸭养殖稻米的溢价较高以及鸭子的额外收入，其利润几乎是传统种植养殖系统的两倍。合鸭生产方式有助于解决以下 4 个问题：①通过鸭子的施肥节省了化学投入的成本；②节省了通过手动或除草剂进行除草的劳动力；③有助于控制害虫（昆虫、蜗牛等）；④可以稳定生态系统，使其更具抵抗力（疾病和天气危害），丰富生物的多样性等。如今，合鸭养殖方法在日本仍然没有完全普及。大多数传统稻农担心该方法存在一定的风险，并且受制于当地的自然条件（除草和昆虫）和技术条件（农民主要担心对鸭子养殖的时间以及数量掌握不好）。

表 3-3 传统养殖和合鸭养殖的经济效益对比

项目	传统养殖	合鸭养殖
种植面积/m²	8000	7800
每公顷鸭苗数量/只	0	170
死亡数量/只	—	81
稻米产量/（kg/hm²）	4500	4150
总收入/（1000 日元/hm²）	125.6	195.3
养殖收入（鸭肉，鸭蛋）	—	13.8
收益/1000 日元	75	134.2

2. 美国黄石国家公园——狼群对栖息地保护的价值

在生态系统服务价值评估的引导下，1994 年美国黄石国家公园制定了通过重新引入狼群来促进生物多样性保护的决策。

灰狼于 1930 年在美国西部灭绝，根据美国《濒危物种法》，1974 年其被列为濒危物种。美国鱼类和野生动物管理局于 1987 年为该物种制定了恢复计划，在北落基山脉和黄石国家公园建立保护区。黄石公园作为一个重要的保护区，是美国第一个国家级保护区公园。狼作为本地顶级肉食动物链条中唯一缺失的物种，其缺乏导致生态系统失去了对麋鹿种群的自然控制，结果之一是麋鹿在冬季迁徙到公园以北的过程中常与放牧的牲畜发生冲突。

为了达成引入狼群的保护计划，黄石国家公园于 1990 年发起了一系列初步的生态和经济的评估研究。生态经济研究调查了狼群对园内牲畜数量、种群恢复规模以及有蹄类猎物充足性的潜在影响。根据公园的生态基础，研究者们基于一个公园游客的人口样本，使用"陈述偏好"的条件价值评估法评估狼群引入对生态系统服务价值的影响，包括直接使用（野生动物观赏）价值和非使用（存在）价值。该研究表明引入狼群最主要的价值增加来源于游客的野生动物观察。作为大型食肉动物，狼群与灰熊、黑熊、美洲狮、金刚狼和驼鹿一起位居最受人们喜爱的观赏动物榜首。狼的存在价值主要体现在促进形成一个更加完整和健康的生态系统，以及生物多样性的增加对于未来子孙后代的受益。在收益–成本框架中，研究者们发现这些增加值远远超过估算的牲畜捕食以及麋鹿狩猎的经济损失。研究者们对生态和经济两方面的评估进行了完善，并在 1992 年向政府提交了最终的报告。根据这些报告，政府授权开展一项针对未来狼群引入的环境影响报告（EIS）。EIS 经济分析使用了两项调查：一项是 1991 年 6 月对公园游客的调查，共收到了762 份回复；另一项是针对家庭的调查。这些调查旨在从两种不同视角进行评估：区域经济视角和效益成本视角。根据报告的调查结果，游客量将有显著增加（区域外居民增加 5%，当地居民增加 10%）。在损失方面，对于狩猎者的直接经济损失为 187000~465000 美元，狩猎者捕猎的成本增加 207000~414000 美元，牲畜损失为 1888~30470 美元。在收益方面，游客消费估计为 23000000 美元，存在价值估计为每年 8300000 美元。对于生态系统和社会经济的价值，首先，狼群增加了公园的生物多样性；其次，公园的狼群对于人们而言具有观赏价值。同时，狼群有助于恢复捕食者和猎物的平衡关系，但是这部分价值很难量化。另外，尽管未被证实，一些科学家认为狼的重新引入可能对于疾病传播和水质改善产生积极的影响。

3. 马尔代夫海洋和沿海的生物多样性经济价值——支持生物多样性保护战略

马尔代夫拥有世界上最丰富的海洋生物多样性。该国的珊瑚礁是世界第七大珊瑚礁，占全球珊瑚礁面积的 5%。鉴于该国在经济上严重依赖海洋和沿海资源的福祉与发展，其未能将生物多样性纳入经济政策、战略和财政预算，将会持续损害未来经济的可持续增长。马尔代夫对生物多样性的投资无法匹配其对国民经济以及未来发展的巨大价值潜力。目前，马尔代夫的自然资本正随着鲨鱼、龙虾、海参、礁鱼等海洋物种的过度捕捞、生态污染以及建筑施工对珊瑚礁的破坏而逐渐丧失，这种生物多样性的丧失将对马尔代夫的经济造成巨大的影响。

在全球环境基金会（GEF）和联合国开发计划署（UNDP）的支持下，马尔代夫住房、交通和环境部门启动了环礁生态系统保护项目，旨在保障沿海和海洋多样性的经济价值。该项目评估了两个严重依赖沿海和海洋生物多样性的部门——渔业和旅游业，通过从就业人员收入、就业率、政府收入、外汇和出口等方面追踪生物多样性为经济创造的价值。评估对象为芭环礁上的本地私营部门旅游经营者、家庭以及马尔代夫的居民。该评估考虑了两方面的价值。

直接价值：采用了市场价格评估渔业和旅游业的直接收益。旅游业共雇用了64000人，占劳动力的58%。考虑到计算直接和间接的生产、消费和收益，当前旅游业对GDP的贡献率为67%（7.64亿美元），对渔业部门GDP的贡献率为8.5%。

间接价值和存在价值：采用了替换成本法评估珊瑚礁岸线保护效益，以及生物多样性保护的支付意愿。相关部门使用游客和当地人的支付意愿来评估精神、文化和审美价值。该研究的一部分计算结果表明，人工替代珊瑚礁的成本在200亿~340亿马尔代夫卢比，具体取决于替代类型。大多数人表示愿意通过保护费或使用费资助生物多样性保护。总体而言，80%的受访者愿意每年向生物多样性保护基金支付费用。根据受访者的偏好，全国的间接价值和存在价值整体估计数值分别可达每年200万和每年180万马尔代夫卢比（间接价值包括调节服务和支持服务）。此外，就存在价值而言，海外受访者的支付意愿约为2.3亿马尔代夫卢比。

根据研究结果，马尔代夫总统强调了生物多样性对马尔代夫经济的巨大经济价值，并指出所有马尔代夫的旅游和渔业部门相关人员参考并研究这一项目结果，将生物多样性保护作为首要任务。马尔代夫渔业和农业部部长宣布自2010年7月1日开始将全面禁止鲨鱼捕捞。此外，一系列财政激励的措施（如关税、价格控制、配额等）对马尔代夫当地以及全球其他保护项目产生了积极影响。例如，越南海洋生物多样性保护项目方与马尔代夫环礁社区共同协商制定一系列可持续的生态维持项目，用于解决由海外鱼翅市场的大量需求导致的鲨鱼过度捕捞问题。

4. 中亚咸海湿地恢复包含的生态系统服务价值——开发决策

咸海湿地的价值评估表明，湿地包含多种生态系统服务价值，对于生态保护政策的制定起到了重要的作用。20世纪60年代初，苏联政府决定扩大其在中亚的灌溉活动。灌溉水源取自阿姆河和锡尔河，这两条主要河流为咸海供水。灌溉活动的增强导致两条河流三角洲的可用水盐碱化并且水量急剧减少,生物多样性、植被和渔业资源大量丧失。由于整体盐碱化,地下水的健康状况也迅速恶化。1995年,三角洲地区仅剩余 10%的原始湿地,主要由偶尔的洪水和流入水库的咸水混合而成。因此,由世界银行组织的咸海计划署启动了咸海湿地恢复项目(ASWRP),将重点放在乌兹别克斯坦的阿姆河三角洲。一个由荷兰顾问组成的团队与当地乌兹别克斯坦机构密切协商,制定了恢复该三角洲的可持续战略,得到当地利益相关方和政府部门的优先试点项目投资。

该研究的主要目的是通过湿地恢复来阻止并尽可能减轻生态环境的恶化,以及对阿姆河三角洲当地人口的负面影响。顾问们在阿姆河确定了三个关键的生态系统:永久性湖泊和沼泽、季节性洪水泛滥的平原以及有地下水的旱地。根据当地科学家、政府机构、三角洲人口代表和社会经济调查提供的信息,顾问们首先对阿姆河三角洲生态系统服务进行定性,然后尽可能地量化下面三种情景下的生态系统服务:①当夏季洪水泛滥时,三角洲 90%可能被淹的原自然状态;②当下受人工维护的原湿地 10%的现有面积;③目前可用水量下的恢复潜力。

该项目建立了生态系统和社会经济的价值矩阵作为一个有效的评估展示工具,见表 3-4,提供了对干预措施的社会、经济和生态影响的直观结果,可以让决策者理解湿地和相关生态系统服务的价值。研究证明,比起继续建设蓄水和灌溉工程,投入湿地的生态保护是一个更好的选择。前者只聚焦在一项服务,即灌溉用水,而忽略了其他的生态服务。

表 3-4　简化的阿姆河生态系统服务价值矩阵

生态系统服务	社会价值	经济价值	生态价值
地下水补给		维持所有其他生态过程的基本功能	
防止风传播的沙尘和盐分	人类健康	灌溉计划的保护	
维持生物多样性		维持基因库的稳定	保护许多濒危物种
鱼类产卵和哺育		保护渔业资源和水生植物	水生生物的存活
牧场		养牛	
供水		种植、水产养殖	
麝鼠、水禽	当地的狩猎(肉、皮)	毛坯和肉类产业	
甘草和其他木材	当地的生火以及建筑木材	甘草根出口,甘草饲料	

5. 哥斯达黎加国家林业基金——绿色金融政策

20 世纪 80 年代,哥斯达黎加是世界上森林砍伐率最高的国家之一:森林覆盖率从 1950 年的 72%下降到 1987 年的 21%。哥斯达黎加政府一直寻求可持续的生态战略来保护林业。1992 年，在里约热内卢举行的联合国环境与发展会议（称为"地球峰会"）上，哥斯达黎加在《国家发展计划》中提出了一项战略：1994～1998 年，政府牵头建立国家林业融资基金（FONAFIFO），并将林业补贴计划纳入生态系统服务付费（PES）机制。1996 年，国家林业融资基金正式建立，其旨在发挥三方面的作用：①调动资源保护森林和生态系统服务；②减轻因私有土地开发而砍伐森林的威胁；③增加国家的森林覆盖面积。

国家林业融资基金是一个半自治机构，由公共和私营部门共同参与运营，包括环境能源部（MINAE）、工信部、农业部、国家银行体系以及一些小规模木材行业的经营者。国家林业融资基金由财政部和其他来源提供资金，确保款项按相应要求拨给 PES 体系内的林业生产部门。政府维持对 PES 的财政预算管控，决定最终预算。由于其相对分散的结构，国家林业融资基金可以相对灵活地管理其资金。每年国家林业融资基金发布 PES 的预算、流程和优先区的选拔标准。土地所有者通过和国家林业融资基金签订合同协议，获得生态系统服务收益。有意向并且符合要求的土地所有者自发布之日起 50 天内，可提交必要文书至国家林业融资基金。PES 要求各位土地所有者出示一份专业林务员设计的森林管理计划，涵盖明确的执行手段和监控措施。国家林业融资基金对合同采取例行审核制度，以验证林务员和土地所有者所提供监控报告的准确性。不合格的土地所有者将被没收未来的 PES，相关林务员可能会因此而失去他们的从业资格。

PES 计划有许多不同的赞助来源，包括国家、国际社会、私人和公共领域。在国家一级，哥斯达黎加政府建立了两种机制：燃油税和水费。根据法律，全国燃油税收入的 3.5%应指定用于基金融资。燃油税作为 PES 筹集资金的主要来源，在 2012 年贡献了超过 2000 万美元的融资，占筹集资金总额的 80%。水费是由政府于 2006 年推出的强制性收费，适用于所有公共和私人用水用户。水费总额的25%作为税收，由 MINAE 收集并分配给国家林业融资基金，用于水文生态系统保护。2006～2010 年，水税贡献了 480 万美元，用于资助 13483hm^2 林地。哥斯达黎加的国内碳交易市场，作为国家 2050 年实现碳中和目标的一项重要举措，在2013 年正式建立。公司可通过哥斯达黎加的生态银行（BanCO$_2$）购买碳信用额以抵消超标的排放量。公司和个人也可以将多余的减排量出售给银行。国家林业融资基金作为重要的参与方，每年获批 120 万 t 碳证书，并将其注入 BanCO$_2$，通过购买方和 BanCO$_2$ 的交易来获取付款。在此期间，BanCO$_2$ 也承担了检测、报告、认证国家二氧化碳减排的任务。

近 20 年来，国家林业融资基金对哥斯达黎加的森林保护起到了十分积极的作用。截至 2019 年，哥斯达黎加的森林覆盖率达到 52.38%，是 1983 年的两倍。同时，哥斯达黎加可再生能源电力占比达到了 95%。哥斯达黎加国家林业融资基金成功的经验包括：①基金架构的包容性、稳定性。作为一个多方参与的机构，国家林业融资基金赋予利益相关方明确的管理代表权，构建透明的奖励惩罚机制，积极传播森林生态服务的重要价值。②政府在融资方面发挥重要作用。目前国家林业融资基金超过 80%的资金来源于国家燃油税和水费，每年融资超过 2500 万美元，极大地推动了森林保护项目的开展，并深受人民群众的信任以及国际投资者的青睐。③国家林业融资基金与碳市场深度融合。通过保护森林资源增加碳汇，推动碳中和目标的实现，同时促进生态系统服务功能向经济价值的转化。

哥斯达黎加 PES 计划已有 28 年历史，目前已成为该国生态保护旗舰计划，并激发了世界许多地区类似计划的创建。PES 计划在功能上与公共资产类似，森林基金本质上扮演了信托的角色，都是通过经济手段驱动对生态产品的保护和恢复，从生态产品的利用和消耗（碳排放和水资源利用）中获得收益并支付给生态产品的管理者们。考虑到该 PES 计划的经验和成功以及目前只用于私人土地上的森林等局限性，为了在生态产品管理创新理念方面发挥领导作用，哥斯达黎加政府打算设计 PES2.0，在范围上将全国所有的陆地和海洋生态系统纳入 PES 交易范围，期望建立一个国家共同资产信托（NCAT），通过年度返利将捐款和福利公平地分配给当地林农，维持自然资源和社会资产的可持续管理。

第 4 章
生态产品总值核算体系

生态产品与生态资产、生物多样性等的相关研究在核算方法、核算范围、核算内容之间有相互交叉，又有所区别，因此需要对生态资产、生物多样性和生态产品的核算体系以及它们之间的相关关系进行论述。从核算概念来看，生态资产属于存量，生态产品属于流量，生态资产是生产生态产品的基础。生物多样性属于生态系统特征，也是一种存量概念。因此，本章首先对生态资产的特性、生态产品核算体系和生物多样性的评估体系与逻辑关系进行梳理，在此基础上，从实物量和价值量两个方面构建生态产品总值核算方法体系。

4.1 生态产品核算相关研究体系

4.1.1 生态资产核算研究

生态资产指由国家、集体等主体所有或控制的，预期可带来直接或间接经济效益的自然资源和生态环境，包括各类自然生态系统、半自然生态系统和人工生态系统。生态资产评估主要从存量的角度进行量化，评估形式包括实物量核算和价值量核算。生态资产指生态系统本身，可利用面积、物种组成、蓄积量等指标进行量化。生态经济理论中的福利经济学理论（即自然界是人类社会发展的基础，是一切财富的源泉）、效用理论（即客体能够满足主体需要的某种功能）和稀缺论（即稀缺且有用就具有价值）均认可自然资源与生态系统的价值[93]。

1. 生态资产的生态学特征

生态系统是生态资产的物质形式，是生态价值的载体，生态资产的生态学原理主要受生态系统的自然属性影响，有其基于生态系统的生态学特征，主要包括物质循环和能量流动特性、时间动态性和空间差异性特征、整体性和有限性特征、可增长性和可消耗性特征。

（1）生态资产的物质循环和能量流动特性。在自然生态系统中，水、气、氮以及矿物时刻都处于无限循环过程中，水在自然循环中有一部分进入人类的生产过程，开始经济循环；氮是生命过程中需要的重要元素，氮循环涉及生态固氮和生产合成等过程，构成生态经济大循环，生物固氮是目前农业对氮素的主要利用方法。生态系统的维持和运行是靠太阳能，人类经济系统的运行和发展同样也是靠太阳能，能量流动是其发展和运行的基础，绿色植物通过光合作用获取太阳能，把无机物转化为有机物，并合成自己的躯体，同时也把太阳能转化为化学能，储存在有机体内。此后，植物被动物逐级消费，能量随着物质的流动而流动。最后，通过微生物作用，把复杂的有机物分解为可溶性化合物或元素，并以热能的形式释放出有机物中储存的全部能量。为此，美国著名生态学家奥德姆构建了能值分析理论，把生态系统和社会经济系统结合起来，定量地分析系统中自然资源和人类投入对系统的贡献，通过系统中的能量流、物质流、货币流以及信息流的能值转换，为资源的合理利用和经济发展方针的制定提供重要的度量标准[94]。

（2）生态资产的时间动态性和空间差异性特征。生态资产源自于生态系统的组分、结构和过程，而生态系统的组分、结构、过程具有时间动态与空间差异，因此生态资产具有时空动态变化特征。生态系统的空间分布受水热、地形等因素限制而呈现出地带性，相应地表现为生态资产类别与组成的地带性。生态系统是一个复杂的系统，开展不同地区生态资产研究时，应充分考虑人类社会的需求和资源环境的稀缺性，有针对性地界定不同区域生态资产的组成和单位价值。单位数量生态资产价值的空间差异类似于"功效"的概念，即相同的生态资产在不同区域产生的生态效果和价值存在差异，其"生态功效"不同。所以在生态资产评估中可以引入生态功效的概念，以体现生态资产的空间属性，提升生态资产评估的区域针对性及准确度[21]。

（3）生态资产的整体性和有限性特征。生态系统具有整体性，决定了生态资产也具有整体性，表现为不同类别资产间的关联性，这使得生态资产管理需要根据具体关联的形式而采取权衡型管理或协同型管理。此外，不同生态系统之间也存在紧密关联，生态系统的稳定性通过跨生态系统的景观生态学过程与其他生态系统发生关联，这种关联可以发生在相邻的生态系统之间，也可以通过大气运动、地表径流等生态学过程发生在远距离的生态系统之间。生态资产的整体性要求生态资产管理应具有全局性思维，以及区域、国家甚至全球尺度的宏观布局。同时，在生物学和生态学原理的限制下，在一定的时空范围内，以生态系统为主体的自然资源与环境的供给能力是有限的，从而生态资产与生态产品也具有有限性，表现为总量有限和速率有限，如单位面积林地的木材蓄积量有限、单位面积景区在保证一定游览质量的前提下可容纳的游客数量有限等。因此，如何从优化资源配置、调整消费方式、提高资源利用效率、降低生态足迹等方面化解这一矛盾，是生态经济学、生态资产经营管理及其他科技领域的共同任务。

（4）生态资产的可增长性和可消耗性。生态资产的可增长性和可消耗性源自自然演替过程中及人为干扰下的生态系统变化，其中人为干扰引起的变化是生态资产管理重点关注的方面。生态系统具有一定的恢复能力，可以通过降低干扰使其自然恢复，也可通过人为干预加快恢复进程，这是恢复生态学的主要研究内容。生态系统的恢复能力是生态资产具备可增长性的前提。人类对资源与环境的过度索取和破坏是生态资产发生消耗的主要原因。实现可持续发展，应充分重视人类对生态系统组分、结构的影响，避免对生态资产存量的过度消耗，利用生态系统的可恢复性维持生态资产总量的长期平衡。

2. 生态资产的经济学特征

生态资产具备一般资产的特征和属性，具有预期的经济收益性和投资的资产增值性。与此同时，生态资产也具有一定的特殊性，产权不完全私有、具有公共性和非完全竞争性，需要政府干预，以维持生态资产长期供需平衡及社会福祉的最大化。

（1）生态资产的公共物品与生态福祉特性。洁净的空气、自然保护地、生物多样性，以及生态系统服务中的各类调节服务属于经济学中的公共物品或服务，由于这些物品或服务很难通过市场机制对其享用进行收费，特别是在我国以公有制为主体的经济体制下，大部分生态资产为全民所有。但生态资产的公共物品特性影响着人类的生态福祉，因此理论上难以通过市场机制进行生态资产的价值体现，只能由政府承担起成本维护和价值提升的责任。如果政府不加以调控，公共物品将越来越稀缺，能够享用公共物品的人群变得越来越少，最终导致社会整体福祉的偏离。同时，生态资产也具有空间流动性特征，通过对生态资产源–流–汇关系的研究，可以建立横向的生态补偿机制，支付生态资产产生的正外部性生态效益。

（2）生态资产的价值核算与市场交易特性。按照稀缺论、效用理论和福利经济学理论，生态资产具有重要的生态价值和经济价值。生态资产的经济价值可通过生态环境经济学方法进行核算，生态资产核算出的经济价值只是潜在的价值，受公共物品特性影响，不能完全在市场中进行交易，但具有经营性和准公共性特性的生态资产的价值具有可交易性，如林权、碳排放权、污染排放权、水权等生态资产的转让和交易。生态资产市场交易的前提是解决产权问题，资源产权是让人们在资源稀缺的条件下使用资源的规则，决定着人们对资源的使用方式。我国生态资产的产权以全民所有为主，影响了生态资产的交易范围和幅度。因此，生态产品价值实现的一个主要方面是解决生态资产的产权问题。

（3）生态资产的稀缺性和非完全资产折旧性。生态资产具有稀缺性和不完全替代的特征，其稀缺性特征决定了其具有生态价值和经济价值。从强可持续发展理论的角度来看，生态资产是不能被人造资产进行替代的，一旦生态资产被破坏，需要进行修复或恢复，因此生态资产具有不完全替代性的特征。一般的资产价值随着时间的推移呈现逐渐减少，以至到某一时点其资产价值消耗殆尽。但生态资产作为一种特殊形式的资产具有非完全资产折旧的特性，如土地资源，其经济价值与土地用途关系密切，随着时间的推移，土地用途由荒山变为农用地或建筑用地，其价值往往是增加的，不符合一般资产随时间推移其经济价值递减的规律。对于生态资产提供的生物多样性、气候调节等服务，只要人类对生态系统的开发和利用程度不超过其自我调节的极限，生态系统就可以自然修复并不断产生各种生态系统服务价值（图4-1）。

3. 生态资产核算方法

生态资产核算是在对一定时间和空间范围内的生态资产进行真实调查统计和合理估价的基础上，从实物量、价值量和质量的角度，统计、核实和测算其总量与结构的变化情况。生态资产核算是将生态环境价值纳入传统经济核算范围，并与经济活动关联起来，通过定量分析自然环境资源存量和变量变化评估经济活动对生态环境的影响，确保经济活动和经济增长的可持续性。

生态资产核算主要包括生态资产实物量核算、生态资产价值量核算以及质量（指数）核算，三者互为基础，相互补充[95]。其中，生态资产实物量核算是价值量核算和质量定级的基础，主要通过调查统计数据核算得到；生态资产分等定级评价是评价生态资产价值的重要依据。理论上，生态资产价值量核算主要包括生

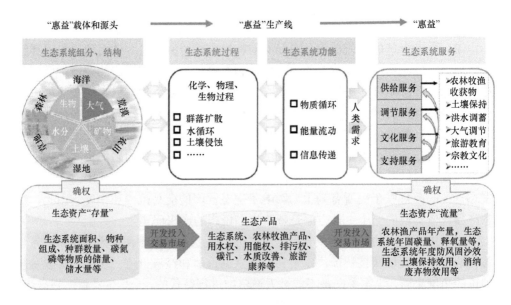

图 4-1 生态资产与生态产品形成的生态学过程

态资产的使用价值和非使用价值（表 4-1）。在实际核算中，不同生态资产的具体核算方法不同，且同一种生态资产，核算方法的理论基础不同，选取的方法也会不同（表 4-2）。

表 4-1 生态资产价值构成

一级指标	二级指标	三级指标
总经济价值	使用价值	直接使用价值
		间接使用价值
		选择价值
	非使用价值	遗传价值
		存在价值

表 4-2 生态资产核算方法

	具体指标	实物量	价值量
生态资产	非培育性生物资源	统计调查法	直接市场法
	培育性生物资源	统计调查法	直接市场法
	天然生物资源	统计调查法	直接市场法
	水资源	统计调查法	直接市场法/影子价格法
	土地	统计调查法	收益还原法/基准地价修正法/市场比较法

4.1.2　生态资产与生物多样性、生态产品的关系

1. 生态资产与生态产品之间的关系

生态资产与生态产品之间存在相互联系又有所区别的关系。本书的第 1 章中，已介绍相关的概念。学术界对生态资产和生态产品之间的关系、其核算范围、核算方法和核算内容都有不同的研究与观点。刘焱序等[96]根据已有的相关研究，梳理了生态资产与生态系统服务之间的六种逻辑关系，发现生态系统服务与生态产品总值的核算范畴基本一致。

图 4-2（a）显示生态系统服务在一部分概念阐释里被包含在自然资本的范畴之内，是自然资本作用于人类福祉的途径[10]。那么，如果不明确区分生态资产和自然资本的关系，可以认为生态资产是像自然资本一样广泛，即生态资产应大于生态系统服务而等于这种广义的自然资本。图 4-2（b）显示"资产"对"资本"具有包含关系时，生态资产即包含作为"存量"的自然资本和作为"流量"的生态系统服务。值得注意的是，这种关系范式往往不涉及自然资本和生态系统服务之间的相互作用，而是将二者作为并列形式表征。图 4-2（c）中，千年生态系统

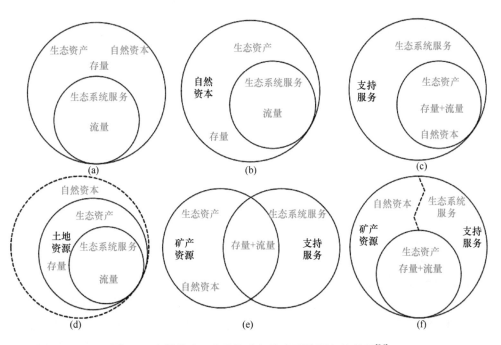

图 4-2　自然资本、生态资产与生态系统服务的关系[96]

评估将生态系统服务界定为"人类从生态系统中获得的惠益"，是对生态系统服务最为广义的一种界定方式。当采用广义上的生态系统服务概念时，实际评估的生态资产仅是一部分生态系统服务[97]。图 4-2（d）显示如果不考虑自然资本，仅强调生态资产，生态资产等于土地资源与生态系统服务[98]。图 4-2（e）显示如果不加以区分生态资产和自然资本（资产），但剥离地下不可再生资源和支持服务，则可衍生出一种新的关系范式。我国在对自然资源资产负债表编制的尝试中，即采用了类似的方法[99]。其中，生态系统服务以调节服务为主，不涉及支持服务。图 4-2（f）中，将地下不可再生资源和支持服务剥离出生态资产的研究范畴，即得出近年来生态资产核算中往往潜在具备的逻辑结构[100]。尽管生态资产的概念界定中包含自然资本和生态系统服务两大概念，但在实际核算中往往是上述两大概念的交集。

尽管学界对生态资产核算和生态系统服务或生态产品评估所包含的内容在认识上还没有达成一致，一些研究也用生态系统服务价值的评估代替生态资产核算，但是目前对生态资产的评估可以总结为狭义和广义两个方面。从狭义的角度来看，对生态资产的核算以生态资源的存量为主，生态系统服务价值评估以生态资源的流量为主；从广义的角度来看，生态资产包括面积、分布和质量等存量资产和由存量形成的生态过程与生态功能等被人类消耗或使用的流量资产的合计。高吉喜和范小杉[44]认为生态资产是自然资源价值和生态系统服务价值的结合统一，应包括一切能为人类提供服务和福利的自然资源与生态环境，即生态资产包含作为"存量"的生态资源和作为"流量"的生态系统服务两大体系。已有研究表明，目前全球尺度和国家尺度的生态资产核算与账户管理也大多分为存量账户和流量账户进行，即以生态资源存量开展生态资产核算，以生态资源流量开展生态系统服务或生态产品总值核算。

2. 生物多样性与生态产品之间的关系

由于生物多样性的多层次性和复杂性，以及区域的生境异质性，目前仍没有一个全面、综合的指标框架来指导全球或区域生物多样性评估[101]，学者们对生物多样性和生态产品（生态系统服务）之间的关系也有不同的观点。第一种观点仅从生物多样性价值分类的角度出发，提出了生物多样性价值评估的框架体系。Pearce 和 Moran[102]、McNeely 等[103]、Turner[104]的研究，奠定了生物多样性价值分类理论研究的基础。联合国环境规划署（UNEP）[105]以及经济合作与发展组织（OECD）[106]等也都在上述研究的基础上对生物多样性价值进行了分类，认为生物多样性的价值包括使用价值和非使用价值，使用价值又分为直接使用价值和间接使用价值。

第二种观点认为生物多样性和生态产品（生态系统服务）是生态系统管理和决策的重要依据，生物多样性与生态系统服务很难分开，其价值评估框架体系合二为一。千年生态系统评估（MA）、生态系统和生物多样性经济学（TEEB）以及 2012 年生物多样性和生态系统服务政府间科学政策平台（IPBES）都没有进行生物多样性与生态系统服务的严格区分，主要从供给服务、调节服务、文化服务、支持服务四大方面进行生物多样性和生态系统服务价值评估。

第三种观点认为生物多样性评估是生态产品（生态系统服务）评估的基础，评估的重点和最终落脚点是生态系统服务。生物多样性指标应选取可能与服务存在直接联系的指标（遗传水平上的多样性不在考虑之列）[76]。我国学者傅伯杰院士构建了"生物多样性–生态系统功能–生态系统服务–人类福祉"级联框架，提出生物多样性决定了生态系统过程/功能的量级和稳定性。但因生物多样性和生态系统功能都有很多维度，代表了不同方面的性质和意义，生物多样性和生态系统功能这两个变量之间的关系是很复杂的[107]，生物多样性和生态系统服务评估的指标体系是分别构建的，在形式上表现为相对独立的两套指标。

4.1.3 生态产品总值核算的研究体系

生态产品总值核算的研究体系历经 30 余年发展，形成了生态系统服务法、当量因子法和能值法 3 种主流核算方法，建立了"生态产品实物量–生态产品价值量"的核算流程体系。截至目前，国内外生态产品总值核算形成以生态系统服务法核算体系为主导的科学研究及实践应用，促进生态产品总值核算从理论研究走向实践应用。

1. 生态系统服务核算体系

20 世纪 90 年代以来，随着人类社会发展对生态系统服务需求的日益增加以及生态学与经济学交叉学科的蓬勃发展，生态系统服务价值核算的研究日益增多。国际上主流生态系统服务核算体系历经了联合国 MA、Costanza 生态系统服务体系、联合国综合环境与经济核算体系–生态账户等发展，对生态系统服务的认识逐渐从产品供给、调节服务、文化服务、支持服务四大类过渡到产品供给、调节服务、文化服务三大类。国内生态系统服务核算体系研究经历了从学习借鉴到自主创新的发展历程，在总结国际先进经验的同时，突破国际方法体系的不足，并结合国内实践开展核算体系的构建与优化，形成了生态环境部环境规划院、中国科学院生态环境研究中心、中国林业科学研究院等科研机构构建的涵盖产品供给、调节服务、文化服务三大类别的生态系统服务核算体系。各个核算体系在核算指标的选取上有所差异，具体核算体系及指标见表 4-3。

生态系统服务的核算涉及如土壤保持、防风固沙、固碳释氧等多个生态系统服务指标，各个指标的核算均涉及多个计算模型。目前，学者对生态系统服务涉及指标的计算模型进行了梳理与集成，形成了环境与可持续发展人工智能（artificial intelligence for environment and sustainability，ARIES）模型、生态系统服务社会价值（social values for ecosystem services，SoLVES）模型、生态系统服务与权衡综合评价（integrate valuation of ecosystem services and trade-offs，InVEST）模型、生态系统服务价值（valuing ecosystem services，ESValue）模型等主流生态系统服务核算模型。其中，InVEST 模型因其模块化操作方式，使用较为方便，且评价结果可定量化和空间可视化展示，当前应用较为广泛。InVEST 模型由美国斯坦福大学、大自然保护协会（TNC）与世界自然基金会（WWF）联合开发，实现了生态系统服务功能价值定量评估的空间化，还可通过模拟不同土地覆被情景下生态系统服务物质量和价值量的变化，为决策者权衡人类活动的效益和影响提供科学依据。但是，InVEST 模型的部分生态系统服务模块计算对象与生态系统服务评估对象不一致，如生态系统服务核算水源涵养功能，而 InVEST 模型产水模块仅计算生态系统产水量，易造成核算结果的偏差，并且 InVEST 模型部分模块存在"黑箱"运行，缺少精确化参数，影响核算结果精度，限制了该模型的应用场景（图 4-3）。

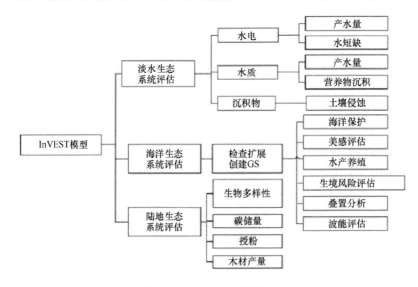

图 4-3　InVEST 模型框架

表 4-3　生态系统服务不同核算体系及核算指标对比表

功能类别	一级指标	二级指标	三级指标	Costanza	MA	EA生态账户	欧阳志云	森林生态系统服务功能评估规范	生态环境部环境规划院
产品供给	产品提供		农业产品	√	√	√	√	—	√
			林业产品	√	√	√	√	√	√
			畜牧业产品	√	√	√	√	—	√
			渔业产品	√	√	√	√	—	√
			生物能源	×	×	√	√	—	√
			水资源	√	√	√	√	—	√
		遗传物质	种子资源	×	×	√	×	×	√
			其他	√	√	√	×	—	√
调节服务	水源涵养	水源涵养	调节水量	√	√	√	√	√	√
	土壤保持	保土	减少泥沙淤积	√	√	√	√	√	√
		保肥或减少面源污染	氮	√	√	√	√	√	√
			磷	√	√	√	√	√	√
			钾	√	√	√	√	√	√
			有机质	√	√	√	×	√	√
	防风固沙		防风固沙	√	×	√	√	√	√
	洪水调蓄		湖泊调蓄	√	√	√	√	√	√
			水库调蓄	√	√	√	√	√	√
			沼泽调蓄	√	√	√	√	√	√
	空气净化		净化二氧化硫	×	√	√	√	√	√
			净化氮氧化物	×	√	√	√	√	√
			净化工业粉尘	×	√	√	√	√	√
			净化氨	×	√	×	×	×	×
			净化 $PM_{2.5}$	×	√	×	×	×	×
			净化臭氧和甲烷	×	√	×	×	×	×
	水质净化		净化化学需氧量（COD）	×	×	√	√	×	√
			净化总氮	√	×	√	√	×	√
			净化总磷	√	×	√	√	×	√
			净化氨氮	×	×	√	√	×	√
			净化硝酸盐	×	√	×	×	×	×
	固碳释氧		固碳	√	√	√	√	√	√
			释氧	√	√	√	√	√	√

续表

功能类别	一级指标	二级指标	三级指标	Costanza	MA	EA生态账户	欧阳志云	森林生态系统服务功能评估规范	生态环境部环境规划院
调节服务	气候调节		森林降温增湿	√	√	√	√	×	√
			灌丛降温增湿	√	√	√	√	×	√
			草地降温增湿	√	√	√	√	×	√
			水面降温增湿	√	√	√	√	×	√
	病虫害控制		森林病虫害控制	×	√	√	√	×	×
			草原病虫害控制	×	√	√	√	×	×
	噪声削减			×	×	√	×	×	×
	营养元素循环			√	√	×	×	√	×
	生物多样性保护		栖息地和基因库保护	×	√	×	×	√	×
		物种多样性		√	×	×	×	√	×
		生物避难所		√	×	×	×	×	×
		授粉		×	√	×	×	×	×
	预防疾病			×	√	×	×	×	×
	调节自然灾害			×	√	×	×	×	×
文化服务	自然景观		景观游憩价值	×	×	√	√	×	×
			科学研究价值	√	√	√	√	×	×
			精神寄托和文化象征价值	×	√	×	×	×	×
			其他非使用价值	×	×	√	×	×	×

注：√表示已核算，×表示没有核算，—表示不适合核算；联合国 MA、Costanza 生态系统服务核算体系以及《森林生态系统服务功能评估规范》包括支持服务类别，该表格根据三类服务进行了适当整合和删减。

2. 当量因子法核算体系

当量因子法是中国科学院地理科学与资源研究所谢高地提出的，核算框架见表 2-10，分别于 2003 年[108]、2008 年[109]、2015 年[110]对这个方法进行了动态更新。当量因子法是参考 Costanza 等[10]的研究成果，在区分不同种类生态系统服务功能的基础上，基于可量化的标准构建不同类型生态系统各种服务功能的价值当量，然后结合生态系统的分布面积进行评估。设定农田食物生产的生态系统服务价值当量为 1，相对于农田生产粮食每年获得的福利，确定生态系统提供的其他生态服务价值（效用）。1 个标准单位生态系统生态服务价值当量因子是指 1 hm² 全国平均产量的农田每年自然粮食（如小麦、玉米、稻谷）生产的净利润，以此当量为参照并结合专家知识确定其他生态系统服务的当量因子，其作用在于表征和量化不同类型生态系统对生态系统服务功能的潜在贡献能力。

随着研究的深入，越来越多的学者认识到，生态系统服务功能的形成受到各种生态学机制的调控，呈现出与生态结构和生态功能密切相关的时空动态变化过程[111, 112]。而目前研究中采用的当量因子法仅仅是一种静态的评估方法，对生态系统类型、质量状况的时空差异缺乏考虑，估算结果不足以反映生态系统服务功能在时间和空间上的动态变化[113-115]，限制了生态系统服务价值评估在生态系统与环境管理中的实际应用[116, 117]。因此，谢高地依据各类文献资料整理和生物量时空分布数据等，通过对生态系统服务价值当量因子表进行修订和补充，建立不同生态系统类型、不同生态系统服务功能价值的时间和空间动态评估方法，结合生态系统服务功能价值基础当量表，通过下式构建了生态系统服务时空动态变化价值当量表，试图为生态系统服务价值的动态评估提供相对全面和较为客观的评估方法，从而为自然资产评估和生态补偿等提供更为科学的理论依据与支持。

$$F_{nij} = \begin{cases} P_{ij} \times F_{n_1} \text{或} \\ R_{ij} \times F_{n_2} \text{或} \\ S_{ij} \times F_{n_3} \end{cases} \tag{4-1}$$

式中，F_{nij} 为某种生态系统在第 i 地区第 j 月第 n 类生态系统服务功能的单位面积价值当量因子；F_n 为该类生态系统的第 n 类生态系统服务功能的价值当量因子；P_{ij} 为该类生态系统第 i 地区第 j 月的净初级生产力（net primary production，NPP）时空调节因子；R_{ij} 为该类生态系统第 i 地区第 j 月的降水时空调节因子；S_{ij} 为该类生态系统第 i 地区第 j 月的土壤保持时空调节因子；n_1 表示食物生产、原材料生产、固碳释氧、气候调节、净化环境、维持养分循环、维持生物多样性和提供美学景观等服务功能；n_2 表示水资源供给或者水文调节服务功能；n_3 表示土壤保持服务功能（表 4-4）。

当量因子法数据需求少、应用简单、易于操作、方法统一、结果便于比较，但整个方法体系所用的数据少，大部分是参考以往研究成果和专家经验来确定基础当量，难以避免主观臆断的影响，而且不同的研究成果所用的方法不同，很多也是利用单位服务功能价值法进行计算，具体的精确程度难以保证也无法验证，所以参考其他学者的研究成果时不确定性增加。当量因子法主要适用于对大尺度的生态系统服务价值进行评估，用调节因子进行区域化转换有一定的科学性，但每个调节因子只选取一个参数，难以全面反映不同区域各种生态系统服务功能的特性，导致生态系统服务实物量的评估存在一定或较大程度的偏差。

表 4-4 生态产品总值核算不同指标的调整系数分类

一级类型	二级类型	调节系数分类
供给服务	食物生产	n_1
	原材料生产	n_1
	水资源供给	n_2
调节服务	固碳释氧	n_1
	气候调节	n_1
	净化环境	n_1
	水文调节	n_2
支持服务	土壤保持	n_3
	维持养分循环	n_1
	维持生物多样性	n_1
文化服务	提供美学景观	n_1

3. 基于"生态元"的能值法核算体系

基于"生态元"的能值法核算体系，以生态系统的调节服务为核算对象，选择太阳能值作为核算量纲，将"生态元"作为核算基本单位，首先核算未受人类活动影响的初始状态下生态系统服务价值对应的"生态元"；其次分别考虑环境污染和生态环境治理对生态系统服务价值的影响，对"生态元"进行减值和增值调整；最后运用市场交易方式对核算的"生态元"进行货币化定价[118]，其核算步骤主要有以下几点。

（1）核算对象聚焦于生态系统的调节服务价值。考虑到供给服务和文化服务已经在经济系统中得以体现，"生态元"核算体系重点开展调节服务价值核算。

（2）选择太阳能值作为核算的统一量纲。生态系统调节服务价值的不同存在形式，对应的效用类型不同，彼此之间不可通约，也无法直接进行加总。找到内在统一的量纲或尺度是价值核算的关键所在。能值理论是由美国著名生态学家奥德姆（Odum）在 20 世纪 80 年代提出的，用于生态系统与人类社会经济系统的研究，定量分析资源环境与经济活动的真实价值以及它们之间相互的关系。因地球上的生态、经济系统内各种不同形式的能量都来源于太阳能，所以可以把太阳能值作为标准来衡量其他类别的能量。太阳光照辐射会通过树木的光合作用等一系列复杂的能值转换环节，提供多种形式的生态调节服务。

（3）以"生态元"作为核算单位。以"生态元"作为生态世界的货币单位，用于衡量一定量的太阳能值所对应的生态调节服务价值给人类带来的效用，并规定 1 生态元=10^{10} 太阳能焦耳。

（4）基于"生态元"进行价值核算。首先，核算生态系统未受污染物影响情形下不同形式生态系统服务价值所对应的"生态元"，并进行加总核算，得到一个总的"生态元"数值；其次，考虑环境污染和其他因素破坏等对生态系统服务价值的负面影响，对初始状态下核算的"生态元"进行减值调整；最后，考虑生态环境治理政策对生态系统服务价值的正面影响，对经过减值调整后的"生态元"进行增值调整。通过上述三个步骤，核算得出特定区域以"生态元"表示的生态系统服务价值。

（5）通过市场交易方式形成真实货币价格。核算得出生态系统服务价值对应的"生态元"后，需要进一步确定上述"生态元"等于多少现实经济世界中的货币，或者说，一个"生态元"等于多少人民币。有研究认为应遵循市场经济中价格形成的基本原理[118]，通过真实的市场交易方式，而不是人为计算的方式，形成生态系统服务价值的真实货币价格。具体可借助已有房价体系、生态环境中人类足迹的范围和数量、特定区域生态环境基金上市交易等方式，将核算得出的一定量"生态元"转化为一定量的货币。

"生态元"主要从地球生物圈能量运动角度出发，以太阳能值来表达某种资源或产品在形成或生产过程中所消耗的所有能量，并在此基础上建立一般系统的可持续性能值核算指标体系。"生态元"是衡量生态系统服务价值的"当量"单位，可以"生态元"为标准构建生态系统服务实物量度量单位。但核算过程利用的参数较多，核算结果存在一定的不确定性，尚需实践检验。

4.2　生态产品总值核算框架和指标

生态产品总值是指对生态系统提供的最终生态产品和服务进行价值核算的总和。生态产品总值核算是在实物量核算的基础上，进行价值量核算。生态产品总值的核算体系主要包括供给服务、调节服务和文化服务三大类，因支持服务包括中间服务，不是完全的最终服务，因此不在核算范围。其中，供给服务主要包括农业产品、林业产品、畜牧业产品、渔业产品、生态能源、水资源和其他；调节服务主要包括水源涵养、土壤保持、防风固沙、海岸带防护、洪水调蓄、固碳、氧气释放、空气净化、水质净化、气候调节和物种保育；文化服务主要包括休闲旅游和景观价值（表 4-5）。

$$GEP = EPV + ERV + ECV \qquad (4\text{-}2)$$

式中，GEP 为生态产品总值；EPV 为生态系统供给服务价值；ERV 为生态系统调节服务价值；ECV 为生态系统文化服务价值。

表 4-5　生态产品总值核算指标

序号	一级指标	二级指标	指标说明	实物量指标	价值量指标
1	供给服务	农业产品	从农业生态系统中获得的初级产品，如稻谷、玉米、谷子、豆类、薯类、油料、棉花、麻类、糖类、烟叶、茶叶、药材、蔬菜、水果等	农业产品产量	农业产品产值
2		林业产品	林木产品、林产品以及与森林资源相关的初级产品，如木材、竹材、松脂、生漆、油桐籽等	林业产品产量	林业产品产值
3		畜牧业产品	利用放牧、圈养或者两者结合的方式，饲养禽畜获得的产品，如牛、羊、猪、家禽、奶类、禽蛋等	畜牧业产品产量	畜牧业产品产值
4		渔业产品	利用水域中生物的物质转化功能，通过捕捞、养殖等方式获取的水产品，如鱼类、其他水生动物等	渔业产品产量	渔业产品产值
5		生态能源	生态系统中的生物物质及其所含的能量，如沼气、秸秆、薪柴、水能等	生态能源总量	生态能源产值
6		水资源	生态系统提供的水产品，包括农业用水、工业用水、生活用水和生态用水等	用水量	水资源供给价值
		其他	用于装饰的一些产品（如动物皮毛）和花卉、苗木等	装饰观赏资源总量	装饰观赏资源产值
7	调节服务	水源涵养	生态系统通过其结构和过程拦截滞蓄降水，增强土壤下渗，涵养土壤水分和补充地下水、调节河川流量，增加可利用水资源量的功能	水源涵养量	水源涵养价值
8		土壤保持	生态系统通过其结构与过程保护土壤、降低雨水的侵蚀能力、减少土壤流失的功能	土壤保持量	减少泥沙淤积价值、减少面源污染价值
9		防风固沙	生态系统通过增强土壤抗风能力，降低风力侵蚀和风沙危害的功能	固沙量	防风固沙价值
10		海岸带防护	生态系统降低海浪，避免或减弱海堤或海岸侵蚀的功能	海岸带防护面积	海岸带防护价值
11		洪水调蓄	生态系统通过调节暴雨径流、削减洪峰、减轻洪水危害的功能	洪水调蓄量	调蓄洪水价值
12		固碳	生态系统吸收二氧化碳合成有机物质，将碳固定在植物和土壤中，降低大气中二氧化碳浓度的功能	固定二氧化碳量	固碳价值

续表

序号	一级指标	二级指标	指标说明	实物量指标	价值量指标
13		氧气释放	生态系统通过光合作用释放出氧气，维持大气氧气浓度稳定的功能	氧气提供量	氧气释放价值
14		空气净化	生态系统吸收、阻滤大气中的污染物，如 SO_2、NO_x、颗粒物等，降低空气污染浓度，改善空气环境的功能	净化二氧化硫量	净化二氧化硫价值
				净化氮氧化物量	净化氮氧化物价值
				净化颗粒物量	净化颗粒物价值
15	调节服务	水质净化	生态系统通过物理和生化过程对水体污染物进行吸附、降解以及生物吸收等，降低水体污染物浓度、净化水环境的功能	净化 COD 量	净化 COD 价值
				净化总氮量	净化总氮价值
				净化总磷量	净化总磷价值
16		气候调节	生态系统通过植被蒸腾作用和水面蒸发过程吸收能量、降低气温、提高湿度的功能	植被蒸腾消耗能量	植被蒸腾调节温湿度价值
				水面蒸发消耗能量	水面蒸发调节温湿度价值
17		物种保育	生态系统为珍稀濒危物种提供生存与繁衍场所的作用和价值	珍稀濒危物种数量	珍稀濒危物种保育价值
				保护区面积	保护区保育价值
18	文化服务	休闲旅游	人类通过精神感受、知识获取、休闲娱乐、美学体验、康养等旅游休闲方式，从生态系统获得的非物质惠益	游客总人数	游憩康养价值
19		景观价值	生态系统为人类提供美学体验、精神愉悦，从而提高周边土地、房产价值的功能	受益土地与房产面积	土地、房产升值

4.3　生态产品实物量核算方法

4.3.1　实物量核算

生态产品总值（GEP）核算的第一步即为明确生态系统为人类提供了生态系统服务功能，并确定人类从生态系统中获得的最终产品与服务的物质数量，如粮食产量、洪水调蓄量、土壤保持量、固碳量与景点旅游人数等。这一步即为生态产品总值核算中的实物量核算。

20 世纪 90 年代，国内学者开始尝试对全国或区域的生态产品总值进行估算。从生物多样性、环境净化、大气化学平衡维持、土壤保护等方面，重点对地表水、草地、森林、湿地等类型的区域生态系统服务进行了深入研究，促使国内生态系统服务评估理论研究由实证探讨转向快速发展的新时期[90, 119]。

生态产品实物量的评价模型经历了从静态评估向动态评估转变；研究内容由单项生态系统服务评估向时空动态变化评估的阶段演进；研究手段由传统技术逐步转变为传统技术与地理信息系统（GIS）、遥感（RS）、全球定位系统（GPS）相结合的方式。已有的生态系统服务研究从生态学的视角出发，重点关注生态系统提供的生态调节服务。生态产品总值在生态系统调节服务的基础上，考虑了生态系统的供给服务和文化服务功能。

供给服务实物量核算是对生态系统提供并且进入经济系统的各类农业、林业、畜牧业、渔业、种质资源、生物能源和水资源等物质产品产量的评估。文化服务是人类通过精神感受、知识获取、休闲娱乐和美学体验从生态系统获得的非物质惠益，其实物量核算通常是采用休闲旅游的游客总人数表征。调节服务实物量核算旨在评估生态系统在调节气候、水文、生化周期、地表过程以及各种生物过程等方面的能力，包括调节气候、调节水文、保持土壤、调蓄洪水、降解污染物、固碳等生态调节功能所产生的降温增湿节能量、水土保持量、洪水调蓄量等具体表征指标的评估。详细的生态系统服务实物量核算指标体系见表4-6。

表 4-6　生态系统服务实物量核算指标体系

服务类别	二级指标	三级指标
供给服务	农业产品	农业产品产量
	林业产品	林业产品产量
	畜牧业产品	畜牧业产品产量
	渔业产品	渔业产品产量
	生态能源	生态能源总量
	水资源	水资源用水量
	其他	装饰观赏资源总量等
调节服务	水源涵养	水源涵养量
	土壤保持	土壤保持量
	防风固沙	固沙量
	洪水调蓄	洪水调蓄量
	空气净化	净化二氧化硫量
		净化氮氧化物量
		净化颗粒物量
	水质净化	净化 COD 量

续表

服务类别	二级指标	三级指标
调节服务	水质净化	净化总氮量
	固碳	固定二氧化碳量
	氧气释放	氧气提供量
	气候调节	植被蒸腾消耗能量
		水面蒸发消耗能量
	物种保育	珍稀濒危物种数量保护区面积
文化服务	休闲旅游	游客总人数

开展生态产品实物量核算之前，首先要调查分析核算区域内的森林、湿地、草地、农田、城镇、海洋等生态系统类型、面积与分布，绘制生态系统空间分布图，明确生态系统类型与分布；其次，根据生态系统类型及核算的用途，确定生态产品总值核算的重点，编制生态产品实物量核算的产品和服务清单；最后，收集开展生态产品总值核算时所需要的相关文献资料、各类生态系统监测与统计数据信息以及基础地理与地形图件，开展必要的实地观测调查，进行数据预处理以及参数本地化，选择科学合理、符合核算区域特点的实物量核算方法与技术参数，核算各类生态系统产品与服务的实物量。

4.3.2　供给服务实物量核算

生态产品的供给服务是指由生态系统产生的具有食用、医用、药用和其他价值的物质与能源所提供的服务。根据联合国 SEEA-EA 的国际经验，生态产品供给服务实物量核算范围主要包括水资源、农业资源、林业资源、畜牧业资源、渔业资源、种子资源、能源以及其他资源等。

根据大量的研究和 EA 的实践来看，水资源核算中不包括地下水资源，因为地下水资源的采掘与供给与地理水循环相关，与生态系统功能不直接相关。由于秸秆主要是用于制造沼气而作为能源供给，因此在计算生态系统的能源供给服务价值时仅包括水能和沼气能两种。根据 EA 核算原则，航运资源（无论是客运还是货运）均不纳入生态产品供给服务价值核算中。

对于供给服务的实物量核算，应当收集待评价地区的社会经济数据，根据生态产品类型，细化出一级指标、二级指标和三级指标，明确指标数据来源，制作生态产品供给服务清单，表 4-7 为比较常见的生态产品供给服务评估指标体系，根据研究目标的不同，可以增补、删减与替换。供给产品中，食用菌等作物实物量按照鲜重核算，能源供给量单位为 kW·h，木材产量的单位为万根，竹子产量的单位为万 m^3，其他类型产品供给服务的实物量单位统一为万 t。

表 4-7　生态产品供给服务评估指标体系及数据来源

一级指标	二级指标	三级指标	数据来源
农产品供给	谷物	稻谷	统计年鉴
		小麦	
	杂粮	玉米	
		谷子	
		高粱	
		燕麦	
		荞麦	
		其他	
	折粮薯类	甘薯	
	豆类	大豆	
		绿豆	
		赤小豆	
	油料	花生	
		芝麻	
		油菜籽	
		葵花籽	
		胡麻籽	
		其他	
	糖类	甜菜	
	蔬菜	叶菜类	
		白菜类	
		甘蓝类	
		根茎类	
		瓜菜类	
	食用菌	食用菌	
	园林水果	苹果	
		梨	
		桃	
		葡萄	
	其他农作物	青饲料	
		牧草	

续表

一级指标	二级指标	三级指标	数据来源
畜产品供给	肉类	猪肉	统计年鉴
		牛肉	
		羊肉	
		驴肉	
		马肉	
		禽肉	
		兔肉	
	禽蛋	禽蛋	
	羊毛	绵羊毛	
		山羊毛	
	其他	蜂蜜	
木材及林副产品供给	林产品	林木种子	
		山杏仁	
		花椒	
		商品材	
水产品供给	淡水产品	鱼类	
		虾蟹类	
		贝类	
		其他	
水资源供给	用水量	农村用水	水资源公报
		生活用水	
		工业用水	
		生态用水	

注：统计年鉴中食用菌干重折算成鲜重，淡水珍珠按 kg 统计。

4.3.3　调节服务实物量核算

本节主要介绍常见的生态系统调节服务实物量核算方法。

1. 生态固碳

生态固碳是指生态系统中植物通过光合作用将大气中的 CO_2 转化为碳水化合物，并以有机碳的形式固定在植物体内或土壤中。森林、草地、湿地三种生态系统是生态固碳的主体，农田生态系统也存在一定的固碳量，但由于一年生农田作物在一年时间内完成播种、成熟、收割等一系列全过程，所有物质基本会通过回田或焚烧形式，使 CO_2 重新释放到大气中，并且农田土壤受到翻耕、施肥等人类扰动较大，农田的碳源碳汇机理存在争议。园地由于存在采集果、叶等释放 CO_2 的经营性活动，对植被生长、园地土壤活动存在较大干扰，园地的碳固定也存在一定不确定性。因此，目前的生态系统固碳主要针对森林、草地和湿地生态系统开展。

生态系统固碳主要通过生态过程 CO_2 的排放或吸收（碳汇）来进行计算[①]。目前，最为方便且可获得区域效果评估的方法为采用净生态系统生产力（net ecosystem productivity，NEP）来估算植被的碳源、碳汇：

$$M_{CO_2} = NEP \times W_{CO_2}/W_C \tag{4-3}$$

式中，M_{CO_2} 为 CO_2 吸收量；NEP 为净生态系统生产力；$W_{CO_2}/W_C = 44/12$，为 C 转化为 CO_2 的系数。

NEP 是净初级生产力（net primary production，NPP）与异养生物呼吸（heterotrophic respiration，R_h）消耗之间的差值，即

$$NEP = NPP - R_h \tag{4-4}$$

NPP 是指在单位时间、单位面积上，植被通过光合作用所产生的有机物总量中扣除自养呼吸后的剩余部分[120]。NPP 的研究模型已经较为成熟，比较常用的计算模型有光能利用率模型、净初级生产力 CASA 模型、LPJ 全球植被动态模型等。土壤异养生物呼吸消耗 R_h 的估算可以采用 Bond-Lamberty 等[121]提出的土壤呼吸模型或者根据野外调查获取。

2. 氧气提供

生态系统中植物吸收 CO_2 的同时释放 O_2，不仅对全球的碳循环有着显著影响，也起到调节大气组分的作用。生态系统释氧功能主要通过光合作用进行，大部分情况下与固碳功能同步进行。目前所有文献中有关释氧的计算机理都是根据植物的光合作用基本原理：植物每固定 1g CO_2，就会释放 0.73g O_2，氧气提供的计算方法基于生态固碳进行系数折算。

3. 气候调节

生态系统气候调节功能是生态系统通过植被蒸腾、土壤蒸散和水面蒸发过程

---

① IPCC guidelines for national greenhouse gas inventories. http://www.ipcc-nggip.iges.or.jp/public/2006gl/index.html.

使大气温度降低、湿度增加的生态效应。生态系统通过植物的树冠遮挡阳光，减少阳光对地表的辐射，降低气温。同时，生态系统通过植被蒸腾作用、土壤蒸散作用以及水面蒸发，将植物体内的水分、土壤水分和液态水以气体形式扩散到空气中，使太阳光的热能转化为水分子的动能，消耗热量，降低空气温度，增加空气湿度。气候调节功能评估可利用生态系统的总蒸散量进行估算。

实际蒸散的计算模型主要有 Penman-Monteith（P-M）模型、Shuttleworth-Wallace（S-W）双源蒸散模型等[122]。S-W 双源蒸散模型假设作物冠层为均匀覆盖，引入冠层阻力和土壤阻力两个参数，为由作物冠层和冠层下地表两部分组成的双源蒸散模型。P-M 模型充分考虑了影响蒸散的大气因素和作物生理因素，是研究农田蒸散机理的一个更完善的基本模型，并逐步用于其他生态系统。

目前，P-M 模型在我国蒸散量估算过程中得到了广泛应用，尽管彭曼公式物理意义明确，但不是纯理论公式，仍包含一些经验系数。因此，就有了各种彭曼修正公式。常用的公式主要有三个：①1998 年联合国粮食及农业组织（FAO）推荐的 Penman-Monteith 公式（简称模型 1）[33]，是目前计算作物参考量的唯一标准方法；②FAO 在 1979 年推荐的彭曼公式——FAO Penman 修正式（简称模型 2）[123]，在世界范围内得到了广泛应用，并得到满意结果；③我国学者根据我国气候、地理等实际情况，提出了适合我国的彭曼修正式——国内 Penman 修正式（简称模型 3）[124]。毛飞等[125]通过分析蒸散量的不同计算方法及其结果比较，建议具体应用时，如果在大范围的、地形变化复杂的区域内计算逐日参考作物蒸散量，建议用模型 1；计算参考作物蒸散月或年总量时，在平原和低海拔地区建议用模型 2，在高海拔地区建议用模型 1 或模型 3；单点计算逐日参考作物蒸散量时，3 种模型都可以用。

其中，FAO 推荐的 P-M 模型不仅考虑了空气动力学的湍流传输与能量平衡，而且考虑了植被的生理特征，在干旱和湿润地区的计算精度均较高，是目前广泛应用的潜在蒸散计算模型。其计算公式为

$$\mathrm{ET_0} = \frac{0.408\Delta\left(R_\mathrm{n} - G\right) + \gamma\dfrac{900}{T + 273}U_2\left(e_\mathrm{s} - e_\mathrm{a}\right)}{\Delta + \gamma\left(1 + 0.34U_2\right)} \tag{4-5}$$

式中，$\mathrm{ET_0}$ 为潜在蒸散量（mm）；Δ 为饱和水汽压曲线斜率（kPa/℃）；R_n 为净辐射［MJ/（m²·d）］；G 为土壤热通量［MJ/（m²·d）］；γ 为干湿表常数（kPa/℃）；T 为平均温度（℃）；U_2 为 2 m 高处风速（m/s）；e_s 为饱和水汽压（kPa）；e_a 为实际水汽压（kPa）。

4. 空气净化

空气净化功能是绿色植物在其抗生范围内通过叶片上的气孔和枝条上的皮孔吸收空气中的有害物质，在体内通过氧化还原过程转化为无毒物质；同时能依靠其表面特殊的生理结构（如绒毛、油脂和其他黏性物质），对空气粉尘形成良好的阻滞、过滤和吸附作用，从而有效净化空气，改善大气环境。空气净化功能主要体现在净化污染物和阻滞粉尘方面。目前，国内评价主要有两种核算思路，第一种采用物质量评价方法，即根据污染物排放量和大气环境容量来研究生态系统净化二氧化硫、氮氧化物、阻滞粉尘等指标的能力。当污染物排放量小于环境容量时，用污染物排放量估算实物量；当污染物排放量超过环境容量时，采用环境容量估算实物量。第二种采用植被净化量进行核算，即通过生态系统吸收、过滤、阻隔和分解大气污染物（如二氧化硫、氮氧化物、颗粒物等），进行空气污染物净化量的计算。

5. 水质净化

水质净化功能是指水环境通过一系列物理和生物化学过程对进入其中的污染物进行吸附、转化以及生物吸收等，使水体生态功能部分或完全恢复至初始状态的能力。目前，国际上缺少对该指标的核算方法研究，国内基于水质净化原理和数据可得性，形成了污染物排放量和环境容量限制两种核算方法。第一种，污染物排放量没有达到环境容量限值的情况下，根据总氮、总磷、COD以及部分重金属等污染物的排放量进行核算；第二种，当污染物排放量超过环境容量限值时，用环境容量限值作为水质净化实物量。环境容量根据我国《地表水环境质量标准》（GB 3838—2002）中对水环境质量应控制的项目和限值的规定。

6. 水源涵养

水源涵养是生态系统水文调节服务功能的主要组成之一，是生态系统通过林冠层、枯落物层、根系拦截降水，增强土壤下渗、蓄积，从而有效涵养土壤水分、调节地表径流和补充地下水的功能。

学者依据各自对水源涵养价值的理解，提出了水源涵养实物量的计算方法[126]。实物量的计算主要包括经验公式和机理模型。目前关于水源涵养实物量评估，公式法一般分为以下三种方法，即①水量平衡法：其基本原理为水循环是闭合的回路，植被可以截留的水量等于降水量减去蒸发量和径流量，并根据经验法得出森林生态系统 55%的降水被植被留存；②降水储量法：通过对比植被区与裸地的降雨径流量，认为其减少量为水源涵养量；③多因子回归法：建立生态系统水源涵养量和其影响因子的方程，通过代入参数值，解出水源涵养量。生态系统水调节实物量计算方法比较见表 4-8。

表 4-8　生态系统水调节实物量计算方法比较

计算方法	计算原理	计算公式
水量平衡法	生态系统截留的水量等于降水量减去蒸发量和径流量，森林水源涵养量约占林区降水量的 55%	$W = P_\alpha - \mathrm{ET} - R,$ $W_{\text{林}} \approx P_\alpha \times 0.55,$ P_α 为生态系统总降水量；ET 为生态系统蒸发量；R 为径流量
降水储量法	降水量与蒸散量及其他消耗的差值为生态系统水源涵养量	$W = \sum_i^t A_i \times P \times C$ P 为产流降水量；A_i 为不同生态系统的面积；C 为裸地与林地的地表径流率差值
多因子回归法	建立水源涵养量与地理位置、海拔、森林覆盖率等因素的方程，获取参数值，从而计算出水源涵养量	$W = \sum_i^t \left(a_i + \sum_j^n b_{ij} \times \delta_{ij} \right)$ a_i 为系数；b_{ij} 为各个影响因素；δ_{ij} 为各个影响因素的系数

除了公式法以外，近年来，许多学者开始通过建立机理模型来研究生态系统功能及其变化过程，如生态系统服务与权衡综合评价（InVEST）模型。InVEST模型中的产水量子模块近年来应用较广，这一模型并不区分生态系统类型，而是基于土地利用类型及其变化、流域和土壤的性质来计算。它是基于 Budyko 曲线和年平均降雨，根据数字高程模型（DEM）计算径流路径和地形指数，利用土壤渗透性和地表径流流速系数计算径流在栅格上的停留时间，最后计算出流域的产水量。模型需要众多参数参与运算，在实际运用过程中，需要开展大量调查，将参数本土化，提高模型运行的精度。

7. 洪水调蓄

洪水调蓄是湿地生态系统（湖泊、水库、沼泽等）依托其特殊的水文物理性质，通过吸纳大量的降水和过境水，蓄积洪水水量、削减并滞后洪峰，缓解汛期洪峰造成的威胁和损失的功能。洪水调蓄功能是湿地生态系统提供的最具价值的水文调节功能之一，湿地的洪水调蓄主要依靠湖泊洪水调蓄、水库防洪库容和沼泽滞水三个作用，从而达到有效的洪水调节。

实际的洪水调蓄实物量核算过程中，通常计算湖泊洪水调蓄水量、水库调洪水量和沼泽洪水滞水量表征内陆湿地生态系统的洪水调蓄能力，即

$$W_{fs} = L_{cc} + R_{cc} + M_{cc} \tag{4-6}$$

式中，W_{fs} 为所有湿地类型（湖泊、水库、沼泽）的洪水调蓄能力（m³）；L_{cc} 为湖泊洪水调蓄能力（m³）；R_{cc} 为水库防洪库容（m³）；M_{cc} 为沼泽洪水调蓄能力（m³）。

8. 土壤保持

土壤保持是生态系统（如森林、草地等）通过其结构与过程减少由水蚀所导致的土壤侵蚀的作用，是生态系统提供的重要调节服务之一，它主要与气候、土壤、地形和植被有关。

目前，国内外土壤保持功能评估的研究方法相对较多，土壤侵蚀模型是估算土壤侵蚀量最有效的手段之一。土壤侵蚀模型可分为经验统计模型和物理过程模型，经验模型需具备统计学基础，而物理模型倾向于描述基于降雨的土壤保持过程。

1）经验统计模型

最为广泛应用的经验统计模型是通用土壤流失方程（USLE），它最初是一个基于美国东部的监测数据，评估长期片蚀和细沟侵蚀的经验模型，常被用来评估土壤侵蚀风险。由于 USLE 全面考虑了影响土壤侵蚀的自然因素，并通过降雨侵蚀力、土壤可蚀性、坡度坡长、作物覆盖和水土保持措施五大因子进行定量计算，具有很强的实用性。在近 40 多年的研究中，许多国家和地区以 USLE 为基础，结合本国本地区的实际情况，对 USLE 模型各个因子进行修正，建立了适合各自国家或地区的 USLE，如江忠善和郑粉莉[127, 128]考虑浅沟侵蚀对坡面侵蚀的影响构建了坡面土壤流失预报模型，刘宝元和史培军[129]建立了中国水土流失方程（Chinese soil loss equation，CSLE）。

2）物理过程模型

经验统计模型主要用于估算某一区域、一定时期内的平均侵蚀量。物理过程模型从产沙、水流汇流及泥沙输移的物理概念出发，利用各种数学方法，结合相关学科的基本原理，根据降雨、径流条件，以数学的形式总结出土壤侵蚀过程，预报在给定时段内的土壤侵蚀量。1947 年，Ellison[①]将土壤侵蚀划分为降雨分离、径流分离、降雨输移和径流输移 4 个子因子[130]，为土壤侵蚀物理模型的研究指明

① Ellison W D. 1947. Soil Erosion Studies——Part I. Agricultural Engineering, 28: 145-146.

了方向。1958 年，L.Meyer 成功地建造了人工模拟降雨器，为土壤侵蚀机理研究创造了便利的技术条件。自 20 世纪 80 年代初到 20 世纪末，众多基于土壤侵蚀过程的物理过程模型相继问世，其中以美国的 WEPP 模型最具代表性，它是目前国际上最为完整也是最复杂的土壤侵蚀预报模型，几乎涉及与土壤侵蚀相关的所有因子，包括天气变化、降雨、截留、入渗、蒸发、灌溉、地表径流、地下径流、土壤分离、泥沙输移、植物生长、根系发育、根冠生物量比、植物残茬分解、农机影响等子因子。模型能较好地反映侵蚀产沙的时空分布，外延性较好，易于在其他区域应用。此外，还有欧洲土壤侵蚀模型（European soil erosion model，EUROSEM）[131]、基于 GIS 的土壤流失预报模型（Limburg soil erosion model，LISEM）[132]、澳大利亚的次降雨侵蚀产沙土壤侵蚀物理模型（Griffith University erosion system template，GUEST）[133]。

综合上述众多的土壤侵蚀量评估模型，在实际的生态产品水土保持实物量核算过程中，为兼顾科学性与可操作性原则，USLE 因较为全面地考虑了影响土壤侵蚀的各种因素，精度较高且模型相对简单易操作，成为水土保持计算的首要工具，计算公式为

$$M_{sk} = R \times K \times LS \times (1 - C \times P) \tag{4-7}$$

式中，M_{sk} 为年土壤保持量 [t/(hm²·a)]；K 为土壤可蚀性因子 [t·h/(MJ·mm·a)]；R 为降雨侵蚀力因子 [MJ·mm/(hm²·h·a)]；LS 为坡长坡度因子，无量纲；C 为植被覆盖因子，无量纲；P 为水土保持措施因子，无量纲。

9. 防风固沙

土壤风蚀研究大致分为四个阶段。第一阶段为 20 世纪 30 年代以前，该阶段主要为定性认知风蚀这一现象的过程，并提出用"跃移"和"悬移"来表征土壤颗粒的移动特征[134, 135]。第二阶段为 20 世纪 30~50 年代，Bagnold[①]应用现代流体力学原理建立了"风沙和荒漠沙丘物理学"的理论体系，Chepil 和 Milne[136]通过风漏和田间实验确定了风蚀的基本原理。第三个阶段为 20 世纪 60~70 年代，风蚀进入了定量化研究，代表性的成果为 Chepil 和 Woodruff 研究建立了世界上第一个通用风蚀方程（wind erosion equation，WEQ）模型[②]。第四个阶段为 20 世纪 80 年代以来，各国科学家针对 WEQ 模型的利弊，进行优化和改进，形成了不同的土壤

---

① Ralph. A. Bagnold. 1941. The physics of Blown Sand and Desert Dunes. London: Methuen.
② Chepil W S, Woodful N P. 1963. The physics of wind erosion and its control. Advances in Agronomy, 15: 211-302.

风蚀预报模型和预测系统[137, 138]。

修正风蚀（revised wind erosion equation，RWEQ）模型[139]是由美国农业部 Fryrear 等针对 WEQ 模型的局限性开发的用于计算农田土壤风蚀量的经验模型，是目前应用最为广泛的模型之一。修正风蚀 RWEQ 模型的基本前提是牛顿第一定律。当风的剪切力大于阻力时，不稳定的土壤颗粒就会移动。模型在计算土壤风蚀量时主要考虑风力、土壤质地、地表粗糙度、生物量水平和气候条件，从而形成一个计算土壤风蚀沉积物转运量的方程。以往引用的土壤转运量方程只计算了土壤中的跃移和蠕移成分，忽略了土壤中细颗粒物质的悬移输移成分。为了准确估算风蚀量，RWEQ 模型的计算结果包括了地面上 2m 高度内的悬移成分。另外，RWEQ 模型继承了 WEQ 模型中物质转运的观点，该观点与 Chepil[140] 的田间测量结果一致，即"如果地块足够长，土壤的流失速度随着顺风的距离而增加，直到达到一个最大值，也就是风能挟带风蚀沉积物的最大量，该距离被称为下风向最大风蚀量的出现距离"。由于 RWEQ 模型能满足一定的精度要求且模型相对简单，输入参数较少，近年来，该模型被广泛应用于世界各地的风蚀评价，通过参数修订以及 RS 与 GIS 等技术的运用，其模拟尺度也从最初的地块尺度扩展到地区乃至区域尺度，模拟对象也从单一的农田扩展到不同的土地利用类型。

修正风蚀（RWEQ）模型是世界范围内应用最广泛的风力侵蚀预报模型，其评估公式为

$$M_{sf} = 0.1699 \times \left(WF \times EF \times SCF \times K' \right)^{1.3711} \times \left(1 - C^{1.3711} \right) \tag{4-8}$$

式中，M_{sf} 为防风固沙量（t/a）；WF 为气候侵蚀因子（kg/m）；EF 为土壤侵蚀因子；SCF 为土壤结皮因子；K' 为土壤粗糙度因子；C 为植被覆盖因子。

10. 物种保育

生物多样性是人类生存发展的基础，物种多样性保育是指生态系统为生物物种提供生存与繁衍的场所，对其起到保育的功能。在评估物种保育时，有学者指出，广义的物种保育是对整个生态系统的评估，也可以理解为物种保育提供的是生态系统的支持功能。对于狭义的物种保育，现有的评价方法可以分为三大类：针对某一个动物物种进行评估，特别是针对具有代表意义的旗舰物种，如大熊猫、东北虎和丹顶鹤等[141, 142]。也有研究针对森林生态系统植物多样性的评估，使用香农–维纳（Shannon-Weiner）指数算出全国各省的生物多样性级别，再根据特定

级别的机会成本得出物种保育的价值。有研究对栖息地的质量做评估[143]，间接地将栖息地的质量作为评价物种保育价值的方法。

作为国内最早的生物多样性研究，《中国生物多样性国情研究报告》中采用了物种保护基准价法。《森林生态系统服务功能评估规范》（GB/T 38582—2020）也采用机会成本的评估方法，该规范认为物种保育实物量为评价区域面积，并计算香农–维纳指数，根据香农–维纳指数将评价区域分为 7 个等级，每个等级代表一种物种保育强度。有研究使用生境质量相关模型，如 InVEST 模型的生境质量模块将生境质量和生境稀缺性作为衡量生物多样性的指标。这个模型并不是要对生物多样性进行价格清算，只是试图评价生境的质量，模型的前提假设是生境质量越高生物多样性越大，生境质量取决于人类的土地利用和强度。生境质量评价法的优点是基于土地利用类型的遥感影像开展计算，速度相对较快。但缺点是计算公式比较复杂，需要定义很多的因子，如威胁因子、威胁源、生境对威胁的敏感性，这些参数往往是通过主观判断或是专家打分得到，主观性较强。目前国内主要采用香农–维纳指数方法开展物种保育功能的评估。

4.3.4　文化服务实物量核算

旅游景区是森林、草地、水体、裸岩、河滩等具有综合性、区域性的地域环境，其旅游文化服务价值主要体现在人们利用空闲时间，自由地在以美丽自然景观和优美生态环境为主要游憩资源的环境中，以获得愉快及欢悦感受为目的的一切游戏活动的总和。

文化服务资源的使用价值主要体现在对游客的吸引力，随着社会的进步、经济的发展、科学技术的进步、人们认知的加深，旅游需求多样化与个性化，旅游资源的范畴也在不断扩大，包括物质性和非物质性的旅游资源，也包括有形和无形的旅游资源。文化服务评价要从客观实际出发，将文化服务资源所处地域的区位、环境、客源、经济发展水平、交通状况、旅游开发情况和邻近区域旅游状况等均纳入评价范畴，进行系统评价。充分运用合理恰当的知识、理论和科学的评价方法、模型，指导文化服务资源的评价工作。

旅游资源包括自然资源、生态资源和人文资源三部分，其中很多资源是三者互为依托和陪衬，是对旅游者产生吸引力的各种物质和因素的总和。生态系统文化服务指的是自然资源和生态资源带来的旅游文化服务价值，因此在开展目标区域生态系统文化服务评估时，需要按照自然资源、生态资源和人文资源的定义，将旅游资源中以人文资源为主体的旅游景点排除，重点分析以自然资源和生态资源为主体的旅游项目。例如，可以通过景点资料收集，对参加自然生态景点和人文景点游览的游客资源进行判别，得到自然生态景点旅游人次的比重，结合统计年鉴的旅游总人次数据，得到目标评价区域的自然生态旅游景点人次，即待评价地区的生态系统文化服务实物量。

4.4 生态产品价值量核算方法

4.4.1 生态产品价值构成

为了对生态产品进行价值量化，首先对资源环境产品的价值进行分类分析。资源环境的总经济价值（total economic value，TEV）分为使用价值（UV）和非使用价值（NUV）（表 4-9），使用价值是与现在和未来人们使用资源环境相关的价值，包括直接使用价值、间接使用价值和选择价值；非使用价值是资源环境的存在衍生出的价值，与人们对现有资源环境现期直接利用和间接利用的价值无关，包括遗传价值和存在价值。

表 4-9 生态产品的价值构成

总经济价值 （TEV）	使用价值（UV）	直接使用价值	可直接消费产品，如食品、娱乐、健康等供给服务和文化服务部分
		间接使用价值	功能效益，如洪水调蓄、固碳释氧、净化水质等调节服务功能
		选择价值	将来的直接价值和间接价值，如生物多样性和栖息地保护等潜在利用价值
	非使用价值 （NUV）	遗传价值	使用和非使用的环境遗传价值，与自己的使用无关，与继承者的效用改善相关联
		存在价值	与现在或将来的用途都无关，仅仅源于知道环境的某些特征永续存在的满足感

在使用价值中，直接使用价值是指以消耗性方式或非消耗性方式直接使用资源环境，如农林牧渔产品等供给服务和娱乐、康养等文化服务部分；间接使用价值是从生态环境服务功能中获得利益，如洪水调蓄、生态固碳、净化水质等调节服务功能；选择价值是指资源环境目前未被直接和间接利用，而将来有可能利用的某种产品或服务的价值，是人们为将来可能利用某种资源环境产品或服务而愿意支付的费用，如生物多样性和栖息地保护等潜在利用价值。

在非使用价值中,遗传价值是人们知道后代可能从使用这种资源中获得利益。存在价值被认为是资源环境的内在价值,与现在或将来的用途和是否受益都无关,仅源于资源环境的某些特征永续存在的满足感。有些科学家认为资源环境具有与人类利用无关的价值形态,生态系统的原始特征比目前人类了解的生态系统服务功能更重要,高于每种单项功能的价值之和[47]。

4.4.2　生态产品价值评估方法

针对生态产品价值评估,常规的价值评估方法是依据生态商品或服务市场发育程度分为三类:一是实际市场评估方法,以具有实际市场的生态商品或服务的市场价格作为生态产品的经济价值,主要包括市场价格法和生产函数法等。二是替代市场评估方法,某些生态商品和服务虽然没有直接的市场交易与市场价格,但可以找到替代这些生态商品和服务的市场与价格,通过估算替代品的价格间接获得生态产品价格,主要包括损失收益法和显示性偏好法。损失收益法是基于费用法/效益法进行评估,包括剂量–反应法、机会成本法、避免成本法/预防性支出法/防护费用法、替代成本法、重置/恢复成本法和影子工程法等;显示性偏好法是基于观察到的消费者行为,包括分析个人实际选择行为的费用,主要有旅行费用法和享乐价值法。三是模拟市场法,也是陈述性偏好法,针对没有实际市场价格和替代市场交易的生态商品与服务,人为地构造假想市场来评估生态商品和服务的价格,其代表性方法是条件价值法。除此之外,进行生态产品价值评估过程中,还可以应用当量因子法和效益转移法(表4-10)。

1. 实际市场法

实际市场法可以分为市场价格法及生产函数法。

市场价格法在价值评估方法中最重要,但相对最为简单,指一些生态商品和服务的价值可以通过市场价格来评价,但需要注意的是,生态产品价格是指所有生态资产在一定时期内生产的全部商品和服务价值超过同期投入的全部非固定资产货物和服务价值的差额,即所有生态资产的增加值之和。市场价格可反映消费者的支付意愿和交易中的成本与效益,优点是数据易获取,缺点是当市场不完善时,可能导致市场价值扭曲,不能真实反映生态商品或服务的价值。

生产函数法,又称生产率变动法,是通过"影响–路径"方法,利用生态产品变化引起生产率的变动来评估生态产品或服务变化的经济价值,将生态产品属性

表 4-10   生态产品价值评估方法

实际市场法		市场价格法
		生产率变动法/生产函数法
替代市场法	费用法/效益法	剂量–反应法
		机会成本法
		避免成本法/预防性支出法/防护费用法
		替代成本法
		重置/恢复成本法
		影子工程法
	显示性偏好法	旅行费用法
		享乐价值法
模拟市场法（陈述性偏好法）		条件价值法
		选择实验法
		条件排序
		协商小组估值法
其他方法		当量因子法
		效益转移法

的变化与影响人类福利的"终端"相联系。该方法适用于有实际市场价格的生态系统服务价值评估，且当生态商品或服务的变化主要反映在生产率的变化上。其缺点是该方法只能体现直接使用价值而不能对缺乏市场价格的生态系统服务进行价值量化。

2. 费用法/效益法

生态产品很大部分的价值都是通过商业上和财务上的收益与损失来表示的。其中，效益类评估方法主要在评估生态资本未来预期收益的基础上，利用适当的折现率来折合生态产品的现值进行评估。费用法（损失法）是在当前条件下构建重新营造或重构与原生态产品相同的生态资产所需的成本之和，主要包括剂量–反应法、机会成本法、避免成本法/预防性支出法/防护费用法、替代成本法、重置/恢复成本法和影子工程法等价值评估方法。

剂量–反应法是通过建立损害与其损害原因之间的关系，分析环境质量的剂量变化对生态产品产出的变化影响，进而通过市场价格（或影子价格）评估由损害导致生态产品产出变化的价值，该方法主要适用于评估使用价值，难点在于区分影响受体的不同因素，只有在影响剂量和其影响结果之间有强烈的联系时才能使用。

机会成本法是使用潜在的最大机会成本确定生态产品变化的价值。例如，保护国家公园过程中，禁止砍伐树木的价值不是直接用保护树木的收益来测量，而是用为了保护树木而牺牲的最大的替代选择价值去测量。该方法适用于对具有唯一性特征或不可逆特征的自然环境开发项目进行评估。

避免成本法/预防性支出法/防护费用法是为了规避对自然环境、基础设施或人类健康造成的伤害而产生支出的最小成本，因为实际支付可能受收入的约束，该评价结果只是对生态产品经济价值的最低估计，预防支出可能不包括全部效益损失。

替代成本法是根据现有的可用替代品的成本评价生态产品的经济价值，要求为：一是替代品能提供和原生态产品相同的功能；二是替代品的成本应是多种方案中最低的；三是对替代品的人均需求应与原生态产品完全相同。该方法的缺点是生态产品的许多功能是无法用技术手段完全替代和难以准确计量的。

重置/恢复成本法能够用于度量由于资源环境退化的影响，恢复或者替代生产性资产、自然环境、人类健康等所需的成本，可以用来评估生态产品的经济价值。该方法比预防性支出方法更有优势，因为它是对影响的客观评估，即影响是已经发生的或者是已知的。

影子工程法是恢复费用技术的一种特殊形式，以人工建造一个替代生态工程的投资成本来估算生态系统的经济价值，是以线性规划为计算方法，以边际生产力为基础的一种资源价格。其优点是可以反映资源的稀缺程度，缺点是难以全面估算生态系统多方面的功能效益，与生产价格、市场价格差别较大。

3. 显示性偏好法

显示性偏好，又称揭示性偏好，是基于观察到的消费者行为，包括用于分析个人实际选择的享乐价值法、旅行费用法。例如，生态环境的娱乐活动不可能在市场上直接进行交易，但是可以通过获得人们愿意在市场上为娱乐活动支付的价格来间接估算生态产品的价格。显示性偏好法限制在一定的生态产品条件下使用，评估结论只能在一定范围内有效，同时只能对已经市场化的生态资本和已经明确定义了的生态产品进行评估。

旅行费用法是用旅行过程中产生的所有费用作为替代物来衡量人们对旅游景点或其他服务的评价，通过分析参观旅游景观的旅行成本来评估其经济价值（表4-11）。旅行费用是人们为了去风景点、野外等实际付出的货币和时间，通

表 4-11　旅游资源货币化价值主要评价方法比较[144, 145]

类别	区域旅行费用法	个人旅行费用法	条件价值法
研究对象	将游客的来源地根据行政区域进行划分作为研究对象	以游客个体作为研究对象	以游客个体作为研究对象
因变量	不同客源区域对某一旅游目的地的旅游率	游客个体对某一旅游目的地的访问次数	—
选择函数	线性函数、半对数函数、双对数函数等	早期采用线性函数模型、最小二乘法，后来多采用计数模型	—
资源需求函数公式	V（各地区访问率）$=f$（旅行费用、游客收入、游客满意度等）	V（个体到旅游地的旅游次数）$=f$（游客旅行费用、游客游玩的时间机会成本、游客的家庭收入等）	—
优势	①函数推导的精度和稳定性较高；②较适用于游客客源地分布较广的旅游地	①更多考虑了相关因素的数据变化情况，因此在结果的统计上会更加有效；②采用较少的调查问卷数据就可以分析出回归函数	①适用性广泛；②可以预测某一群体的消费倾向，具有一定的指导作用；③调查问卷问题相对简单，操作方便，利于问卷回收
劣势	①假设统一客源地的游客到共同的旅行目的地的距离和时间是相同的；②在确定相关因子时，对于那些没有显著影响的社会经济特征变量，需要对其进行加权平均，导致原始数据的丢失	①忽略了没有到访的潜在消费者；②游客旅行的次数只能是整数，因而只能应用技术模型，导致结果出现误差；③更适用于游客重游率较高的旅游地，如国家公园、钓鱼地、博物馆等	因询问被调查者支付意愿时的方式不同，就会产生起点偏差、嵌套偏差、范围偏差、策略偏差等

过使用各种经济和统计模型推导出该景观的需求曲线，然后根据货币性收益来估计该景点的价值，或者这些景观各种属性的价值。1947 年，美国经济学家哈罗德·霍特林（Harold Hotelling）最早运用旅行费用法评估户外娱乐价值。旅行费用法又分为两种基本模型，分别是区域旅行费用法（zonal travel cost method，ZTCM）和个人旅行费用法（individual travel cost method，ITCM），两种模型都基于共同的理论前提。但不同的是，ZTCM 主要根据游客的客源地划定出游区域，通过计算各区域的旅游率、旅行费用，建立旅游率–旅行费用模型，来评价旅游资源的游憩价值，而 ITCM 则主要通过建立个体的旅行次数和旅行费用模型来分析评价旅游地游憩价值。

享乐价值法，又称特征价格法，用于计算某种生态产品特征的经济价值，如景观和空气质量等，根据房价、时间和花在休闲旅行或其他方面上的费用来评估个人愿意为特定特征支付的隐性价格。即把某种生态产品或服务看作影响资产价值的一个因素，当影响资产价值的其他因素不变时，以生态产品变化导致资产价值的变化额来评估生态产品或服务的价值。该方法已广泛应用在视觉享受、土壤资产质量和暴露于空气污染的价值评估等方面。

4. 陈述性偏好法

陈述性偏好法一般用于非使用价值评估，通过在对消费者的调查中得知他们愿意支付多少费用来维持或改善生态产品或服务，或者是在货物和费用之间进行选择。陈述性偏好法的具体选择取决于所需评价的价值类别、信息可得性、认知过程和抽样方法等。总体来说，陈述性偏好法对于评估生态产品价值是一种适用范围相对较广的有效方法，但调查成本较高，评估质量和准确度也有待提高。

条件价值法，又称意愿调查法，是在没有市场条件下的假想市场模式，在假想市场模式下直接询问人们对某种生态产品的支付意愿或对某种生态产品损失的接受赔偿意愿，以人们的支付意愿或受偿意愿来估计生态产品的经济价值。条件价值法不是基于可观察到的或预设的市场行为，而是基于被调查对象针对假想市场的回答。条件价值法调查还必须集中于特定的环境服务和特定的场景，并且所设计调查的问题必须是已被清楚定义并容易为被调查者所理解。因此，该方法一般只适用于有限的、当地的环境问题。尽管这样，条件价值法越来越被学术界和决策者所认可，逐渐成为生态产品价值评估的有效方法。

条件价值法主要通过调查员向被调查者直接询问来获得对支付意愿的评估，问卷设计、调查方式、调查员和被调查者信息交流等各种因素都会影响生态产品的评估结果。通过何种方法来询问被调查者的支付意愿，被称作"诱导技术"，诱导技术是条件价值法的核心内容，一般来说，在调查中有四种诱导技术：投标博弈、支付卡、开放式问卷、封闭式。经验研究结果显示，采用不同的提问方式时，被调查者所表达的支付意愿大小可能会有差别。条件价值法研究中对诱导技术有大量探讨，如 Hausman[146] 认为，开放式回答所得到的支付意愿值一般要比其他方式低一些；Arrow 等[147] 认为，封闭式中二分选择的方式接近一般人的日常消费决策行为，故所得到的支付意愿更接近真实值。

选择实验法，也称综合选择法，是一种基于随机效用的非市场价值评估的揭示性偏好技术，包括联合分析法和选择模型法两种。在联合分析研究中，调查中给被调查者提供几种"复合生态产品"类型的简洁描述，每一种类型都被当作一种完整的"特征包"而与其他复合生态产品的一种或多种特征描述相区别。参与者基于个人的偏好，在各种描述情景之间进行两两比较，接受或拒绝一种情景。基于一系列调查反馈，就有可能区分单个特征的变化对价格变化的影响。由于"生态产品特征–价格"之间的关系相对复杂，选择实验法难度较大，在描述情景中能够研究的特征数量受回答处理所描述的详细特征的能力限制，一般上限为 7～8

个特征数量。

5. 效益转移法

效益转移法并不是一种单独的定价技术，而是一种实际的做法。它是把来自某一地区或特定环境某个时间点的研究成果借用到另一地区或环境，以评估生态产品的经济价值。在效益转移评估过程中，有三种可能的转移形式，是从一个原始研究中转移支付意愿估计值的均值、转移支付意愿函数和通过综合分析加总其他的支付意愿评估结果而转移支付意愿评估结果。

使用效益转移法进行生态系统服务价值评价的主要优点是节约时间和成本，往往在运用其他估价方法成本太高或时间不允许时可以运用效益转移法。但使用该方法评价的精确度较差，同时要慎重对待成本和偏好的转接。采用效益转移法必须同时满足以下条件：一是进行生态产品价值转移的数据恰当；二是两者的总体环境产品和服务类似；三是研究地点类似；四是两者的环境"市场"类似，包括类似的市场或类似的替代。由于效益转移法是多篇文献的定量总结，当该领域的理论和方法出现重大进展与突破时，分析结果的有效性会被质疑[148]。

4.4.3 生态产品价值核算

生态产品核算方法基于资源环境经济学与生态产品价值核算的理论方法体系，采用遥感解译技术、机理模型、实地监测法、统计分析法、现场调查法、环境经济学等方法，对森林生态系统、湿地生态系统、草地生态系统、农田生态系统、城镇生态系统等不同生态系统的供给服务、调节服务和文化服务的价值量进行核算。

EA 建议，考虑到价值核算过程中选取价格与实际交换价值概念一致性的程度，生态产品价值核算方法选取的优先顺序如下：①可直接观察到的交换价格；②可从市场上获得相似货物和服务的价格；③在市场交易中体现出的价格；④基于相关货物和服务所揭示的支出（成本）的价格；⑤基于预期支出或预期的价格[70]。从价值准确度方面考虑，越是直接从市场获取的价格数据越客观，收集过程相对越简单，受主观影响因素越少。

在对生态产品价值进行核算的实际过程中，各类价值评估方法各有优缺点，根据我国生态产品的实际发育程度和数据可获取性，本书推荐的生态产品价值评估指标体系及评估方法见表 4-12。应该指出的是，价值评估方法还会不断完善，其局限性也会随着评估技术的发展而逐步实现突破。

表 4-12　生态产品价值评估指标体系及评估方法

序号	一级指标	二级指标	指标说明	价值量指标	价值类型	价值评估推荐方法
1	供给服务	农业产品	从农业生态系统中获得的初级产品，如稻谷、玉米、谷子、豆类、薯类、油料、棉花、麻类、糖类、烟叶、茶叶、药材、蔬菜、水果等	农业产品产值	直接使用价值	实际市场法（增加值）
2		林业产品	林木产品、林产品以及与森林资源相关的初级产品，如木材、竹材、松脂、生漆、油桐籽等	林业产品产值	直接使用价值	实际市场法（增加值）
3		畜牧业产品	利用放牧、圈养或者两者结合的方式，饲养禽畜获得的产品，如牛、羊、猪、家禽、奶类、禽蛋等	畜牧业产品产值	直接使用价值	实际市场法（增加值）
4		渔业产品	利用水域中生物的物质转化功能，通过捕捞、养殖等方式获取的水产品，如鱼类、其他水生动物等	渔业产品产值	直接使用价值	实际市场法（增加值）
5		生态能源	生态系统中的生物物质及其所含的能量，如沼气、秸秆、薪柴、水能等	生态能源产值	直接使用价值	实际市场法（增加值）
6		其他	用于装饰的一些产品（如动物皮毛）和花卉、苗木等	装饰观赏资源产值	直接使用价值	实际市场法（增加值）
7	调节服务	水源涵养	生态系统通过其结构和过程拦截滞蓄降水，增强土壤下渗，涵养土壤水分和补充地下水、调节河川流量，增加可利用水资源量的功能	水源涵养价值	间接使用价值	替代成本法
8		土壤保持	生态系统通过其结构与过程保护土壤、降低雨水的侵蚀能力、减少土壤流失的功能	减少泥沙淤积价值	间接使用价值	替代成本法
				减少面源污染价值	间接使用价值	替代成本法
9		防风固沙	生态系统通过增强土壤抗风能力，降低风力侵蚀和风沙危害的功能	防风固沙价值	间接使用价值	重置/恢复成本法
10		海岸带防护	生态系统降低海浪，避免或减弱海堤或海岸侵蚀的功能	海岸带防护价值	间接使用价值	替代成本法
11		洪水调蓄	生态系统通过调节暴雨径流、削减洪峰，减轻洪水危害的功能	调蓄洪水价值	间接使用价值	影子工程法
12		固碳	生态系统吸收二氧化碳合成有机物质，将碳固定在植物和土壤中，降低大气中二氧化碳浓度的功能	固碳价值	间接使用价值	实际市场法

序号	一级指标	二级指标	指标说明	价值量指标	价值类型	价值评估推荐方法
13		氧气释放	生态系统通过光合作用释放出氧气，维持大气氧气浓度稳定的功能	氧气释放价值	间接使用价值	替代成本法
14		空气净化	生态系统吸收、阻滤大气中的污染物，如 SO_2、NO_x、颗粒物等，降低空气污染浓度，改善空气环境的功能	净化二氧化硫价值	间接使用价值	替代成本法
				净化氮氧化物价值	间接使用价值	替代成本法
				净化颗粒物价值	间接使用价值	替代成本法
15	调节服务	水质净化	生态系统通过物理和生化过程对水体污染物吸附、降解以及生物吸收等，降低水体污染物浓度、净化水环境的功能	净化 COD 价值	间接使用价值	替代成本法
				净化总氮价值	间接使用价值	替代成本法
				净化总磷价值	间接使用价值	替代成本法
16		气候调节	生态系统通过植被蒸腾作用和水面蒸发过程吸收能量、降低气温、提高湿度的功能	植被蒸腾调节温湿度价值	间接使用价值	替代成本法
				水面蒸发调节温湿度价值	间接使用价值	替代成本法
17		物种保育	生态系统为珍稀濒危物种提供生存与繁衍场所的作用和价值	珍稀濒危物种保育价值、保护区保育价值	间接使用价值	保护成本法
18	文化服务	休闲旅游	人类通过精神感受、知识获取、休闲娱乐、美学体验、康养等旅游休闲方式，从生态系统获得的非物质惠益	游憩康养价值	非使用价值	旅行费用法
19		景观价值	生态系统为人类提供美学体验、精神愉悦，从而提高周边土地、房产价值的功能	土地、房产升值	非使用价值	享乐价值法

第 5 章
国家生态产品总值核算

全国生态产品总值核算以空间分辨率 1km 的土地利用数据为基础，结合中分辨率成像光谱仪（MODIS）归一化植被指数（NDVI）数据对全国 31 个省（自治区、直辖市）进行生态产品总值核算。全国生态产品总值核算以森林、草地、湿地、农田、荒漠、城镇等生态系统为主，从产品供给、调节服务和文化服务三方面进行核算，其中调节服务核算指标包括气候调节、固碳、释氧、水质净化、大气净化、水流动调节、病虫害防治、土壤保持、防风固沙。核算结果显示，2015～2020 年我国生态产品总值由 60.8 万亿元增长到 66.8 万亿元，增加 9.9%。

5.1 核算框架与数据来源

以生态环境部环境规划院为代表的技术团队已完成 2015～2020 年全国 31 个省（自治区、直辖市）陆地生态系统 GEP 核算。全国 GEP 核算以空间分辨率 1km 的土地利用数据为基础，结合 MODIS NDVI 数据进行生态系统实物量计算。土地利用数据来源于中国科学院资源环境科学数据平台，温度和降水量数据来自国家气象科学数据中心（http://data.cma.cn/），NPP 数据来自中国科学院地理科学与资源研究所提供的数据集，NDVI 数据来源于美国国家航空航天局（NASA）的美国对地观测系统（EOS）及其中分辨率成像光谱仪（MODIS）数据产品（http://e4ftl01.cr.usgs.gov），土壤类型数据来源于中国科学院南京土壤研究所。全国 GEP 核算以森林、草地、湿地、农田、荒漠、城镇等生态系统为主，从产品供给、调节服务和文化服务三个方面进行核算，具体核算指标见表 5-1。

空间范围：全国 31 个省（自治区、直辖市）。

时间范围：2015～2020 年。

价格因素：同一指标价值量化中采用价格指数进行不同年份的价格调整。

表 5-1　不同生态系统生态产品核算表

指标		森林	草地	湿地	农田	城镇	荒漠
产品供给		√	√	√	√	—	—
调节服务	气候调节	√	√	√	×	×	×
	固碳	√	√	√	×	×	×
	释氧	√	√	√	×	×	×
	水质净化	—	—	√	—	—	—
	大气净化	√	√	√	√	√	√
	水流动调节	√	√	√	—	—	—
	病虫害防治	√	×	×	—	—	—
	土壤保持	√	√	√	√	×	×
	防风固沙	√	√	√	√	√	√
文化服务		—	—	—	—	—	—

注：√表示拟评估，×表示未评估，—表示不适合评估。下同。

5.2　全国 2015～2020 年生态产品总值核算

5.2.1　生态系统格局与净初级生产力变化

根据 2015 年生态系统类型数据统计，我国农田生态系统面积为 1783283 km^2，占总面积的 18.8%；森林生态系统面积为 2235012 km^2，占总面积的 23.6%；草地生态系统面积为 2987439 km^2，占总面积的 31.5%；湿地生态系统面积为 350959 km^2，占总面积的 3.7%；荒漠生态系统面积为 1274309 km^2，占总面积的 13.4%；城镇生态系统面积为 220936 km^2，占总面积的 2.3%；其他生态系统面积为 630488 km^2，占总面积的 6.6%（图 5-1）。根据 2020 年生态系统类型数据统计，我国农田生态系统面积为 1781433 km^2，占总面积的 18.8%；森林生态系统面积为 2254947 km^2，占总面积的 23.8%；草地生态系统面积为 2705503 km^2，占总面积的 28.5%；湿地生态系统面积为 396471 km^2，占总面积的 4.2%；荒漠生态系统面积为 1318079 km^2，占总面积的 13.9%；城镇生态系统面积为 267275 km^2，占总面积的 2.8%；其他生态系统面积为 758718 km²，占总面积的 8.0%。从空间分布来看，森林主要分布于长江沿岸及长江以南大部分地区，东北的大兴安岭和长白山周边地区也有广泛的森林分布；草地主要集中在西藏、新疆、内蒙古、青海等西部地区；农田主要集中在东北、黄淮海平原以及四川盆地等地区；湿地主要集中在西藏、内蒙古、黑龙江、青海等地区（图 5-2）。

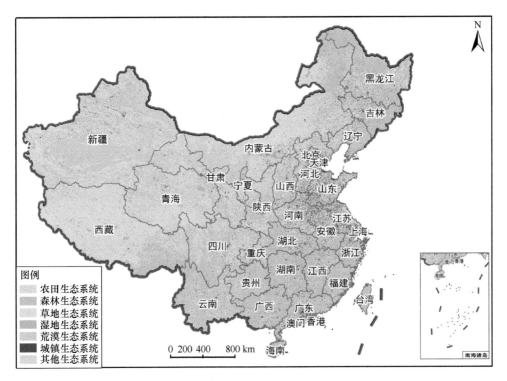

图 5-1　中国 2015 年陆地生态系统空间分布图

　　根据 2015 年和 2020 年生态系统类型数据，计算 2015～2020 年生态系统面积变化矩阵，如表 5-2 所示。从表 5-2 中可以发现，与 2015 年相比，2020 年森林、湿地、城镇生态系统的面积都呈现增长趋势，其中森林面积增长 0.9%，湿地面积增长 13.0%，城镇面积增长 21.0%；与 2015 年相比，2020 年农田、草地生态系统的面积均呈现下降趋势，其中农田面积下降 0.1%，草地面积下降 9.4%（表 5-2）。

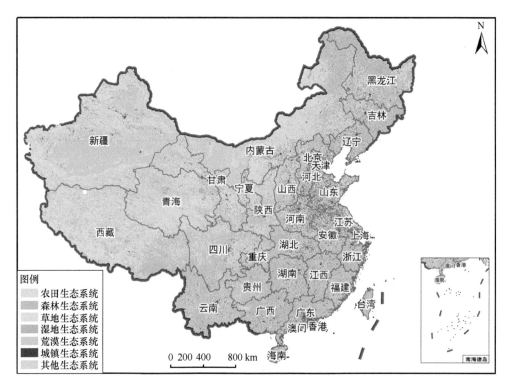

图 5-2 中国 2020 年陆地生态系统空间分布图

表 5-2 2015～2020 年生态系统类型变化面积　　　　　（单位：km²）

生态系统类型		2020 年						
		农田	森林	草地	湿地	荒漠	城镇	其他	合计
2015 年	农田	1199260	243259	153465	43068	7723	135059	1449	1783283
	森林	249175	1679566	241944	33249	3952	19318	7808	2235012
	草地	171899	276167	1958134	84085	209462	15486	272206	2987439
	湿地	46374	19842	45319	190499	12091	7897	28937	350959
	荒漠	13087	4273	115291	20927	1037654	3215	79862	1274309
	城镇	99601	13368	9142	11067	1726	85796	236	220936
	其他	2037	18472	182208	13576	45471	504	368220	630488
	合计	1781433	2254947	2705503	396471	1318079	267275	758718	—

净初级生产力（NPP）是生态系统中绿色植被用于生长、发育和繁殖的能量

值，也是生态系统中其他生物生存和繁衍的物质基础。生态系统面积是反映不同生态系统的数量指标，NPP 是反映不同生态系统质量的重要指标。2020 年，我国森林生态系统 NPP 为 15.47 亿 t，占比为 46.98%；农田生态系统 NPP 为 8.60亿 t，占比为 26.10%；草地生态系统 NPP 为 6.77 亿 t，占比为 20.56%；城镇、湿地和荒漠生态系统 NPP 相对较少，占比分别为 2.73%、2.12% 和 1.51%（图 5-3）。从单位生态系统面积的 NPP 指标来看，森林和农田生态系统相对最高，分别为693.68 t/km^2 和 484.27 t/km^2；草地和湿地生态系统分别为 250.62 t/km^2 和198.44 t/km^2；荒漠生态系统最小。从各省（自治区、直辖市）NPP 的空间分布来看，云南（3.90 亿 t）、四川（2.59 亿 t）、内蒙古（2.52 亿 t）、广西（2.10 亿 t）、黑龙江（2.05 亿 t）、广东（1.57 亿 t）、贵州（1.41 亿 t）、湖南（1.33 亿 t）、江西（1.07 亿 t）、湖北（1.05 亿 t）等地的 NPP 相对较高，占全部 NPP 的比重约为 64%。

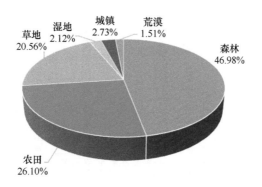

图 5-3　2020 年不同生态系统 NPP 比例

5.2.2　全国陆地生态系统 GEP 核算结果

1. 总体分析

2015～2020 年，我国 GEP 由 60.8 万亿元增长到 66.8 万亿元，其中 2020 年受新冠疫情影响，2020 年全年国内旅游人数达 28.79 亿人次，比上年同期下降52.1%，所以 2020 年文化服务价值降幅较大，比 2019 年下降 47.5%。具体来看，2015～2020 年产品供给由 7.3 万亿元增长到 9.0 万亿元，增长 23.3%；调节服务由45.8 万亿元增长到 49.5 万亿元，增长 8.1%；文化服务价值受新冠疫情影响，仅比2015 年增长 7%。2015～2020 年，我国 GEP 年均增速为 1.9%，其中，贵州（5.61%）、湖南（4.31%）、海南（4.01%）等地的 GEP 年均增速相对较高（图 5-4）。绿金指数通过地区 GEP 与绿色 GDP 的比值，反映地区绿水青山和金山银山的价值关系。2015～2020 年我国绿金指数分别为 0.89、0.87、0.82、0.78、0.73、0.66，呈下降趋势，主要原因在于我国经济不断增长，但 GEP 相对稳定，2015～2020 年基本稳定在 60 万亿～70 万亿元。从具体地区来看，西藏和青海的绿金指数一直最高，2020 年分别为 41.3 和 15.5，说明这两个地区绿水青山价值（GEP）远高于其金山银山价值（GDP）。上海、北京、浙江、江苏、天津、广东等发达地区的绿金指数小于 0.4，且呈现逐年下降的趋势，说明这些地区金山银山价值高于其绿水青山价值，且金山银山价值的增速快于绿水青山。

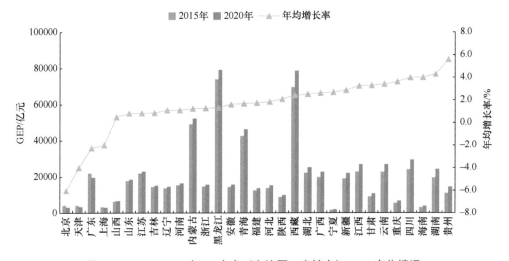

图 5-4　2015～2020 年 31 个省（自治区、直辖市）GEP 变化情况

　　分生态系统来看，湿地生态系统提供的生态产品价值最高，其次是森林生态系统和农田生态系统，2020 年湿地生态系统 GEP 为 37.6 万亿元，占比 64.7%；森林生态系统 GEP 为 9.3 万亿元，占比 16.0%；农田生态系统 GEP 为 6.88 万亿元，占比 11.8%；草地生态系统 GEP 为 4.08 万亿元，占比 7.02%。2015～2020 年，主要生态系统 GEP 呈现增加趋势，其中森林生态系统 GEP 由 9.07 万亿元增长到 9.33 万元，提高 2.9%；草地生态系统 GEP 由 3.66 万亿元增长到 4.08 万元，提高 11.5%；湿地生态系统 GEP 由 34.5 万亿元增长到 37.6 万元，提高 9.0%；农田生态系统 GEP 由 5.65 万亿元增长到 6.88 万亿元，提高 21.7%（图 5-5）。

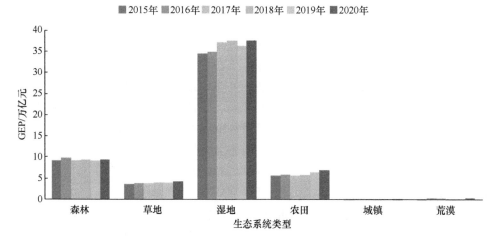

图 5-5　2015～2020 年分生态系统 GEP 变化情况

2. 主要生态系统服务

1）产品供给

产品供给服务是指由生态系统产生的具有食用、医用、药用和其他价值的物质和能源所提供的服务。生态产品供给服务价值通过生态产品提供供给服务的实物量与单位实物量的价格相乘得到。2015～2020 年全国产品供给由 7.3 万亿元增长到 9.0 万亿元，年均增长 4.3%。从区域来看，西南地区产品供给增长较快，云南、青海、贵州、西藏、重庆、四川的产品供给年均增长率都在 7% 以上（图 5-6）。

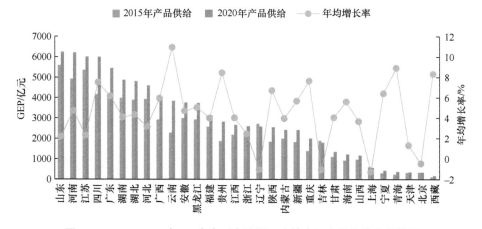

图 5-6　2015～2020 年 31 个省（自治区、直辖市）产品供给变化情况

2）气候调节

生态系统气候调节功能是生态系统通过蒸腾作用、光合作用和水面蒸发过程使大气温度降低、湿度增加的生态效应。生态系统通过植物的树冠遮挡阳光，减少阳光对地面的辐射热量，有降温效能；并通过光合作用吸收大量的太阳光能，减少光能向热能的转变，减缓了气温的升高。同时，生态系统通过蒸腾作用，将植物体内的水分以气体形式通过气孔扩散到空气中，使太阳光的热能转化为水分子的动能，消耗热量，降低空气温度，增加空气湿度。

2015～2020年，全国气候调节服务由27.6万亿元增长到29.3万亿元，增长6%。2015～2020年多数省（自治区、直辖市）气候调节价值呈现增长趋势，贵州、辽宁、重庆、四川等地的气候调节价值增长较快，年均增长率均在3%以上。湖北、湖南、江西、陕西、上海等地的气候调节价值略有下降，2015～2020年分别下降0.1%、0.7%、0.8%、0.4%和1.4%（图5-7）。分生态系统来看，2020年森林生态系统气候调节价值为0.8万亿元，占气候调节总价值的3%；草地为0.2万亿元，占气候调节总价值的1%；湿地为28.3万亿元，占气候调节总价值的96%（图5-8）。全国气候调节价值较高的省区有4个，分别为西藏（6.8万亿元）、黑龙江（5.8万亿元）、青海（4.0万亿元）、内蒙古（3.7万亿元），占全国总量的69.7%。而上海、贵州、重庆、北京的气候调节价值较小，均在0.05万亿元以下（图5-7）。

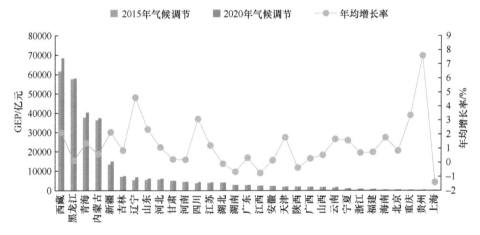

图5-7　2015～2020年31个省（自治区、直辖市）气候调节价值变化情况

3）水流动调节

水流动调节由水源涵养和洪水调蓄两部分组成。水源涵养是生态系统水文调

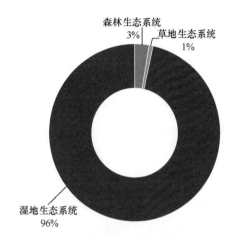

图 5-8 2020 年不同生态系统气候调节价值占比

节服务功能的主要组成之一，是生态系统通过林冠层、枯落物层、根系拦截滞蓄降水，增强土壤下渗、蓄积，从而有效涵养土壤水分、调节地表径流和补充地下水的功能。洪水调蓄功能指湿地生态系统（湖泊、水库、沼泽等）通过蓄积洪峰水量，削减洪峰从而减轻河流水系洪水威胁产生的生态效应。本书主要计算了森林生态系统、湿地生态系统和草地生态系统的水流动调节价值，2015~2020 年，全国水流动调节价值由 10.6 万亿元增长到 12.6 万亿元，年均增长 3.5%，除福建外，多数省（区、市）水流动调节价值呈现增长趋势，贵州、西藏、甘肃、四川、黑龙江和上海等省（区、市）的水流动调节价值增长较快，年均增长率均在 6%以上，福建水流动调节略有下降，年均下降 1.5%（图 5-9）。从各个地区的水流动调节来看，2020 年江西（1.46 万亿元）、黑龙江（1.30 万亿元）、湖北（1.05 万亿元）、云南（0.78 万亿元）、湖南（0.71 万亿元）5 个省的水流动调节价值最大，占到全国总量的 42.0%。其中，黑龙江、湖北、江西水流动调节价值构成中，湿地生态系统洪水调蓄的贡献较大，对于江西和湖南，森林和草地生态系统的水源涵养功能的贡献更大（图 5-10）。上海、天津、北京和宁夏等省区的水流动调节价值相对较低，均在 0.05 万亿元以下（图 5-9）。

从水源涵养来看，水源涵养价值主要由森林生态系统和草地生态系统提供，2020 年我国森林生态系统的水源涵养价值为 3.4 万亿元，草地生态系统的水源涵养价值为 1.4 万亿元，我国水源涵养呈现自东南向西北递减的空间趋势，云南（0.54 万亿元）、四川（0.45 万亿元）、广西（0.44 万亿元）等省区水源涵养价值较大，占全国水源涵养价值的 26.6%。分区域来看，西南地区水源涵养价值

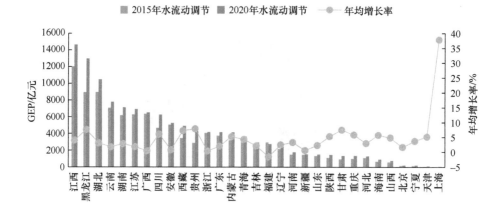

图 5-9　2015～2020 年 31 个省（自治区、直辖市）水流动调节价值变化情况

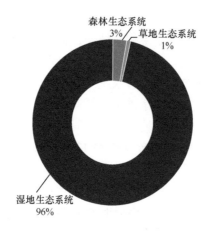

图 5-10　2020 年不同生态系统水流动调节价值占比

最高，为 1.7 万亿元，占水源涵养价值总量的 32.7%，是我国重要的水源供给地区，而华北、华中、东北地区水源涵养价值不高，分别为 0.4 万亿元、0.7 万亿元和 0.3 万亿元。从洪水调蓄来看，洪水调蓄价值主要由湿地生态系统提供，2020 年我国湿地生态系统的洪水调蓄价值为 7.2 万亿元。

4）固碳释氧

生态系统的固碳功能是指绿色植物通过光合作用吸收空气中的 CO_2，对于减少大气中 CO_2 浓度、减缓气候变暖、维护全球大气平衡具有重要意义。同时，生态系统中植物吸收 CO_2 的同时释放 O_2，不仅对全球的碳循环有着显著影响，也起到调节大气组分的作用。我国固碳释氧价值量较高的地区主要分布在森林密集地区，包括长江沿岸及长江以南的大部分地区和东北部分地区。2015～2020 年，我国固碳释氧价值由 34541.6 亿元增长到 39706.0 亿元，年均增长 2.8%。2015～2020 年，所有地区固碳释氧价值均呈增长趋势，青海、福建、山西、宁夏等省区的固碳释氧价值增长较快，年均增长率均在 4% 以上（图 5-11）。分生态系统来看，2020 年森林生态系统固碳释氧价值为 2.68 万亿元，占比为 67%；草地生态系统为 1.17 万亿元，占比为 30%；湿地生态系统为 0.12 万亿元，占比为 3.0%（图 5-12）。

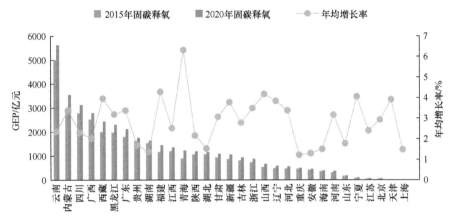

图 5-11　2015～2020 年 31 个省（自治区、直辖市）固碳释氧价值变化情况

5）土壤保持

我国降雨季节相对集中，山地丘陵面积比重高，是世界上土壤侵蚀最严重的国家之一。我国每年有 30 亿～50 亿 t 泥沙流入江河湖海，其中 62% 左右来自土地

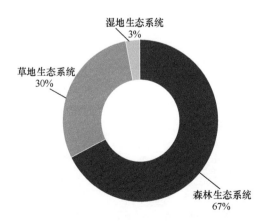

图 5-12　2020 年不同生态系统固碳释氧价值占比

表层，森林和农田生态系统对土壤保持发挥着重要作用。2015～2020 年，我国土壤保持价值由 34011.0 亿元下降到 29859.6 亿元，年均下降 2.57%，主要原因是新疆土壤保持下降较多，由 2015 年的 146 亿元下降到 56.4 亿元。2015～2020 年多数地区土壤保持价值呈现增长趋势，湖北、甘肃、宁夏的土壤保持价值增长较快，年均增长率均在 5%以上，而辽宁、上海、江苏、浙江、福建、江西、山东、湖南、广东、广西、贵州、云南、西藏、新疆的土壤保持价值出现下降（图 5-13）。分生态系统来看，2020 年森林生态系统土壤保持价值为 1.97 万亿元，占比为 66%；草地生态系统为 0.50 万亿元，占比为 17%；湿地生态系统为 0.03 万亿元，占比为 1.0%；农田生态系统为 0.43 万亿元，占比为 14%（图 5-14）。

全国土壤保持价值较高的地区分别是西南地区的四川、西藏和云南，华南地区的广西、广东、福建，华中地区的湖南。除此之外，江西、浙江和贵州的土壤保持价值也相对较高，而华北大部分地区的土壤保持价值相对较低。从各地区土壤保持价值排序情况来看，2020 年四川的生态系统土壤保持价值最高，达到 4306.3 亿元；其次是云南，生态系统土壤保持价值为 3185.5 亿元。生态系统土壤保持价值位于 2000 亿～3000 亿元的地区有广西，生态系统土壤保持价值位于 1000 亿～2000 亿元的地区有江西、西藏、福建、湖南、广东、湖北、浙江、贵州 8 个省区；黑龙江、重庆、陕西、内蒙古、安徽 5 个省区的生态系统土壤保持价值位于 500 亿～1000 亿元，生态系统土壤保持价值低于 100 亿元的地区有新疆、宁夏、江苏、北京、天津和上海 6 个省（区、市）（图 5-13）。

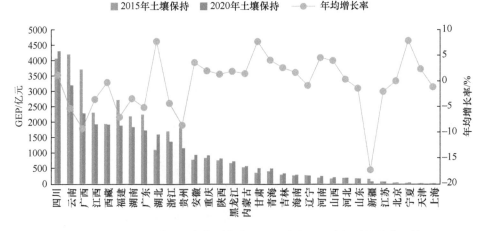

图 5-13　2015～2020 年 31 个省（自治区、直辖市）土壤保持价值变化情况

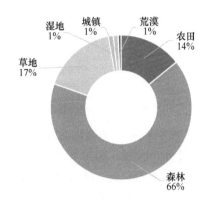

图 5-14　2020 年不同生态系统土壤保持价值占比

6）文化服务

文化服务价值是从客观实际出发，将文化服务资源所处地域的区位、环境、客源、经济发展水平、交通状况、旅游开发情况和邻近区域旅游状况等均纳入评价范畴，运用合理恰当的知识、理论和科学的评价方法、模型，评估文化服务的价值。2015~2020 年，文化服务价值由 7.7 万亿元增长到 8.3 万亿元，增长 8%。2020 年主要由于新冠疫情，文化服务价值下降较多，2015~2019 年文化服务价值增长 104%，而 2020 年文化服务价值与 2019 年相比则出现了 47.5%的下降。从区域来看，南方地区文化服务价值增长较快，广西、湖南、云南、贵州和福建省区文化服务价值年均增长率在 10%以上（图 5-15）。

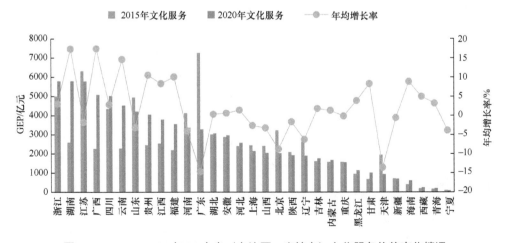

图 5-15　2015~2020 年 31 个省（自治区、直辖市）文化服务价值变化情况

5.2.3 区域核算结果

1. 总体分析

我国按区域可分为东北、华北、华东、华中、华南、西南和西北七大区域，其中西北、西南和华北地区面积较大，华南地区面积最小。东北地区、华东地区和西南地区是我国 GEP 主要分布区域，2020 年东北地区 GEP 为 10.9 万亿元，占比 16.3%；华东地区 GEP 为 11.7 万亿元，占比 17.6%；西南地区 GEP 为 15.6 万亿元，占比 23.4%，西南地区占比最高。2015～2020 年，西南地区 GEP 增长最快，增幅为 16.4%；其次是华中地区，由 5.8 万亿元增长到 6.6 万亿元，增幅为 13.8%（表 5-3）。从单位面积 GEP 来看，东北地区和华中地区单位面积 GEP 较高，2020 年分别为 0.14 万元/km² 和 0.15 万元/ km²，西北地区和华北地区单位面积 GEP 较低，均在 0.05 万元/ km² 以下（图 5-16）。

表 5-3　2015～2020 年不同区域 GEP 情况　　　　　（单位：万亿元）

地区	2015 年	2016 年	2017 年	2018 年	2019 年	2020 年
华北	7.8	8.1	8.3	9.2	9.2	8.1
东北	10.2	10.5	10.7	10.9	10.8	10.9
华东	10.9	11.7	12.2	12.9	13.7	11.7
华中	5.8	6.2	6.4	6.6	6.7	6.6
华南	4.5	5.0	5.0	5.4	5.8	4.6
西南	13.4	14.1	15.9	16.3	16.5	15.6
西北	8.2	8.7	9.1	9.2	9.4	9.2
合计	60.8	64.2	67.6	70.5	72.1	66.8

分生态系统来看，湿地生态系统价值最高，2020 年为 359123 亿元，位居第一位，其次为森林生态系统和草地生态系统，分别为 89484 亿元和 35380 亿元。除华南地区外，华北、东北、华东、华中、西南、西北地区均是湿地生态系统价值较高，分别为 49594 亿元、87301 亿元、42763 亿元、23260 亿元、82001 亿元和 66189 亿元，而华南地区森林生态系统价值最高，为 16223 亿元（图 5-17）。

2. 华北地区

我国华北地区包括北京、天津、河北、山西、内蒙古 5 个省（自治区、直辖

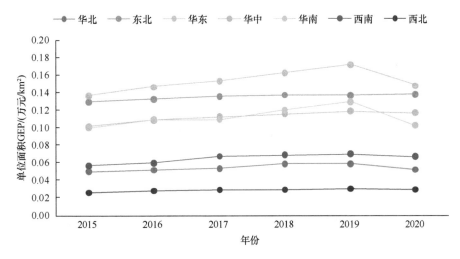

图 5-16　2015～2020 年我国不同区域单位面积 GEP 变化情况

市），该地区主要覆盖华北平原以及内蒙古自治区，其中内蒙古地区草地资源丰富，天然草地面积约为 5437.4 万 hm^2。整个华北地区主要为温带季风气候，夏季高温多雨，冬季寒冷干燥，年平均气温在 8～13℃，年降水量在 400～1000mm。从生态系统类型来看，华北地区草地生态系统、农田生态系统、森林生态系统、荒漠生态系统面积相对较大（图 5-18），分别占总面积的 39.8%、17.8%、16.8%、15.8%。

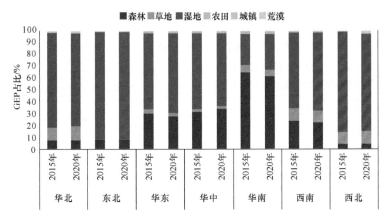

图 5-17　2015～2020 年我国不同区域不同生态系统 GEP 情况

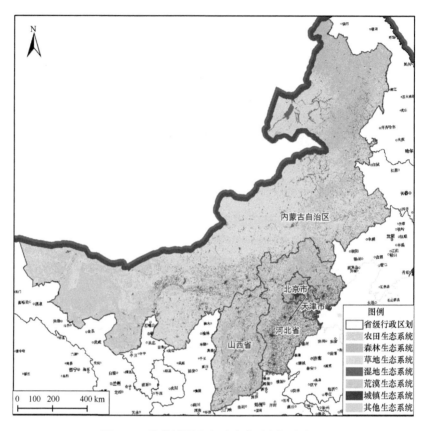

图 5-18 华北地区生态系统类型空间分布图

2020 年，华北地区 GEP 为 8.1 万亿元，比 2015 年的 7.8 万亿元增长 3.8%，其区域 GEP 占全国的 12.1%，位于全国七大区域的第 5 位（图 5-19）。其中，2020

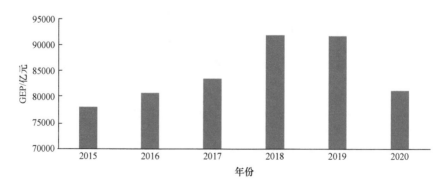

图 5-19 2015～2020 年华北地区 GEP

年森林生态系统提供的 GEP 为 4626 亿元，比 2015 年增长 7.2%；草地生态系统提供的 GEP 为 7053 亿元，比 2015 年增长 19.5%；湿地生态系统提供的 GEP 为 49594 亿元，比 2015 年增长 4.0%。

从主要生态系统服务功能来看，2015～2020 年华北地区水流动调节价值增长最快，由 5223 亿元增长到 6544 亿元，增长 25.3%；其次是固碳释氧价值由 4088 亿元增长到 4853 亿元，增长 18.7%；产品供给价值增加 17.2%。从不同生态系统服务功能的全国占比来看，2015～2020 年华北地区不同生态系统服务功能占比较稳定，其中固碳释氧占全国固碳释氧总量的比例由 11.8% 提高到 12.2%，气候调节的占比由 16.7% 下降到 16.3%，水流动调节占比由 13.3% 下降到 13.0%。

3. 东北地区

我国东北地区包括黑龙江、吉林、辽宁 3 个省，该地区广阔的山区蕴藏着丰富的森林，总蓄积量约占全国的 1/3。东北地区主要为温带季风气候，夏季高温多雨，冬季寒冷干燥；自东南而西北，年降水量自 1000mm 降至 300mm 以下，从湿润区、半湿润区过渡到半干旱区。从生态系统类型来看，东北地区森林生态系统、农田生态系统面积相对较大（图 5-20），分别占总面积的 42.7% 和 39.3%。

2020 年东北地区 GEP 为 10.9 万亿元，比 2015 年的 10.2 万亿增长 6.7%，其区域 GEP 占全国总量的 16.3%，位于全国七大区域的第 3 位（图 5-21）。其中，2020 年森林生态系统提供的 GEP 为 7725 亿元，比 2015 年增长 11.6%；草地生态系统提供的 GEP 为 541 亿元，比 2015 年增长 1.5%；湿地生态系统提供的 GEP 为 87301 亿元，比 2015 年增长 24.3%。

从主要生态系统服务功能来看，2015～2020 年东北地区水流动调节价值增长最快，由 13796 亿元增长到 18371 亿元，增长 33.2%；其次是固碳释氧价值由 3283 亿元增长到 3842 亿元，增长 17.0%；气候调节价值和土壤保持价值分别增长 2.8% 和 7.7%。从不同生态系统服务功能的全国占比来看，2015～2020 年东北地区固碳释氧占全国固碳释氧总量的比例由 9.5% 提高到 9.7%，水流动调节占比由 13.2% 上升到 14.8%，土壤保持占比由 3.5% 提高到 4.3%，气候调节占比略有下降，占比由 25.4% 下降到 24.7%。

4. 华东地区

我国华东地区包括上海市、江苏省、浙江省、安徽省、福建省、江西省、

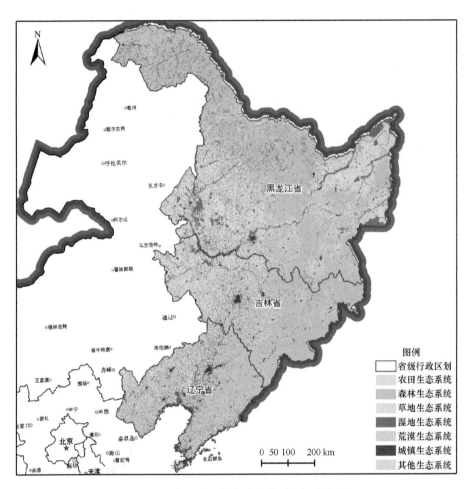

图 5-20 东北地区生态系统类型空间分布图

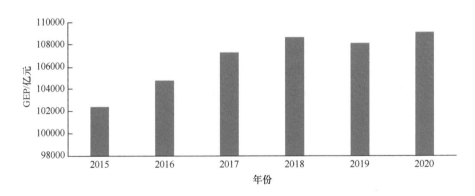

图 5-21 2015~2020 年东北地区 GEP

山东省、台湾省，华东地区水资源丰富，中国五大淡水湖中有四个位于华东地区，分别是江西省的鄱阳湖、江苏省的太湖和洪泽湖，以及安徽省的巢湖，四个湖泊面积分别排在中国五大淡水湖的第一、第三、第四和第五。华东地区境内河道湖泊密布，有黄河、淮河、长江、钱塘江四大水系。华东地区属亚热带季风气候和温带季风气候，气候以淮河为分界线，淮河以北为温带季风气候，淮河以南为亚热带季风气候，雨量集中于夏季，冬季北部常有大雪，通常集中在江苏省和安徽省的中北部地区以及山东省境内。华东地区年平均气温为15～18℃，多年平均降水量处于600～1600 mm。从生态系统类型来看，华东地区农田生态系统、森林生态系统、城镇生态系统面积相对较大（图5-22），分别占总面积的41.7%、36.0%、10.8%。

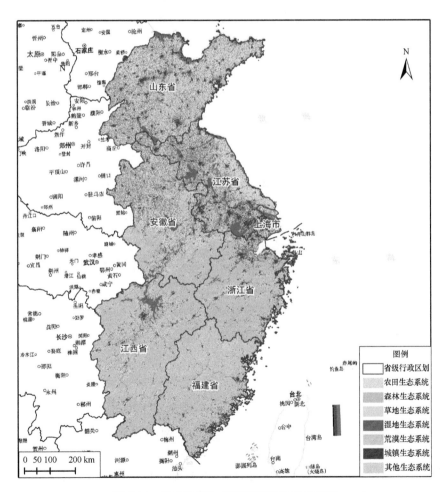

图 5-22　华东地区生态系统类型空间分布图

2020 年华东地区 GEP 为 11.7 万亿元，比 2015 年的 10.9 万亿元，增长 7.3%，其区域 GEP 占全国总量的 8.1%，位于全国七大区域的第 2 位（图 5-23）。其中，2020 年森林生态系统提供的 GEP 为 17449 亿元，比 2015 年下降 5.2%，占全国森林生态系统价值的 19.5%，仅低于西南地区；草地生态系统提供的 GEP 为 2215 亿元，比 2015 年下降 3.6%；湿地生态系统提供的 GEP 为 42763 亿元，比 2015 年增长 10.3%。

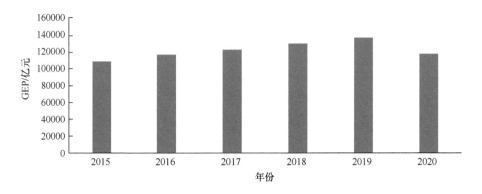

图 5-23　2015～2020 年华东地区 GEP

从主要生态系统服务功能来看，2015～2020 年华东地区固碳释氧价值增长最快，由 3773 亿元增长到 4397 亿元，增加 16.5%；其次是产品供给价值由 21625 亿元增长到 24979 亿元，增长 15.5%；水流动调节价值和气候调节价值分别增长 11.0% 和 5.4%，土壤保持价值有所下降，由 7736 亿元下降到 6312 亿元，降幅为 18.4%。从不同生态系统服务功能的全国占比来看，2015～2020 年华东地区固碳释氧占全国固碳释氧总量的比例由 10.9% 提高到 11.1%，产品供给占比由 29.8% 下降到 27.6%，水流动调节占比由 30.5% 下降到 28.5%。

5. 华中地区

我国华中地区包括河南、湖北、湖南 3 个省。河南属于温带季风气候和亚热带季风气候，湖北、湖南属于亚热带季风气候。河南由南向北年平均气温为 12.1～15.7℃，年平均降水量为 532.5～1380.6 mm，降雨以 6～8 月最多，年均日照时数为 1848.0～2488.7 h，全年无霜期为 189～240 天；湖北多年平均实际日照时数为 1100～2150 h，年平均气温为 15～17℃，年平均降水量在 800～1600 mm；湖南多年平均气温为 16～19℃，年平均降水量为 1200～1700 mm。从生态系统类型来看，华中地区森林生态系统、农田生态系统面积相对较大（图 5-24），分别占总面积的 44.5%、40.7%。2020 年，华中地区 GEP 为 6.6 万亿元，比 2015 年的 5.8 万亿元增长 13.8%，其区域 GEP 占全国总量的 9.9%，位于全国七大区域的第 6 位（图 5-25）。其中，2020 年森林生态系统提供的 GEP 为 12757 亿元，比 2015 年增长 15.2%；草地生态系统提供的 GEP 为 916 亿元，比 2015 年增长 14.4%；湿地生态系统提供的 GEP 为 23260 亿元，比 2015 年增长 2.6%。

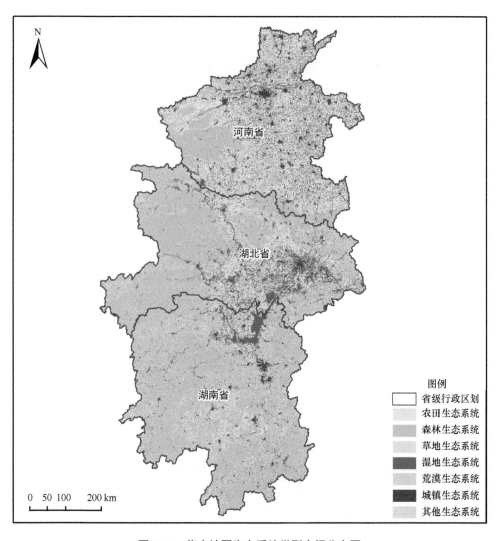

图 5-24　华中地区生态系统类型空间分布图

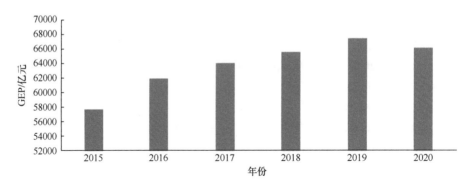

图 5-25　2015～2020 年华中地区 GEP

从主要生态系统服务功能来看，2015～2020 年华中地区产品供给价值增长最多，由 12818 亿元增长到 15898 亿元，增长 24.1%；其次是水流动调节价值由 16729 亿元增长到 19406 亿元，增长 16%；固碳释氧价值和土壤保持价值分别增长 8.4% 和 5.5%，气候调节价值略有下降，降幅为 0.7%。从不同生态系统服务功能的全国占比来看，2015～2020 年华中地区水流动调节占全国总量的比例由 16% 下降到 15.6%，土壤保持占比由 10.2% 提高到 12.3%，气候调节和固碳释氧占比略有下降，产品供给占比不变。

6. 华南地区

我国华南地区包括广东省、广西壮族自治区、海南省、香港特别行政区、澳门特别行政区。华南地区南北向基本以北回归线分为南部与北部，华南地区北界是南亚热带与中亚热带的分界线。这条界线以南的华南地区，最冷月平均气温≥10℃，极端最低气温≥–4℃，日平均气温≥10℃的天数在300天以上。多数地方年降水量为1400～2000 mm，是一个高温多雨、四季常绿的热带–亚热南带区域。从生态系统类型来看，华南地区森林生态系统、农田生态系统面积相对较大（图5-26），分别占总面积的61.9%、24.0%。

2020 年华南地区 GEP 为 4.6 万亿元，比 2015 年的 4.5 万亿元增长 2.2%，其区域 GEP 占全国的 7.0%，位于全国七大区域的第 7 位（图 5-27）。华南地区 2020 年森林生态系统提供的 GEP 为 16223 亿元，比 2015 年下降 9.2%；草地生态系统提供的 GEP 为 1528 亿元，比 2015 年下降 8.8%；湿地生态系统提供的 GEP 为 8015 亿元，比 2015 年上升 10.4%。

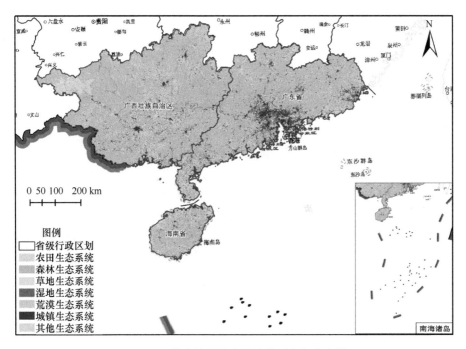

图 5-26　华南地区生态系统类型空间分布图

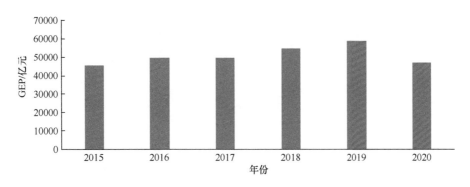

图 5-27　2015～2020 年华南地区 GEP

从主要生态系统服务功能来看，2015～2020 年华南地区产品供给价值增长较快，由 7886 亿元增长到 10562 亿元，增长 33.9%；其次固碳释氧价值由 4688 亿元增长到 5038 亿元，增长 7.5%；水流动调节价值由 10836 亿元增长到 11617 亿元，增长 7.2%；气候调节价值增加 2.3%。从不同生态系统服务功能的全国占比来看，2015～2020 年华南地区产品供给占全国总量的比例由 10.9% 提高到 11.7%，水流动调节占比由 10.4% 下降到 9.4%，固碳释氧和气候调节占比基本保持不变。

7. 西南地区

我国西南地区主要包括重庆、四川、贵州、云南、西藏 5 个省（自治区、直辖市），该地区自然资源丰富，大江大河较多，中部和北部以长江流域的河流为主，同时西南地区林木、牧草资源十分丰富，有大面积高山区和草场以及常年生的林木和牧草，无霜期长，区域内云南省是中国物种最丰富的省份，素以"动植物王国"著称。由于青藏高原的隆起，该区从西北到东南的温度和降水均有很大差异，东部年均气温达 24℃，西部年均气温最低可达 0℃以下；降水量从东南到西北相差上千毫米，时空分布极不均匀。该区气候类型由温暖湿润的海洋气候到四季如春的高原季风气候，再到亚热带高原季风湿润气候以及青藏高原独特的高原气候，形成了独特的植被分布格局。从生态系统类型来看，西南地区草地生态系统、森林生态系统、农田生态系统面积相对较大（图5-28），分别占总面积的36.5%、29.2%、11.9%。

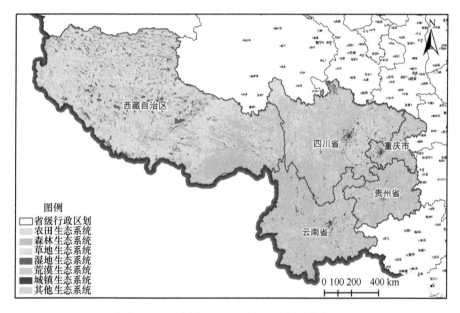

图 5-28　西南地区生态系统类型空间分布图

2020 年西南地区 GEP 为 15.6 万亿元，比 2015 年的 13.4 万亿元增长 16.4%，其区域 GEP 占全国的 23.4%，位于全国七大区域的第 1 位（图5-29）。其中，2020 年森林生态系统提供的 GEP 为 27660 亿元，比 2015 年增长 5.3%；草地生态系统提供的 GEP 为 13448 亿元，比 2015 年增长 5.2%；湿地生态系统提供的 GEP 为 82001 亿元，比 2015 年增长 14.2%。

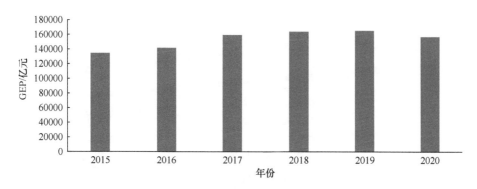

图 5-29　2015～2020 年西南地区 GEP

从主要生态系统服务功能来看，2015～2020 年西南地区产品供给价值增长最快，由 9834 亿元增长到 14826 亿元，增加 50.8%；其次是水流动调节价值，由 19201 亿元增长到 24598 亿元，增长 28.1%；固碳释氧价值由 11906 亿元增长到 13462 亿元，增长 13.1%；气候调节价值增长 11.5%；土壤保持价值下降 10.7%。从不同生态系统服务功能的占比来看，2015～2020 年西南地区水流动调节占全国总量的比例由 17.9% 提高到 19.8%，气候调节的占比由 24.5% 提高到 25.7%，土壤保持的占比由 37.8% 提高到 38.4%。

8. 西北地区

我国西北地区包括陕西、甘肃、青海、宁夏、新疆 5 个省区。西北地区深居内陆，距海遥远，再加上高原、山地地形较高阻挡湿润气流，导致该地区降水稀少，气候干旱，形成沙漠广袤和戈壁沙滩的景观。西部地区仅东南部少数地区为温带季风气候，其他大部分地区为温带大陆性气候和高寒气候，冬季严寒而干燥，夏季高温，降水自东向西呈递减趋势。由于气候干旱，气温的日较差和年较差都很大。西北地区大部分属中温带和暖温带大陆性气候，局部属于高寒气候。从生态系统类型来看，西北地区草地生态系统、荒漠生态系统面积相对较大（图 5-30），分别占总面积的 37.2%、31.7%。

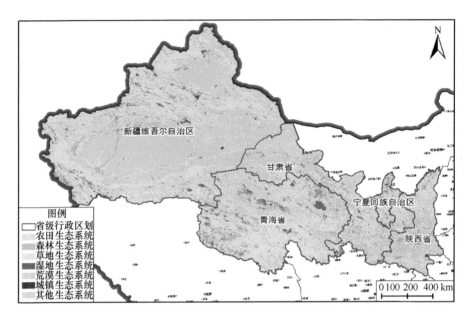

图 5-30　西北地区生态系统类型空间分布图

2020 年西北地区 GEP 为 9.2 万亿元，比 2015 年的 8.2 万亿元增加 12.2%，其区域 GEP 占全国总量的 13.7%，位于全国七大区域的第 4 位（图 5-31）。其中，2020 年森林生态系统提供的 GEP 为 3045 亿元，比 2015 年增长 9.6%；草地生态系统提供的 GEP 为 9229 亿元，比 2015 年增长 19.9%，西北地区草地生态系统 GEP 占全国草地 GEP 总量的 38.0%，位于全国第一位；湿地生态系统提供的 GEP 为 66189 亿元，比 2015 年增长 7.4%。

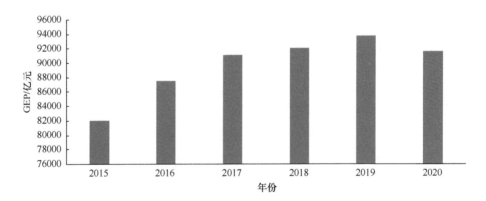

图 5-31　2015～2020 年西北地区 GEP

从主要生态系统服务功能来看,随着草地面积和森林面积的大幅增加,2015～2020 年西北地区防风固沙价值增长最快,2020 年为 1992 亿元,约是 2015 年 1030 亿元的 2 倍。其次是产品供给价值,由 5336 亿元增长到 7114 亿元,增长 33.3%;水流动调节价值由 6707 亿元增长到 8241 亿元,增长 22.9%;固碳释氧价值由 3873 亿元增长到 4669 亿元,增长 20.5%;气候调节价值增长 7.1%;土壤保持价值增长 12.8%。从不同生态系统服务功能的全国占比来看,2015～2020 年西北地区防风固沙占全国总量的比例由 19.5%提高到 36.6%,其他功能占比变化不大。

5.2.4　各省核算结果综合分析

全国 GEP 较高的省区包括青藏高原的西藏、青海,华北地区的内蒙古,东北地区的黑龙江以及西北地区的新疆。除此之外,华中地区的湖南、湖北,华东地区的江西,华南地区的广东等地的 GEP 也都相对较高。从各省(自治区、直辖市)GEP 排序情况来看,2020 年黑龙江 GEP 最高,为 7.92 万亿元,其次西藏 GEP 为 7.87 万亿元,内蒙古 GEP 为 5.24 万亿元,青海 GEP 为 4.65 万亿元,四川 GEP 为 2.94 万亿元,云南 GEP 为 2.7 万亿元,江西 GEP 为 2.7 万亿元,湖北 GEP 为 2.53 万亿元。GEP 位于 2.0 万亿～2.5 万亿元的有湖南、江苏、广西、新疆 4 个省区;GEP 位于 1.0 万亿～2.0 万亿元的有广东、山东、河南、安徽、浙江、河北、吉林、辽宁、贵州、福建、甘肃、陕西 12 个省;重庆、山西、北京、海南、天津、上海和宁夏 7 个省(自治区、直辖市)的 GEP 小于 1 万亿元(图 5-32 和图 5-33)。

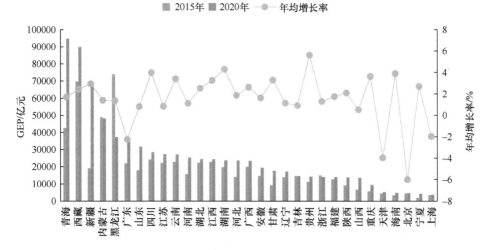

图 5-32　2015～2020 年全国 GEP

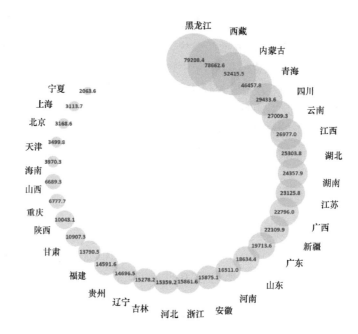

图 5-33　2020 年全国各个地区的 GEP

图中数字单位为亿元

从变化趋势来看，2015～2020 年多数地区 GEP 都呈现增长趋势，其中增长较快的省份有云南、广东，年均增长率分别为 5.61%、4.30%，GEP 出现小幅下降的省市有天津、河北、江苏和广西，年均下降率分别为 3.97%、6.01%、1.98% 和 2.23%（表 5-4）。

表 5-4　2015～2020 年全国 GEP

地区	2015 年/亿元	2016 年/亿元	2017 年/亿元	2018 年/亿元	2019 年/亿元	2020 年/亿元	年均增速/%
北京	4320.7	4641.6	4932.3	4942.2	5719.2	3168.6	1.92
天津	4285.7	4611.5	5072.4	5087.8	5410.1	3499.8	−6.01
河北	13999.2	15115.5	15963.9	17208.3	18690.0	15359.2	−3.97
山西	6519.9	7464.2	8012.8	9162.1	9945.3	6689.3	1.87
内蒙古	48877.5	48829.7	49504.5	55511.7	52052.8	52415.5	0.51
辽宁	13891.7	14472.5	15117.8	16315.6	17006.4	14696.5	1.41
吉林	14598.1	15749.0	15165.0	16129.2	16980.5	15278.2	1.13
黑龙江	73944.5	74612.8	77074.3	76280.7	74202.0	79208.4	0.91
上海	3441.1	3575.5	4044.2	4028.5	5117.0	3113.7	1.38
江苏	22167.6	23278.6	24730.1	26023.6	27351.0	23125.8	−1.98
浙江	14872.1	15825.5	15795.8	16704.2	18142.2	15861.6	0.85

续表

地区	2015 年/亿元	2016 年/亿元	2017 年/亿元	2018 年/亿元	2019 年/亿元	2020 年/亿元	年均增速/%
安徽	14644.2	15617.4	16270.7	16918.6	17793.3	15875.1	1.30
福建	12638.7	14679.5	13440.8	15253.4	16826.0	13790.5	1.63
江西	22984.0	24837.5	27157.0	28802.9	29572.6	26977.0	1.76
山东	17876.0	18708.0	20587.0	21407.5	21884.1	18634.4	3.26
河南	15616.1	16583.7	16261.0	17356.6	17628.2	16511.0	0.83
湖北	22334.0	23799.6	24461.4	24171.1	24876.9	25303.8	1.12
湖南	19733.5	21500.7	23284.8	24062.7	24895.2	24357.9	2.53
广东	22069.3	25028.7	23933.8	26040.8	28862.8	19713.6	4.30
广西	20019.7	20948.9	21685.6	23780.8	25259.2	22796.0	−2.23
海南	3279.4	3641.1	3972.6	4420.9	4325.2	3970.3	2.63
重庆	5672.3	6296.5	6935.8	7592.7	8714.3	6777.7	3.90
四川	24202.1	26239.8	28341.4	30008.4	31488.6	29433.6	3.63
贵州	11106.2	13048.9	14854.2	16532.8	18854.1	14591.6	3.99
云南	22844.4	24881.7	27646.6	29780.6	29188.1	27009.3	5.61
西藏	69744.5	70288.9	80854.2	79171.9	76494.9	78662.6	3.41
陕西	9052.7	9711.4	10465.2	11463.2	12946.6	10043.1	2.44
甘肃	9270.9	10236.3	10349.5	10621.9	11137.3	10907.3	2.10
青海	42693.4	44013.1	44872.6	45829.1	44627.5	46457.8	3.30
宁夏	1805.6	1918.3	2139.8	2133.6	2237.2	2063.6	1.70
新疆	19120.5	21585.9	23279.9	21977.1	22748.9	22109.9	2.71
合计	607625.0	641742.2	676207.1	704720.4	720977.5	668402.8	2.95

从单位面积 GEP 来看，2015～2020 年单位面积 GEP 从 632.3 万元/km² 提高到 695.5 万元/km²，增加 10%。分地区来看，上海、天津和江苏单位面积 GEP 较高，2020 年分别为 4942.4 万元/km²、3097.2 万元/km² 和 2254.0 万元/km²。北京、黑龙江、江西和浙江单位面积 GEP 均在 1500 万元/km² 以上，湖北、海南、湖南、福建、安徽、广东和辽宁单位面积 GEP 均在 1000 万元/km² 以上，其他地区单位面积 GEP 均在 1000 万元/km² 以下，新疆最低，为 133.2 万元/km²。

5.3　2008～2020 年全国生态破坏损失核算

5.3.1　核算框架与核算方法

1. 核算框架

生态破坏损失核算是指由人类不合理利用导致森林、草地、湿地、农田、海洋等生态系统的服务功能损失，并以货币化表现的成本。由于不掌握农田和海洋生态系统的基础数据，本书主要对森林、草地、湿地等生态系统因人类不合理利用导致的生态调节服务损失量进行核算。

具体核算工作主要分为 2 个阶段：①2008～2014 年，主要包括森林、草地、湿地和矿产开发引起的地下水流失与地质灾害 4 类生态系统的服务功能损失，核算框架见表 5-5；②2015～2020 年，对核算框架进行了调整，由于矿产开发与森林、草地和湿地生态系统破坏可能存在重复计算，仅保留森林、草地和湿地 3 项，核算的服务类型删除了有机质生产和生物多样性，核算框架见表 5-6。此外，2015 年以后的核算框架增加了气候调节服务，所以 2015 年以后湿地生态系统的生态破坏损失增加较大，主要原因在于湿地生态系统的气候调节价值较高。

表 5-5　2008～2014 年生态破坏损失核算框架

生态系统类型	有机质生产	大气调节	水源涵养	水分调节	水土保持	营养物质循环	污染净化	野生生物栖息地保护	干扰调节
森林	√	√	√	√		√	√	√	
湿地	√	√	√	√	√	√	√	√	√
草地	√		√	√		√	√		

表 5-6　2015～2020 年生态破坏损失核算框架

生态系统类型	固碳释氧	气候调节	防风固沙	水流动调节		土壤保持		环境净化	
				水源涵养	洪水调蓄	水土保持	营养物质流失	水质净化	大气净化
森林	√	√	√	√	×	√	√	×	√
草地	√	√	√	√	×	√	√	×	√
湿地	√	√	√	√	√	√	√	√	√

2. 核算方法

本研究主要对森林、草地、湿地、农田等生态系统因人类不合理利用导致的生态调节服务损失量进行核算。在不同系统生态服务功能价值量核算的基础上，通过不同生态系统上一年提供的服务价值量与不同生态系统本年人为破坏率的乘积，进行不同生态系统生态破坏损失核算。

$$EcDC = ERS_f \times HR_f + ERS_g \times HR_g + ERS_w \times HR_w + ERS_l \times HR_l \qquad (5\text{-}1)$$

$$HR_f = \frac{FO}{FR} = \frac{FC - FCQ}{FR} \qquad (5\text{-}2)$$

$$HR_w = \frac{AT}{AW} \qquad (5\text{-}3)$$

$$HR_g = \frac{1.0}{1.0 + 29.875 \times 0.143^x} \qquad (5\text{-}4)$$

$$HR_l = \frac{S_d}{S_l} \qquad (5\text{-}5)$$

式中，EcDC 为生态破坏损失；ERS_f、ERS_g、ERS_w、ERS_l 分别为森林、草地、湿地和农田生态系统上一年提供的生态服务；HR_f 为森林人为破坏率；FO 为森林超采量；FC 为森林采伐量；FCQ 为森林采伐限额；FR 为森林蓄积量；HR_w 为湿地人为破坏率；AT 为湿地重度威胁面积；AW 为湿地总面积；HR_g 为草地人为破坏率；x 为草地牲畜超载率；HR_l 为农田人为破坏率；S_d 为农田转化为建设用地等其他用途的面积；S_l 为农田总面积。

本研究具体利用中国科学院地理与资源研究所解译的空间分辨率 1km 的土地利用数据，结合 MODIS NDVI 数据进行各类生态系统相关生态系统服务指标的实物量计算。在各类生态系统服务实物量核算的基础上，通过各类生态系统服务实物量与各类生态系统人为破坏率的乘积，进行各类生态系统生态破坏实物量核算。其中，森林生态系统的人为破坏率采用森林超采率进行计算，湿地生态系统的人为破坏率采用湿地重度威胁面积占湿地总面积的比例进行计算，草地生态系统的人为破坏率采用天然草原平均牲畜超载率进行计算。

5.3.2　全国核算结果

2008～2020 年全国生态破坏成本持续增加（图 5-34）。从整体上看，我国生态破坏损失由 2008 年的 3798.1 亿元增长到 2020 年的 6975.4 亿元，增长 83.7%，其中草地生态系统的生态破坏损失由 1519.1 亿元增长到 1684.9 亿元，提高 10.9%；森林生态系统的生态破坏损失由 985.3 亿元增长到 1555.8 亿元，增长 57.9%；湿地生态系统的生态破坏损失 2020 年为 3734.8 亿元，是 2008 年 1076.8 亿元的 3.5倍；湿地生态系统生态破坏损失的大幅增长主要是由于增加的新核算框架中增加

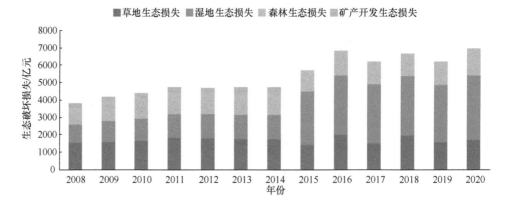

图 5-34　2008～2020 年生态破坏损失情况

了气候调节价值的核算。分阶段来看，2008～2014 年全国生态破坏损失由 3798.1 亿元增长到 4756.2 亿元，增长 25.2%；2015～2020 年生态破坏损失增长 21.9%。

　　湿地破坏造成的气候调节服务损失大。具体来看，2020 年我国生态破坏损失的价值量为 6975.4 亿元。其中，森林、草地、湿地生态系统破坏的价值量分别为 1555.8 亿元、1684.9 亿元、3734.8 亿元，分别占生态破坏损失总价值量的 22.3%、24.2%、53.5%。从各类生态系统破坏的经济损失来看，湿地生态系统破坏的经济损失相对较大，其次是森林和草地生态系统。从各类生态系统服务功能破坏的经济损失来看，2020 年固碳释氧、水流动调节、土壤保持、防风固沙、水质净化、大气净化、气候调节损失的价值量分别占生态破坏损失总价值量的 8.6%、27.6%、7.8%、1.5%、0.5%、0.1% 和 53.8%。其中，气候调节功能生态破坏损失的价值量相对较大，其次是水流动调节、固碳释氧和土壤保持，环境净化（水质、大气）破坏损失的价值量相对较小。

　　西南和西北地区的生态系统服务价值占全国 GEP 的比重较大，因此生态破坏损失也主要分布在西部地区。2020 年，西部地区生态破坏损失为 3803.8 亿元，占全部生态破坏损失的 54.5%；中部地区为 1695.2 亿元，占全部生态破坏损失的 24.3%；东部地区为 1602.7 亿元，占全部生态破坏损失的 23.0%。生态破坏会对生态系统的气候调节、水流动调节、固碳释氧和土壤保持等生态系统服务功能产生影响，进而破坏生态系统的稳定性。西部地区大部分属于生态脆弱敏感区，一旦遭受破坏，会给生态系统的稳定性带来较大的影响。

5.3.3　不同生态系统类型核算结果

1. 森林生态破坏损失

第八次全国森林资源清查（2009～2013 年）[①]结果显示，我国森林面积 2.08 亿 hm^2，森林覆盖率 21.63%，活立木总蓄积 164.33 亿 m^3。森林面积和森林蓄积分别位居世界第 5 位和第 6 位，人工林面积居世界首位。与第七次全国森林资源清查（2004～2008 年）相比，森林面积增加 1223 万 hm^2，森林覆盖率上升 1.27 个百分点，活立木总蓄积和森林蓄积分别增加 15.20 亿 m^3 和 14.16 亿 m^3。总体来看，我国森林资源进入了数量增长、质量提升的稳步发展时期。这充分表明，党中央、国务院确定的林业发展和生态建设的一系列重大战略决策、实施的一系列重点林业生态工程，取得了显著成效。但是我国森林资源总量相对不足、质量不高、分布不均的状况仍未得到根本改变，林业发展还面临着巨大的压力和挑战。

根据第八次全国森林资源清查结果，森林面积增速开始放缓，未成林造林地面积比上次清查少 396 万 hm^2，仅有 650 万 hm^2。同时，宜林地质量好的仅占 10%，质量差的多达 54%，且 2/3 分布在西北、西南地区。2020 年，我国森林生态破坏损失达到 1555.8 亿元，占 2020 年全国 GDP 的 0.15%。从损失的各项功能来看，固碳释氧、水流动调节、土壤保持、防风固沙、大气净化、气候调节功能损失的价值量分别为 262.7 亿元、679.3 亿元、299.0 亿元、2.5 亿元、2.8 亿元和 309.6 亿元。其中，水流动调节损失所造成的破坏最大，占森林总损失的 43.7%（图 5-35）。

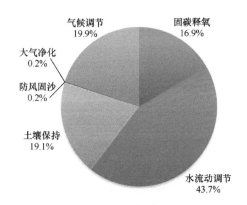

图 5-35　2020 年森林生态破坏损失各项占比

[①] 第八次全国森林资源清查主要结果（2009～2013 年）.https://www.forestry.gov.cn/main/65/20140225/659670.html.

从时间趋势来看，2008～2014 年森林生态系统损失由 985.3 亿元增长到 1364.2 亿元，增长 38.5%；2015～2020 年森林生态系统损失由 1239.1 亿元增长到 1555.8 亿元，增长 25.6%（图 5-36）。

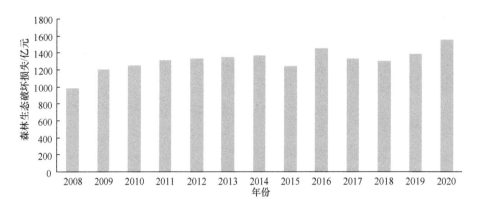

图 5-36　2008～2020 年森林生态破坏损失

从森林生态破坏损失的地域分布来看，2020 年湖南森林生态破坏损失最大，为 514.3 亿元，其森林超采率为 4.7%；其次是江西、广东、黑龙江、贵州等地，森林生态破坏损失均超过 70 亿元，这些省份森林超采率都大于 1%，其中江西的森林超采率为 2.0%，广东为 1.7%，黑龙江为 1.2%，贵州为 1.5%；上海、北京、宁夏、天津等地的森林生态破坏损失较小；福建、海南、陕西、内蒙古等地的森林超采率为 0%（图 5-37）。

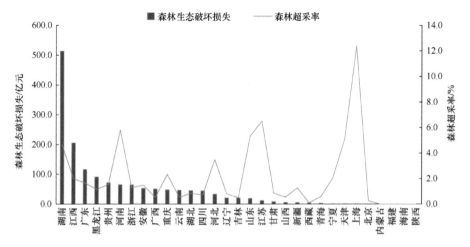

图 5-37　2020 年我国 31 个省（自治区、直辖市）森林生态破坏损失和森林超采率

总体来看，我国的森林生态破坏损失主要分布在东南和西南地区，西北地区森林生态破坏损失相对较小。江西、黑龙江、广东由于森林资源比较丰富，核算得到的生态系统服务功能量较大，所以其生态破坏损失价值较高；湖南由于森林超采率较高，造成森林生态破坏损失价值增高；西北地区在退耕还林政策的影响下，森林超采率普遍较低，森林生态破坏损失逐步降低。

2. 湿地生态破坏损失

第二次全国湿地资源调查（2009～2013 年）[①]结果表明，全国湿地总面积5360.26 万 hm^2，湿地占国土面积的比例为 5.58%。自然湿地面积 4667.47 万 hm^2，占全国湿地总面积的 87.08%；人工湿地面积 674.59 万 hm^2，占 12.59%。自然湿地中，近海与海岸湿地面积 579.59 万 hm^2，占自然湿地面积的 12.42%；河流湿地面积 1055.21 万 hm^2，占 22.61%；湖泊湿地面积 859.38 万 hm^2，占 18.41%；沼泽湿地面积 2173.29 万 hm^2，占 46.56%。调查表明，我国目前河流、湖泊湿地沼泽化，河流湿地转为人工库塘等情况突出，湿地受威胁压力进一步增大，威胁湿地生态状况主要因子已从 10 年前的污染、围垦和非法狩猎三大因子，转变为现在的污染、过度捕捞和采集、围垦、外来物种入侵、基建占用五大因子，这些原因造成了我国自然湿地面积削减、功能下降。

根据核算结果，2020 年湿地生态破坏损失达到 3734.8 亿元，占 2020 年全国 GDP 的 0.37%。湿地的固碳释氧、水流动调节、土壤保持、防风固沙、水质净化、大气净化、气候调节功能损失的价值量分别为 11.5 亿元、769.4 亿元、8.3亿元、0.5 亿元、36.7 亿元、0.3 亿元和 2908.1 亿元。在湿地生态破坏造成的各项损失中，气候调节的损失贡献率最大，占总经济损失的 77.87%（图 5-38）。从时间趋势来看，2008～2014 年湿地破坏损失由 1076.8 亿元增长到 1411.7 亿元，增长 31.1%；2015～2020 年湿地破坏损失由 3084.9 亿元增长到 3734.8 亿元，增长 21.1%（图 5-39）。

受自然条件的影响，湿地类型的地理分布表现出明显的区域差异。从湿地生态破坏损失的地域分布来看，2020 年青海省湿地生态破坏损失最高，为 1649.8亿元，其中气候调节服务功能损失最高，为 1559.3 亿元，主要原因在于青海省湿地资源丰富，受破坏的面积大、程度重。根据核算结果，青海湿地生态系统价值位于全国第二位，同时青海省湿地重度威胁面积占湿地总面积的比例较高，为

---

① 第二次全国湿地资源调查主要结果（2009～2013 年）. http://www.forestry.gov.cn/main/65/20140128/758154.html.

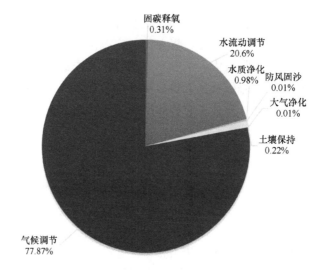

图 5-38　2020 年湿地生态破坏损失各项占比

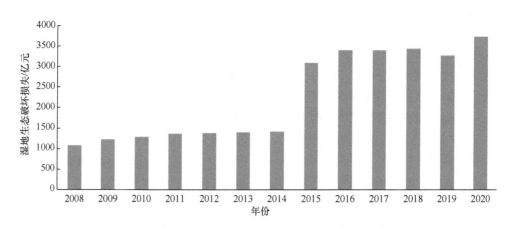

图 5-39　2008～2020 年湿地生态破坏损失

4.05%，位于全国第四位。湖南、四川、辽宁、河北、江苏等地的湿地生态破坏损失也较高，均高于 200 亿元。其中，湖南、辽宁、河北、四川、江苏湿地重度威胁面积占湿地总面积的比例较高（4.6%、4.05%、4.69%、2.22% 和 1.79%），分别为全国第二位、第五位、第一位、第八位、第九位。西藏、黑龙江、重庆湿地生态破坏损失较低，小于 2 亿元（图 5-40）。

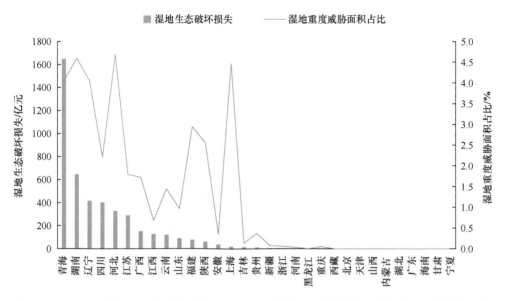

图 5-40　2020 年我国 31 个省（自治区、直辖市）湿地生态破坏损失和湿地重度威胁面积占比

3. 草地生态破坏损失

草地生态破坏是在人类活动的干扰下，由人为因素造成的草地生态系统的生态系统服务功能退化。影响草地生态系统生态退化的人为因素主要是不合理的草地利用，包括过度放牧、开垦草原、违法征占草地、乱采滥挖草原野生植被资源等。本书核算结果显示，2020 年我国草地生态系统的固碳释氧、水流动调节、土壤保持、防风固沙、大气净化、气候调节功能损失的价值量分别为 327.5 亿元、473.8 亿元、240.0 亿元、101.0 亿元、4.1 亿元和 538.5 亿元，合计 1684.9 亿元。在草地生态破坏造成的各项损失中，气候调节的贡献率最大，占总草地生态破坏损失的 32.0%（图 5-41）。从时间趋势来看，2008～2014 年草地生态损失由 1519.1 亿元增长到 1723.6 亿元，增长 13.5%；2015～2020 年草地生态损失由 1396.5 亿元增长到 1684.9 亿元，增长 20.6%（图 5-42）。

从草地生态破坏损失的地域分布来看，内蒙古、西藏、新疆、青海、四川、甘肃等省区的草地生态破坏相对较为严重，均在 100 亿元以上，对应的草地生态破坏损失分别为 314.4 亿元、234.4 亿元、196.0 亿元、167.2 亿元、144.0 亿元和 101.1 亿元。其中，内蒙古、西藏、新疆、青海、四川、甘肃的草原人为破坏率高于其他

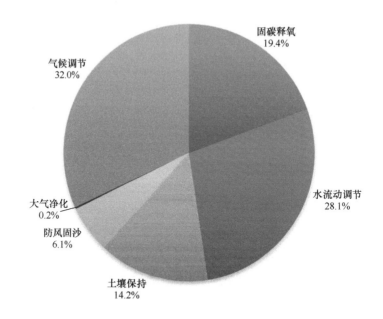

图 5-41　2020 年草地生态破坏损失各项占比

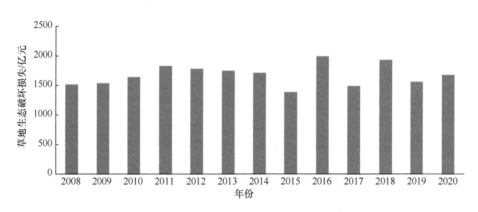

图 5-42　2008～2020 年草地生态破坏损失

地区，分别为 3.91%、4.62%、4.37%、4.13%、4.17% 和 4.37%。河南、浙江、吉林、辽宁、海南、江苏、北京、天津、上海等地区的草地生态破坏相对较轻，草地生态破坏损失不足 10 亿元。总体上，西北、西南地区是草地生态破坏损失较严重的区域，主要表现为草地净初级生产力的下降和草地面积的减少（图 5-43）。

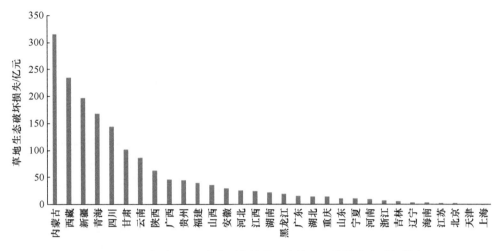

图 5-43　2020 年我国 31 个省（自治区、直辖市）草地生态破坏损失

5.3.4　各省核算结果

（1）青海、湖南、四川、辽宁、河北等地生态破坏损失较大。

生态破坏的空间分布与自然资源禀赋的关系较大，从各省（自治区、直辖市）生态破坏损失的价值量来看，青海、湖南、四川、辽宁、河北等地生态破坏损失较大。2020 年，青海生态破坏损失价值最高，为 1819.9 亿元，主要由于青海省湿地人为破坏率较高，造成湿地生态系统损失价值较高，占其总生态破坏损失的 90.7%；湖南、辽宁、四川、河北等地生态破坏损失的价值量相对较大，分别为 922.7 亿元、442.6 亿元、393.2 亿元、388.2 亿元（表 5-7）。其中，湖南主要由于森林生态破坏损失价值较高，四川、辽宁、河北主要由于湿地生态破坏损失价值较高。海南、北京、天津等地生态破坏损失的价值量相对较小，均不足 10 亿元。

（2）西藏生态保护取得良好成效，江苏、湖北等地生态破坏损失增速快。

2008～2014 年，各地生态破坏损失成本均呈现增加趋势，广东、湖北、云南等地增长较快，增长幅度分别为 35%、34.7% 和 34.3%，新疆、青海、内蒙古等省区增长较慢，增长幅度分别为 15.8%、16% 和 19.5%。2015～2020 年，新疆、青海、西藏、云南、海南、广东、山东、福建、上海、山西、河北等地的生态破坏损失出现下降，下降幅度分别为 31.3%、0.5%、51.6%、3.8%、6.1%、26.3%、11.5%、9.4%、53.4%、6.1%、13.8%；而江苏、湖北等地的生态破坏损失增长较快，增长幅度分别为 69.6% 和 34.4%。

表 5-7　2008～2020 年全国生态破坏损失情况　　　（单位：亿元）

地区	2008年	2009年	2010年	2011年	2012年	2013年	2014年	2015年	2016年	2017年	2018年	2019年	2020年
北京	4.4	5.2	5.4	5.6	5.7	5.8	5.8	1.0	1.5	1.2	2.5	1.5	1.6
天津	6.4	7.4	7.7	8.1	8.2	8.4	8.5	0.7	1.0	1.0	1.4	1.1	1.3
河北	82.7	94.6	99.0	105.7	106.1	107.0	107.6	337.9	450.5	442.7	481.0	348.1	388.2
山西	218.8	237.7	247.2	263.3	207.5	266.6	268.0	32.2	45.1	34.1	55.7	39.6	42.4
内蒙古	407.1	432.2	456.6	499.2	493.0	489.7	486.6	194.5	264.6	186.3	306.7	278.3	314.4
辽宁	83.4	97.0	101.0	106.9	108.3	109.9	111.2	328.7	395.3	389.3	413.0	384.3	442.6
吉林	71.8	81.5	85.3	91.2	91.6	92.3	92.8	32.3	39.6	33.8	37.2	37.2	42.3
黑龙江	376.2	424.1	444.1	476.1	477.5	480.8	483.0	70.2	83.3	80.6	88.8	110.3	112.1
上海	5.4	6.2	6.4	6.8	6.9	7.0	7.1	27.0	25.9	25.8	25.7	22.0	12.1
江苏	57.6	67.0	69.5	73.1	74.1	75.2	76.0	115.8	129.3	124.2	125.3	193.8	219.2
浙江	70.3	81.4	84.8	89.8	90.8	92.0	92.9	59.8	55.0	52.2	53.5	59.8	73.2
安徽	26.8	31.1	32.4	34.2	34.6	35.1	35.5	80.7	88.5	71.0	80.8	70.6	108.6
福建	13.9	16.3	17.0	18.0	18.1	18.4	18.5	75.8	94.8	73.2	75.3	78.8	85.9
江西	27.0	31.3	32.6	34.6	35.0	35.5	35.8	249.4	277.9	228.4	217.1	257.8	329.7
山东	113.5	133.4	138.8	146.2	147.3	149.7	151.5	112.1	134.0	127.7	140.1	101.5	118.5
河南	122.4	144.2	150.6	159.1	160.2	162.0	163.3	47.2	64.5	56.6	78.1	61.6	77.2
湖北	136.8	162.0	169.3	179.2	180.6	182.7	184.3	37.0	44.8	44.2	44.5	35.0	60.2
湖南	126.7	148.2	154.2	162.7	163.8	166.8	168.5	679.5	758.6	743.7	707.4	817.5	922.7
广东	101.9	120.2	125.3	132.5	134.1	136.1	137.6	99.5	178.9	120.7	109.1	165.8	131.8
广西	135.6	158.0	165.1	175.2	176.2	177.8	178.9	170.6	162.6	187.8	158.4	165.1	190.1
海南	7.7	8.8	9.3	10.0	10.0	10.1	10.2	1.4	2.3	3.1	3.0	2.4	2.2
重庆	4.8	5.4	5.7	6.1	5.9	6.2	6.2	48.4	49.8	51.5	46.8	46.4	62.6
四川	195.9	212.1	224.1	243.6	238.9	239.1	237.8	306.4	345.7	324.1	408.4	338.0	393.2
贵州	57.0	66.0	68.9	73.1	73.3	74.2	74.7	96.0	97.5	109.0	92.5	101.3	125.2
云南	113.1	133.4	139.8	148.5	149.3	150.8	151.9	212.2	215.6	229.3	199.8	178.7	207.3
西藏	390.9	417.4	440.3	481.2	476.3	474.2	471.7	263.5	495.0	300.9	320.5	228.5	239.5
陕西	80.4	88.5	93.1	100.5	99.8	99.6	99.3	120.2	119.4	110.0	151.9	122.0	123.7
甘肃	166.8	179.3	189.2	205.9	203.9	203.0	202.2	66.2	92.8	76.8	150.9	104.6	109.4
青海	431.4	448.0	475.7	524.9	514.0	507.0	500.6	1669.8	1829.7	1795.4	1847.3	1669.6	1819.9
宁夏	20.9	23.0	24.2	26.1	26.0	26.0	25.9	7.8	8.8	8.3	15.1	10.9	11.3
新疆	140.3	145.7	154.9	171.1	167.2	164.7	162.5	177.0	301.8	207.6	245.1	203.8	207.2
合计	3798.1	4206.5	4417.4	4758.5	4684.8	4753.5	4756.2	5720.5	6854.1	6240.7	6682.9	6236.1	6975.4

第 6 章
区域生态产品总值核算

自我国践行"绿水青山就是金山银山"理念以来，各地逐步开展大量的生态产品总值核算实践。本章主要介绍生态环境部环境规划院在全国生态产品总值核算的基础上，根据编制完成的《陆地生态系统生产总值（GEP）核算技术指南》，逐步探索不同空间尺度生态产品总值核算关键参数的差异性，先后在西藏自治区、青海省祁连山区、内蒙古自治区兴安盟、河北省承德市、福建省武夷山市等省级尺度、市级尺度和县级尺度开展生态产品总值核算工作。从时间、空间、生态系统等多个维度，对生态产品总值进行核算。需要说明的是，由于地方实践是自 2015 年以来多年实践的结果，在核算概念、核算指标、核算方法、核算参数等多个方面都存在逐步改进、不断完善的过程。在总的框架体系基本一致的情况下，核算指标和方法略有差异。此外，本章所选案例的政策建议基于完成年份提出，可能存在与目前实际情况不一致的地方。

6.1 省级行政区域核算

6.1.1 西藏自治区

1. 核算框架

西藏自治区是青藏高原的主体，地形复杂，地貌类型多样，被誉为"世界屋脊""第三极""亚洲水塔"，是亚洲乃至东半球气候变化的"启动器"和"调节区"，在全球碳循环中起着重要碳汇的功能，是我国及东亚地区最重要的生态安全屏障。西藏自治区生态环境类型既有从热带到寒带的地带类型，又有从低山谷地到高原高山的垂直类型，同时还有原始状态下的自然生态系统和多样性的人工生态系统，这种独特的生态环境造就了世界上独一无二的高海拔特殊生态系统类型，在维护全球气候稳定、保障国家淡水资源安全、保护国家生物多样性等方面发挥着不可替代的作用。西藏不仅是我国重要的生态安全屏障，也是重要的战略资源储备基地、高原特色农产品基地、中华民族特色文化保护地和世界旅游目的地，其天然草原、森林蓄积量、水资源储量、河流湖泊分布以及水能资源都位居全国第一。利用遥感影像解译、土地调查、普查、清查、统计、监测、现场调查等多种数据源，对 2010 年和 2015 年西藏自治区森林、湿地、草地、农田、冰川等不同生态系统的实物量和价值量进行核算，核算框架见表 6-1。

表 6-1　西藏自治区生态产品总值核算指标

指标	森林	草地	湿地	农田	荒漠	城镇	冰川
产品供给	√	√	√	√	√	×	×
微气候调节	√	√	√	×	×	×	√
固碳	√	√	√	×	×	×	×
释氧	√	√	√	×	×	×	×
水质净化	×	×	√	×	×	×	×
空气净化	√	√	√	√	×	×	×
水源涵养	√	√	×	√	×	×	×
冰川径流调节	×	×	×	×	×	×	√
洪水调蓄	×	×	√	×	×	×	√
土壤保持	√	√	√	√	√	×	×
防风固沙	√	√	√	√	√	×	×
生物多样性保育	√	√	√	×	×	×	×
文化旅游	√	√	√	√	√	√	√

2. 生态系统现状与 NPP 评估

西藏自治区生态系统类型多样，拥有除海洋生态系统以外的几乎所有陆地生态系统类型，森林、湿地、草地、荒漠、冰川等生态系统均有分布（图 6-1），是世界上山地生物物种最主要的分化与形成中心，有高寒生物自然种质库之称，生物资源较为丰富，但高寒的自然条件使得西藏的生态系统呈现出脆弱性特征。西藏生态环境的脆弱性，主要表现在高原高寒环境下形成的植被生态系统具有生长期短和生态安全阈值幅度窄的特点。外界环境变化，如生长季干旱低温的出现、降水量下降、霜冻冰雹的发生或者降雪的提前，会对植被生长产生严重的影响、损伤和破坏，草地易退化成荒漠沙地。

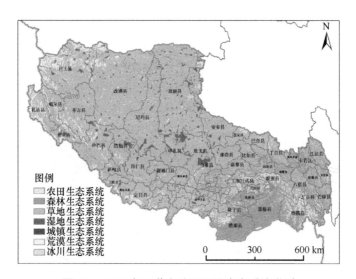

图 6-1　2015 年西藏自治区不同生态系统类型

西藏自治区草地生态系统面积占西藏自治区总面积的 70%以上，草地生态系统的生态质量状况很大程度上反映了西藏生态环境的总体状况。2010～2015 年，西藏草地生态系统的面积减少 50.8km^2，减少面积占草地总面积的 0.01%，但草地生态系统的 NPP 下降 11.2%（图 6-2）。草原退化主要分布于中西部地区，即那曲市、阿里地区的西北部，特别是阿里地区的改则县，那曲市的双湖县、安多县、尼玛县等地区，草地 NPP 的降低量超过 50%。这些区域生态环境脆弱，自然条件恶劣，草地质量相对较差，由于降水量的下降，局部蒸发量高，使其植被长势变差，导致草地植被蓄积的 NPP 减小。阿里和那曲生态系统极其脆弱，在西藏具有极其重要的生态战略地位，是境内外多条江河的源头，被誉为"万山之祖""百川之源"。阿里高原亚区气候寒冷干燥，属高寒草甸、草原区，生态系统极其脆弱，阿里地区的改则县、日土县和革吉县，那曲市的双湖县、尼玛县、班戈县都是国家重点生态功能区。

3. GEP 总体核算结果

西藏自治区 2010 年和 2015 年的 GEP 分别为 68980.8 亿元和 76591.3 亿元，

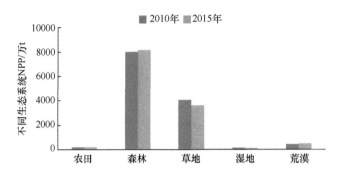

图6-2　2010年和2015年西藏自治区生态系统NPP

2015年比2010年提高11%；根据生态环境部环境规划院开展的全国其他30个省（自治区、直辖市）生态系统核算结果（见5.2节），西藏自治区生态系统提供的GEP位居全国第一。2010年和2015年西藏自治区绿金指数分别为133和76，也位居全国第一，根据生态环境部环境规划院的核算结果，2015年全国的绿金指数为0.89。2010年和2015年西藏自治区人均GEP分别为235.2万元和238.1万元，单位面积GEP均为0.06亿元/km²，西藏自治区人均GEP远高于其他省（自治区、直辖市）和全国平均水平。2015年，全国人均GEP为4.4万元，西藏自治区人均GEP是全国的54倍，位居全国第一。

4. 分生态系统核算结果

西藏自治区草地提供的GEP最大，2010年为32038.3亿元，2015年为38035.7亿元，占比分别为46.4%和49.7%。其次是森林生态系统、湿地生态系统和冰川生态系统，2015年这三类生态系统提供的GEP分别为23196.8亿元、8845.4亿元和5926.1亿元，占比分别为30.3%、11.5%、5.3%。冰川消融导致冰川生态系统提供的GEP有所降低，由2010年的8732.7亿元下降到2015年的5926.1亿元，降低了32%（图6-3）。

从不同生态系统单位面积提供的GEP来看，冰川生态系统和湿地生态系统相对较高。2010年和2015年，冰川生态系统单位面积GEP为4199万元/km²和2849万元/km²；湿地生态系统单位面积GEP为1914万元/km²和1827万元/km²；森林生态系统为1148万元/km²和1436万元/km²；荒漠生态系统单位面积提供的GEP较小，2010年和2015年分别为21万元/km²和32万元/km²。冰川生态系统单位面积GEP大，主要由于冰川的径流调节量大。冰川对径流调节的功能主要体现在改变降水–径流的年内分布，寒冷季节以降雪的形式将水资源蓄积在冰川和积雪中，产流量少；在温暖季节，一方面以降雨的形式落到冰川和积雪覆盖地区，产流系数相对其他土地利用来说较大，另一方面冰川和积雪表面温度高于冰雪融化温度，自身也将产生一部分流量，增加了径流的产生量。此外，在全球变暖背景下，青藏高原升温效应比其他地区更为显著，冰川面积也呈现退缩趋势，退缩的冰川也贡献一部分径流。

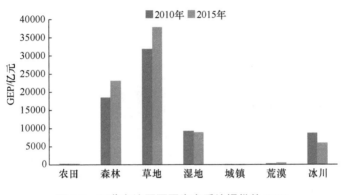

图 6-3　西藏自治区不同生态系统提供的 GEP

5. 分区域核算结果

西藏自治区 GEP 受生态环境自然禀赋条件差异的影响，其 GEP 空间分布不均，主要分布在林芝市、那曲市和阿里地区，其 GEP 均在 10000 亿元以上，拉萨市 GEP 较低，2010 年和 2015 年分别为 1843.7 亿元和 2330.9 亿元（图 6-4）。从单位面积 GEP 来看，2015 年林芝市单位面积 GEP 为 1433 万元/km^2，其次是山南市和昌都市，分别为 908 万元/km^2 和 897 万元/km^2。阿里地区最低，为 379 万元/km^2。

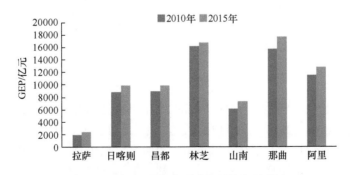

图 6-4　2010 年和 2015 年西藏自治区各地的 GEP

从区县来看，2015 年那曲双湖县、阿里日土县、林芝墨脱县和山南错那市人均 GEP 较高，均在 2000 万元以上。西藏自治区共有 74 个县（市、区），属于国家重点生态功能区的县市有 9 个，包括阿里地区改则县、革吉县、日土县，那曲市班戈县、尼玛县、双湖县，林芝市察隅县、墨脱县，山南市错那市。2015 年，这 9 个县市提供的 GEP 为 33726 亿元，占西藏自治区 GEP 的 44%。

6. 基于 GEP 核算的生态补偿标准研究

1）生态补偿范围

对于重点生态功能区，主要对其森林生态系统、草地生态系统和湿地生态系统进行生态补偿。考虑到西藏是畜牧业大省，为实施"以草定畜"补偿机制，在自治区农产品主产区主要对草地生态系统进行生态补偿。这三种生态系统都以其产生的水源涵养、固碳释氧、防风固沙生态价值为基准，确定其生态补偿范围。

水源涵养功能是西藏自治区生态补偿的重点，西藏的河流体系主要包括羌塘地区水系、国际河流（雅鲁藏布江、怒江、澜沧江等）水系和长江源头水系三部分。在水源涵养功能中，羌塘地区的水源涵养占比为 18.5%，主要服务于西藏自治区自身的径流调节，基本不对其他地区产生正外部性，不考虑对其进行生态补偿。国际河流（雅鲁藏布江、怒江等）水系占比为 77%，主要服务于东南亚地区。从生态补偿的可实施性来看，目前西藏自治区水源涵养补偿依据中应重点考虑长江源头的水源涵养功能，以后可以逐步考虑国际河流生态补偿的可能性。

2）理论生态补偿金额[①]

如果只考虑长江源头的水源涵养以及西藏自治区固碳释氧、防风固沙产生的生态效益正外部性，2010 年西藏自治区应给予生态补偿的 63 个县市的生态补偿额为 658 亿元，2015 年为 622 亿元。其中，国家重点生态功能区所在 9 个县市的生态补偿额 2010 年为 328 亿元，占全部生态补偿额的比重为 49.9%；2015 年为 279 亿元，占比为 44.8%（图 6-5）。自治区级重点生态功能区所在的 22 个县市的生态补偿额在 2010 年为 198.4 亿元，占比为 30.1%；2015 年为 225.5 亿元，占比为 36.3%。自治区农产品主产品区所在的 32 个县市生态补偿额在 2010 年为 131.4 亿元，占比为 20%；2015 年为 117.5 亿元，占比为 18.9%。从 63 个县市的生态补偿标准来看，双湖县、改则县、错那市、墨脱县、尼玛县等国家重点生态功能区的生态补偿标准相对较高，生态补偿金额都高于 39 亿元以上。

---

① 理论生态补偿金额=长江源头水源涵养价值+防风固沙价值+固碳释氧价值。

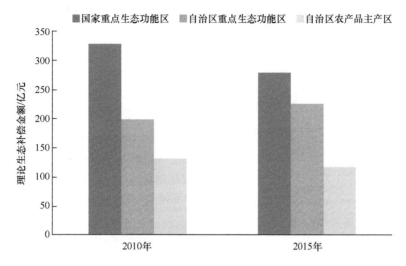

图 6-5 西藏自治区重点生态功能区理论生态补偿金额

从森林生态系统、草地生态系统、湿地生态系统和农田生态系统分析西藏自治区 63 个县市的生态补偿情况。2010 年，西藏自治区重点生态功能区森林生态系统理论生态补偿金额为 162 亿元，草地生态系统理论生态补偿金额为 489 亿元，湿地生态系统理论生态补偿金额为 7 亿元。2015 年，西藏自治区重点生态功能区森林生态系统、草地生态系统、湿地生态系统的理论生态补偿金额分别为 191 亿元、425 亿元、6 亿元。

3）实际的生态补偿金额

2008 年，国家开始对西藏国家重点生态功能区进行财政转移支付，当年中央投入 1.96 亿元用于西藏国家重点生态功能区转移支付，此后每年这一资金持续增加，2013 年支付资金高达 9.07 亿元，对涉及国家重点生态功能区的 9 个县市进行了补偿。根据财政部下达的中央财政转移支付分配表可知，2018 年西藏重点生态功能区获得的生态补偿金额为 18.46 亿元，2019 年西藏重点生态功能区获得的生态补偿金额为 16.61 亿元，其中用于支持"三区三州"脱贫攻坚的补偿金额为 4.4 亿元，主要分布在日喀则市、昌都市和那曲市。剩余的 12.21 亿元主要用于西藏自治区属于国家级的 9 个重点生态功能县市和 9 个自治区级的生态功能县市。2015 年，西藏自治区重点生态功能区转移支付资金 11.44 亿元，2014 年为 10.83 亿元。西藏自治区生态功能区的生态补偿小于基于 GEP 计算的生态补偿金额，建议根据 GEP 核算结果、结合现行补偿标准，对西藏自治区的生态补偿标准进行调整。

4）理论生态补偿标准计算

根据计算出的西藏自治区 2010 年和 2015 年理论生态补偿金额和西藏自治区各县区不同生态系统的土地利用面积，核算出西藏自治区不同生态系统单位面积的理论生态补偿标准。计算结果显示，国家重点生态功能区和自治区重点生态功能区单位面积的生态补偿标准基本接近。2010 年，西藏自治区国家重点生态功能区森林生态系统的理论生态补偿标准为 41 元/亩[①]，2015 年为 44 元/亩；自治区级重点生态功能区森林生态系统的理论生态补偿标准分别为 83 元/亩和 96 元/亩。国家重点生态功能区草地生态系统的理论生态补偿标准 2010 年为 31 元/亩，2015年为 28 元/亩；自治区级重点生态功能区草地生态系统的理论生态补偿标准分别为 60 元/亩和 70 元/亩。国家重点生态功能区湿地生态系统 2010 年的理论生态补偿标准为 17 元/亩，2015 年为 16 元/亩；自治区级重点生态功能区湿地生态系统的理论生态补偿标准分别为 8 元/亩和 9 元/亩。自治区农产品主产区草地生态系统2010 年和 2015 年理论生态补偿标准分别为 36 元/亩和 37 元/亩（表 6-2）。由于国家重点生态功能区主要分布在阿里和那曲等生态脆弱和敏感区，自治区重点生态功能区主要分布在日喀则、山南和林芝等生态功能突出地区，所以自治区重点生态功能区理论生态补偿标准高于国家重点生态功能区。根据本研究 GEP 计算得到不同生态系统的生态补偿标准可作为西藏自治区修改其生态补偿标准的参考之一。

表 6-2   西藏自治区不同生态系统生态补偿标准建议值   （单位：元/亩）

类别	2010 年			2015 年		
	森林	草地	湿地	森林	草地	湿地
国家重点生态功能区	41	31	17	44	28	16
自治区重点生态功能区	83	60	8	96	70	9
自治区农产品主产区	0	36	0	0	37	0

目前，西藏草地生态系统基本按照 10 元/亩进行补贴；在森林生态系统中，国家公益林按照 7 元/亩，个人和集体所有按照 15 元/亩；湿地生态系统按照 6 元/亩。通过本研究的核算结果，建议提高西藏自治区生态补偿标准，森林生态系统、草地生态系统和湿地生态系统分别按照 40 元/亩、30 元/亩和 15 元/亩进行补贴。

7. 关于健全西藏自治区生态补偿政策的建议

（1）逐步提高西藏自治区生态补偿金额，扩大生态补偿范围。西藏是亚洲乃

---

① 1 亩≈666.7m²。

至东半球气候变化的"启动器"和"调节区"，在维护气候稳定、保障淡水资源安全、保护生物多样性等方面发挥着不可替代的作用。而且西藏集高海拔地区、边疆少数民族地区、集中连片特困地区于一体，资源匮乏、地方病多发、文化水平低、观念陈旧，导致贫困程度深，74 个县（市、区）均为经济相对落后区。西藏地区生态补偿不仅对地区生态环境保护发挥重要作用，对稳定脱贫攻坚效果也发挥积极作用。根据 2018 年国家 31 个省（自治区、直辖市）财政转移支付资金，西藏自治区获得的生态补偿金额在全国 31 个省（自治区、直辖市）排名仅为第 20 名，与其生态环境的重要性和稳定脱贫攻坚效果的迫切必要性都不相符合。考虑到西藏自治区生态屏障的重要性和脱贫攻坚的艰巨性，国家应该进一步加大对西藏重点生态功能区的生态补偿金额。

基于 GEP 核算的西藏生态补偿金额应为 600 亿元左右，但现在西藏享受到国家生态补偿金额仅为 80 亿元左右，生态补偿金额相对较低，生态价值实现程度较低。同时，西藏生态补偿范围主要集中在西藏自治区的国家级重点生态功能区，2016 年才逐步扩大到自治区级重点生态功能区的范围中，目前生态补偿范围主要在 36 个县市。按照《全国主体功能区规划》，西藏有 45 个县市纳入国家禁止和限制开发区域，面积约占全国禁止和限制开发区域面积的 1/5。按照《中央对地方重点生态功能区转移支付办法》，西藏应有 63 个县市都纳入生态补偿范围，对西藏自治区生态环境保护较好的县市给予奖励性补助。因此，建议逐步提高西藏自治区生态补偿金额，扩大生态补偿地域范围。

（2）整合西藏生态补偿资金渠道，完善生态补偿标准。目前，西藏生态补偿资金包括森林生态效益补偿资金、天然林保护补助资金、重点区域造林资金、退耕还林还草补助资金、防沙治沙资金、草原生态保护补助奖励资金、湿地生态效益补偿、国家级自然保护区补助资金、停伐补助以及重点生态功能区转移支付资金。2013～2019 年，西藏共获得生态补偿金额 453.3 亿元。2018 年，西藏获得生态补偿金额 80.3 亿元，占其 GDP 的 5.4%。在西藏生态补偿金额中，重点生态功能区转移支付和草原生态保护补助奖励资金获得的生态补偿金额最高，2019 年，重点生态功能区获得的生态补偿为 18.78 亿元，草原生态保护补助奖励资金为 32.1 亿元。西藏生态补偿资金类型较多，不同生态补偿资金之间存在补偿资金重复问题。国家层面也正在考虑如何整合生态补偿资金，让其减免重复还能最大化地发挥作用。西藏作为我国重要的生态屏障，其生态补偿应以促进重点生态功能区生态效益的有效提高为主要目标。

建议国家重点生态功能区转移支付的确定仍以"县域"为基本单位来计算补偿金额。同时，对于西藏这种生态功能突出的地方，建议生态补偿标准按照不同类型生态系统单位面积提供的 GEP 为基础，结合区域间的收入水平，制定不同类型生态系统的生态补偿标准，实现西藏自治区生态补偿整合的总体要求。

（3）加强生态补偿与经济发展的关联度，提高补偿资金利用效率。《建立市场化、多元化生态保护补偿机制行动计划》提出，在生态功能重要、生态资源富集的贫困地区，加大投入力度，提高投资比重，积极稳妥发展生态产业，将生态优势转化为经济优势。围绕生态保护建设，建议设立林业生态保护、草原生态保护、水生态保护（含村级水管员）、农村公路养护、旅游厕所保洁、村级环境监督、地质灾害群防群测等多种岗位，引导有劳动能力的农村低保人员、低收入农牧民就地转成生态保护人员，参与生态环境保护和建设，提高农牧民收入。

为进一步精准生态补偿农牧民就业岗位管理，激发低收入农牧民人口致富内生动力，制定相关的生态补偿低收入农牧民就业岗位管理办法。实化、细化本地生态补偿低收入农牧民就业岗位实施细则。研究确定低收入群众界定标准，明确享受生态补偿低收入农牧民岗位的低收入范围。建立严格、规范、透明的岗位退出机制，以及岗位对象所承担的具体任务指标，避免出现政策福利化问题和助长"等靠要"思想，让生态补偿资金用到实处，成为西藏自治区低收入人口提高收入的政策之一，让西藏农牧民吃上"生态饭"，真正体现"绿水青山就是金山银山"的生态文明思想。

（4）加大对西藏生态环境保护力度，加快生态产品市场化多元化。西藏自治区生态功能重要、生态资源富集，但同时也是经济相对落后、生态相对脆弱的地区，全球气候变暖已经使西藏自治区自然生态系统出现冰川退缩、高原冻土下界上升、冻融消融作用加强，进而诱发草地退化、土地荒漠化等生态环境问题，需进一步加大对西藏自治区基础设施和公共服务设施的投资力度；重点通过天然草地保护工程、森林防火及有害生物防治工程、野生动植物保护及保护区建设工程、重要湿地保护工程、防护林体系建设工程、防沙治沙工程、水土流失治理工程等措施的实施，加大生态环境保护力度，提升生态灾害防治能力，降低生态环境风险，提高生态环境效益；建议西藏自治区通过生态综合补偿试点，构建资金补偿、对口协作、产业转移、人才培训、共建园区等多种生态保护补偿关系；健全无公害农产品、绿色食品、有机产品认证制度和地理标志保护制度，实现生态产品优质优价。完善环境管理体系、能源管理体系、森林生态标志产品和森林可持续经营认证制度，建立健全获得相关认证产品的绿色通道制度；完善绿色产品标准、认证和监管等体系，发挥绿色标识促进 GEP 价值实现的作用。

（5）开展西藏生态补偿绩效评估，健全生态补偿配套制度。生态补偿的根本目的是更好地保护生态环境，实现可持续发展。通过建立生态补偿机制，实施生态补偿绩效评估，可以充分发挥政策的引导和激励作用，调动广大农牧民开展生态保护与建设的积极性、主动性、创造性和责任性；推进草地、自然保护区等各项生态环境保护制度的落实，更好地协调生态环境保护与利用的关系，兼顾生态、经济及社会效益；逐步确立生态环境与自然资源"利用有价"的理念，规范开发利用行为，营造全民参与生态环境保护的良好社会氛围；推动地方各级政府调整资源开发和生态保护的思路，进一步推进生态建设。

西藏自治区需进一步健全生态保护补偿绩效考核评价机制，加大绩效评价结果的运用；加强森林、草原、湿地、水流、耕地等生态监测能力建设，完善水土保持、水文水资源监测站网络布局，加强草原生态监测能力建设，全面开展耕地环境污染监测；完善重点生态功能区、重要江河湖泊水功能区监控点位布局和自动监测网络，制定和完善监测评估指标体系；研究建立生态补偿统计指标体系和信息发布制度，加强生态保护补偿效益评估；按照党中央统一部署，积极贯彻落实《中华人民共和国环境保护税法》，逐步将资源税征收范围扩展到占用各种自然生态空间，允许相关收入用于开展相关领域生态保护补偿；建立完善政府引导、市场推进、社会公众广泛参与的生态保护补偿投融资机制；完善生态保护成效与资金分配挂钩的激励约束机制，加强对生态保护补偿资金使用的监督管理。

6.1.2 青海省祁连山区

1. 核算框架

祁连山是我国重要的生态功能区，生态地位突出。2010 年，国务院常务会议第 126 次会议审议通过的《中国生物多样性保护战略与行动计划》（2011～2030年）中，祁连山区被确定为我国 35 个生物多样性保护优先区域之一。2010 年 12月，国务院发布的《全国主体功能区规划》将祁连山冰川与水源涵养生态功能区确定为全国 25 个重要生态功能区之一，并划为限制开发区，将国家级自然保护区划为禁止开发区。2012 年 2 月，国务院批复的《西部大开发"十二五"规划》将祁连山区纳入"青藏高原江河水源涵养区"，确定为西部地区的重点生态区，指出要"开展以提高水源涵养能力为主要内容的综合治理，保护草原、森林、湿地和生物多样性，扎实推进三江源国家生态保护综合试验区、祁连山水源涵养区和西藏等生态安全屏障保护与建设。"

青海祁连山区河流纵横，湿地广布，冰川存量大，孕育了丰富的草原、灌木丛以及部分针叶林，呈现出典型的高原复合生态系统。祁连山区是西北地区极其重要的生态区，是内陆河流石羊河、黑河和疏勒河的发源地和径流形成区，是河西走廊、河湟地区、青海湖盆地、柴达木盆地最重要的淡水供给地，对维系甘肃河西绿洲和内蒙古西部绿洲的水源具有重要作用。祁连山区是国家冰川与水源涵养重点生态功能区，其水资源调蓄、水源涵养、水土保持和水量供给的生态系统服务功能显著，是维护周边生态系统稳定、阻隔西部荒漠生态系统侵入的重要生态功能区。2019年，习近平总书记在河南主持召开的黄河流域生态保护和高质量发展座谈会上提出，黄河生态系统是一个有机整体，要充分考虑上中下游的差异。上游要以三江源、祁连山、甘南黄河上游水源涵养区等为重点，推进实施一批重大生态保护修复和建设工程，提升水源涵养能力。

祁连山地处青藏高原东北部，为我国著名的高大山系之一，地跨青海、甘肃两省，研究区域位于青海省境内祁连山地区，与甘肃省祁连山区分处祁连山两侧，地理范围为29.21°N～35.81°N，96.94°E～103.09°E，祁连山区东部和北部至青海、甘肃两省省界，西到赛什腾山，接当金山口，南到祁连山支脉宗务隆山、青海南山和拉脊山。研究区下辖8个县区，包括属于海东市的民和回族土族自治县（简称民和县）、互助土族自治县（简称互助县）和乐都区，属于海北藏族自治州（简称海北州）的祁连县、刚察县、海晏县和门源回族自治县（简称门源县）以及属于海西蒙古族藏族自治州（简称海西州）的天峻县，见图6-6，研究区总面积约为67725.65km²，约占青海省总面积的9.72%。

研究核算基准年为2011年、2015年和2017年。根据科学性与规范性统筹的原则，本书主要参考联合国制定的《实验性生态系统核算》手册与国家林业和草原局制定的《森林生态系统服务功能评估规范》，将项目区共分为农田、森林、草地、湿地、城镇和荒漠六类生态系统。针对以草地为主要生态系统类型的特点，提出核算框架，见表6-3。

2. 生态系统现状与 NPP 评估

1）生态系统构成

青海祁连山区地处高寒地带，气候恶劣，自然条件严酷，不同的生态系统类

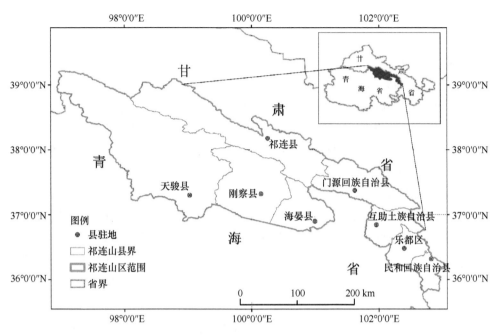

图 6-6　青海祁连山区空间位置与所辖县区

表 6-3　青海祁连山区 GEP 核算框架

指标	农田	森林	草地	湿地	城镇	荒漠
产品供给	√	√	√	√	√	×
气候调节	×	√	√	√	×	×
固碳	×	√	√	√	√	×
释氧	×	√	√	√	√	×
土壤保持	√	√	√	√	√	√
防风固沙	√	√	√	√	√	√
水质净化	×	×	×	√	×	×
大气净化	√	√	√	×	×	×
水源涵养	√	√	√	√	×	×
洪水调蓄	×	×	×	√	×	×
生物多样性保育	√	√	√	√	×	×
文化服务	√	√	√	√	×	×

型均表现出特有的复杂性和脆弱性，自我维持能力和受到外界干扰后的修复能力较差，生态环境的敏感性和不稳定性突出，是我国生态环境十分脆弱的地区之一。

从生态系统质量的角度来看，祁连山区自然生态系统在生物量、植被覆盖度、净初级生产力等生态质量参数方面均处于同类生态系统的低或较低等级。祁连山区生态系统以草地为主，面积占比为61.44%，但草地质量整体不高，以高寒草甸植被为主，中部牧草长势偏差，西部牧草长势一般，东部牧草长势较好；优良级草地占总面积不足40%，中和差级草地比例分别在10%和15%左右。祁连山区森林面积相对较少，2017年森林面积为8338.65km^2，占比为12.3%，但优良级的森林面积不到4%，单位面积蓄积量和生产力均处于较低水平，且仅分布在东部、南部水热条件适宜的高山林线以下地带（表6-4和图6-7）。2017年，青海祁连山区中，55.96%的面积生态环境状况等级为"一般"，5.55%的面积生态环境状况等级为"较差"，生态系统总体质量偏低。从空间上看，青海祁连山大通河流域干流区与河源区、黑河流域河源区、青海湖北部汇水区的植被覆盖均以中高覆盖为主，疏勒河–哈拉湖汇水区的植被覆盖类型以低覆盖为主。根据青海祁连山区的土地利用调查数据，将区域划分为六大生态系统，即农田生态系统、森林生态系统、草地生态系统、湿地生态系统、城镇生态系统和荒漠生态系统。

表 6-4　青海祁连山区各类生态系统面积统计　　　　（单位：km^2）

生态系统类型	土地利用二级类型	2011 年	2015 年	2017 年
农田生态系统	合计	3211.18	2818.72	2808.58
	山地旱地	2048.65	2058.20	2052.35
	平原旱地	1162.53	760.53	756.22
森林生态系统	合计	7878.29	8340.02	8338.65
	有林地	1384.99	2477.77	2474.17
	灌木林	6217.10	5402.09	5400.81
	疏林地	272.68	156.21	159.25
	其他林地	3.51	303.96	304.42
草地生态系统	合计	42857.20	41638.86	41609.18
	高覆盖度草地	28414.29	25706.05	25689.15
	中覆盖度草地	5870.27	5799.61	5788.11
	低覆盖度草地	8572.64	10133.20	10131.92
湿地生态系统	合计	5371.37	5556.94	5586.89
	河渠	687.10	714.69	713.79
	湖泊	2019.90	2093.23	2093.22
	水库坑塘	7.35	30.56	54.37
	沼泽地	1613.15	1500.25	1499.70
	永久性冰川/雪地	593.45	486.54	486.54
	滩地	450.44	731.67	739.25

续表

生态系统类型	土地利用二级类型	2011 年	2015 年	2017 年
城镇生态系统	合计	278.15	879.87	885.88
	城镇用地	32.36	60.13	57.96
	农村居民点	109.58	290.61	292.06
	其他建设用地	136.20	529.13	535.86
荒漠生态系统	合计	8129.46	8491.24	8496.47
	沙地	383.28	294.72	294.72
	戈壁	15.03	18.17	17.75
	盐碱地	0.46	0	0
	裸土地	24.48	48.17	48.13
	裸岩石质地	7705.54	8130.19	8135.88
	其他	0.67	0	0
总计		67725.65	67725.65	67725.65

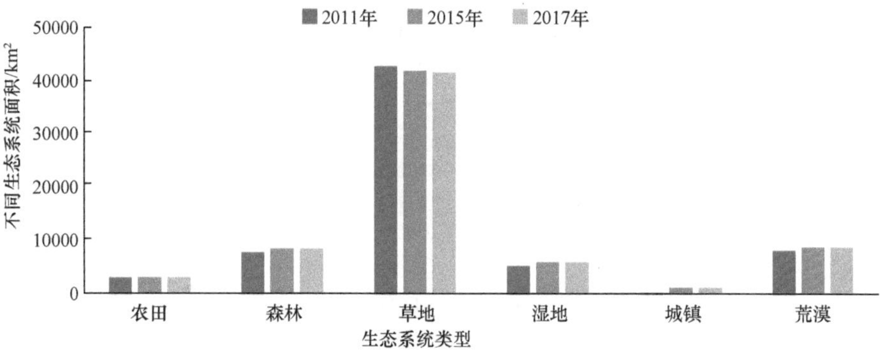

图 6-7　青海祁连山区各类生态系统面积

从表 6-4 中各类生态系统和土地利用二级分类来看，草地生态系统面积最大，2011 年、2015 年、2017 年的面积分别达到42857.20 km^2、41638.86 km^2 和41609.18km^2，比例均超过核算区面积的 60%，中高覆盖度草地面积最大，2010~2015 年中高覆盖度草地面积减少，低覆盖度草地面积增加，草地整体呈现下降趋势。荒漠生态系统面积仅次于草地，其次是森林生态系统，森林面积从 2011 年的 7878.29 km^2 增加到 2017 年的 8338.65 km^2，其中增加最为明显的是有林地，尤其是 2011~2015 年增加面积超过 1000km^2。湿地面积在评估期内处于平缓增加趋势，但湿地中的永久性冰川/雪地面积呈下降趋势，减小了 106.91 km^2。荒漠整体上基本稳定，表现出裸岩石质地面积增加的趋势。农田面积较少且整体呈现下降趋势，山地旱地基本维持稳定，但平原旱地面积缩减明显。随着经济的发展，城镇会不可避免地侵占其他生态系统，各种建设用地的增多导致城镇生态系统面积一直处于增长趋势。

2）行政区域生态系统构成

在空间上，青海祁连山区的农田生态系统主要分布在东部县区，尤其以互助县和民和县面积最大，2011～2017 年两县农田总面积均超过全区农田总面积的55%。森林生态系统主要分布在祁连县、门源县和刚察县。草地是分布最广的生态系统类型，西部的天峻县和祁连县是草地主要的分布区，刚察县南部区域也有大面积的草地分布，而东部的互助县、乐都区和民和县草地面积较小。湿地生态系统除了青海湖外，其他湿地主要分布在中西部县区，以刚察县和天峻县最广。荒漠分布范围较为零散，以天峻县、祁连县和门源县最广。各县区主要生态系统类型面积见表 6-5、图 6-8。

表 6-5　青海祁连山区各县区主要生态系统类型面积统计　（单位：km^2）

县区	农田			森林			草地		
	2011 年	2015 年	2017 年	2011 年	2015 年	2017 年	2011 年	2015 年	2017 年
天峻县	0.00	5.33	5.75	396.91	437.26	437.27	19243.59	18842.67	18844.00
祁连县	55.49	30.92	30.83	2414.71	2089.93	2089.80	8406.65	8471.87	8467.68
刚察县	269.50	254.78	255.95	1425.90	1467.47	1467.63	5823.51	5598.44	5592.16
门源县	636.43	491.03	487.28	1176.20	1635.65	1631.39	3323.75	2894.86	2887.35
海晏县	88.21	79.24	79.16	592.64	471.57	471.53	2628.63	2729.75	2726.67
互助县	1072.15	893.22	890.72	1155.37	1112.38	1114.21	1057.93	1168.55	1164.34
乐都区	378.34	404.03	403.12	525.14	744.24	745.05	1498.90	1245.02	1241.99
民和县	711.04	660.17	655.76	191.42	381.51	381.77	874.26	687.71	685.00
总计	3211.18	2818.72	2808.58	7878.29	8340.02	8338.65	42857.20	41638.86	41609.18

县区	湿地			城镇			荒漠		
	2011 年	2015 年	2017 年	2011 年	2015 年	2017 年	2011 年	2015 年	2017 年
天峻县	1924.23	1900.03	1899.89	51.63	100.71	99.51	4000.14	4316.75	4316.33
祁连县	820.54	934.77	935.82	9.24	59.70	63.06	2229.62	2324.79	2324.79
刚察县	1757.56	1749.30	1757.48	48.35	186.07	177.16	343.42	383.80	389.48
门源县	190.97	231.50	253.32	40.04	127.54	121.24	1025.83	1006.21	1006.21
海晏县	631.52	672.67	672.66	36.40	98.44	101.66	456.50	391.01	391.01
互助县	10.95	30.47	30.31	31.33	138.80	143.85	12.77	10.44	10.43
乐都区	13.32	15.03	14.25	43.97	66.91	70.80	13.89	9.21	9.22
民和县	22.28	23.17	23.15	17.21	101.70	108.60	47.31	49.04	49.01
总计	5371.37	5556.94	5586.89	278.15	879.87	885.88	8129.46	8491.24	8496.47

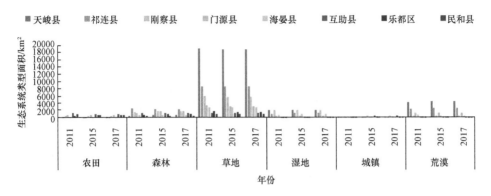

图 6-8 青海祁连山区各县区主要生态系统类型面积

3）生态系统 NPP 变化趋势

净初级生产力（NPP）是生态系统中绿色植被用于生长、发育和繁殖的能量值，也是生态系统中其他生物成员生存和繁衍的物质基础。2010～2017 年，青海祁连山区 NPP 总量呈现出缓慢增加的趋势，与区域植被覆盖逐年好转呈现出正相关性。其中，森林生态系统 NPP 增长，草地和湿地生态系统中的植被长势呈现略微下降的趋势。2017 年，总 NPP 量为 1305.35 万 t，草地和森林为蓄积 NPP 的主要生态系统类型，其中草地占比为 61.86%，总量为 807.47 万 t；森林占比为 17.52%，总量为 228.70 万 t。各类生态系统类型 NPP 比例及变化趋势见图 6-9。

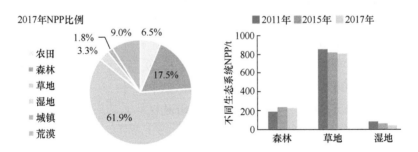

图 6-9 青海祁连山区各类生态系统类型 NPP 比例及变化趋势

对青海祁连山区各县区的 NPP 进行统计，由于天峻县、祁连县和刚察县森林和草地植被覆盖相比其他县区较广，县域面积也较大，所以其 NPP 总量较高，天峻县核算年 NPP 占比均超过区域总量的 25%，祁连县也超过 20%。青海祁连山区的单位面积 NPP 空间分布差异性较大，整体呈现出从西向东逐渐增加的趋势。单位面积 NPP 与植被覆盖度有关，有农田和森林分布的区域，植被覆盖度相对高于草地区域，即在空间上表现为东部县区的单位面积 NPP 值高于西部。青海祁连山区各县区 NPP 总量统计见表 6-6。

表 6-6   青海祁连山区各县区 NPP 总量统计   （单位：万 t）

县区	2011 年	2015 年	2017 年
天峻县	336.12	327.33	374.95
祁连县	281.11	292.24	267.33
刚察县	189.83	187.38	195.53
门源县	160.27	160.35	161.93
海晏县	90.74	91.80	92.70
互助县	101.91	103.48	112.00
乐都区	61.84	60.89	54.97
民和县	48.82	49.63	45.94
总计	1270.64	1273.12	1305.35

3. GEP 核算结果

1）青海祁连山区 GEP 逐年增加，人均生态系统服务价值高

青海祁连山区 2011 年、2015 年和 2017 年的 GEP 分别为 3610.2 亿元、3882.4 亿元和 4207.6 亿元，2017 年比 2011 年提高 16.5%；同期，祁连山区 GDP 分别为 250.71 亿元、349.77 亿元和 382.51 亿元。2011 年、2015 年和 2017 年祁连山区 GEP 与 GDP 的比值分别为 14.4、11.1 和 11。青海祁连山区 2011 年、2015 年和 2017 年人均 GEP 分别为 26.2 万元、27.5 万元和 29 万元，单位面积 GEP 分别为 500 万元/km^2、600 万元/km^2 和 600 万元/km^2。通过对已掌握的不同区域的研究结果进行梳理（表 6-7），发现祁连山区人均 GEP 仅低于武夷山市，高于其他地区和全国的平均水平。2015 年，全国人均 GEP 为 5.3 万元，祁连山区 2017 年的人均 GEP 是 2015 年全国平均水平的 5.5 倍。

2）青海祁连山区气候调节、水源涵养及生物多样性功能生态价值高

祁连山区 1980 年被国务院批准为我国重要水源涵养林区，2010 年，再次将祁连山水源涵养生态功能区确定为全国 25 个重要生态功能区和 35 个生物多样性保护优先区域之一，是我国西部重要的生态安全屏障，是冰川与水源涵养国家重点生态功能区，具有维护青藏高原生态平衡，阻止腾格里、巴丹吉林和库姆塔格三个沙漠南侵，维持河西走廊绿洲稳定，以及保障黄河和内陆河径流补给的重要功能。

表 6-7　不同地区 GEP 核算结果对比表

地区	年份	GEP/亿元	人均 GEP/万元	单位面积 GEP/（万元/km²）
祁连山区	2017	4207.6	29.0	600.0
武夷山市	2015	2219.9	96.6	790.0
厦门市	2015	1210.0	3.1	710.0
南平市	2015	6202.6	19.4	2400.0
贵州省	2010	20013.5	5.8	1100.0
昆明市	2003	248.8	0.5	100.0
青海省	2012	7300.8	12.7	100.0
福州市	2007	743.8	1.7	600.0
重庆市	2010	4621.2	1.6	600.0
全国	2015	728012.7	5.3	800.0

　　从青海祁连山区 GEP 具体生态功能指标来看，祁连山区气候调节、水源涵养、生物多样性保育、防风固沙、土壤保持等服务指标占比相对较高。2011～2017 年，气候调节价值由 2604.6 亿元增长到 3041.6 亿元，占 GEP 的比例均在 70%左右，其次为生物多样性保育、水源涵养、土壤保持和防风固沙，2017 年以上四项服务功能价值占比分别为 9.03%、6.03%、3.61%和 4.19%。2011～2017 年生物多样性保育价值逐年提高，由 284 亿元提高到 379.8 亿元，增长 33.8%。祁连山区产品供给服务和文化服务占比仅为 3.63%（表 6-8），如果把产品供给服务和文化服务占

表 6-8　2011 年、2015 年和 2017 年祁连山区 GEP

分类	服务功能	GEP/亿元			比例/%		
		2011 年	2015 年	2017 年	2011 年	2015 年	2017 年
产品供给	产品供给	60.2	91.3	98.1	1.67	2.35	2.33
调节服务	固碳	1.4	1.1	1.6	0.04	0.03	0.04
	释氧	40.8	44.3	43.8	1.13	1.14	1.04
	土壤保持	226.9	247.5	151.8	6.28	6.37	3.61
	防风固沙	183.9	144.9	176.3	5.09	3.73	4.19
	气候调节	2604.6	2683.3	3041.6	72.2	69.1	72.3
	水质净化	5.0	4.7	2.7	0.14	0.12	0.07
	大气净化	1.0	1.0	0.7	0.03	0.02	0.02
	水源涵养	192.4	254.8	253.7	5.33	6.56	6.03
	洪水调蓄	2.1	2.4	2.9	0.06	0.06	0.07
	生物多样性保育	284.0	376.1	379.8	7.87	9.69	9.03
文化服务	文化服务	7.9	31.1	54.7	0.22	0.80	1.30
GEP		3610.2	3882.4	4207.6			

比定义为"绿水青山"向"金山银山"的两山转化指数，祁连山区两山转化指数较低，一方面说明祁连山区生态功能突出，另一方面也反映出祁连山区经济相对落后，需要深化拓展创新生态文明建设的思路举措，护美绿水青山、做大金山银山，进一步打通"绿水青山"向"金山银山"的转化通道，不断丰富发展经济和保护生态之间的辩证关系，打造"两山"实践的全国标杆和示范地。

3）青海祁连山区冰川退化明显

祁连山冰川作为山地储水供水的中心，担负着河西走廊经济社会可持续发展、确保丝绸之路经济带畅通的"固体水库"重任。"青海省冰川冻土现状与变化趋势报告"显示，青海祁连山二次编目冰川相比一次编目冰川条数减少了 125 条，面积减少了 198.22km²；2016 年相比二次编目冰川条数减少了 16 条，面积减少了 23.36km²。自古以来，祁连山区在水源涵养、调节气候、保障流域生态安全与可持续发展等方面发挥着极其重要的作用。"雪山千仞，松杉万本，保持水土，涵源吐流"，是史书中对于祁连山水源涵养功能的记载。祁连山冰川与水源涵养林位于青藏、蒙新、黄土三大高原交会地带，基于这种特殊的地理位置所形成的高山冰川、高山灌丛草甸、河流湖泊、高山湿地、草原、森林等地理要素共同组成了复杂的复合生态系统。

核算结果显示，2011～2017 年青海祁连山区冰川面积出现下降，由 593.5 km² 下降到 486.5 km²，降幅达 18%。冰川产流量先增后降，2015～2017 年下降明显，由 115.09mm 下降到 75.96mm，降幅为 34%；冰川生态系统产生的水源涵养服务价值由 2015 年的 161.2 亿元下降到 2017 年的 126.0 亿元。祁连山区冰川、雪线的不断退缩，导致水源涵养功能下降，将对祁连山地区的水资源安全、生态平衡、社会经济的可持续发展造成不可逆转的负面效应，直接威胁我国西北地区的水资源安全。

4）分区域的 GEP 空间分布不均

青海祁连山区 GEP 受区域内生态环境自然禀赋条件差异的影响，其 GEP 空间分布不均（图 6-10），主要分布在天峻县和祁连县，其 GEP 在 900 亿元以上，互助县、乐都区和民和县 GEP 较低，在 100 亿元以下。从单位面积 GEP 来看，2017 年天峻县和祁连县单位面积 GEP 分别为 671 万元/km² 和 832 万元/km²，高于其他县区。分生态系统服务功能来看，天峻县和祁连县气候调节和生物多样性保育价值较高，2017 年天峻县气候调节和生物多样性保育价值占该县总价值的 77.7% 和 8.3%，祁连县气候调节和生物多样性保育价值占该县总价值的 81.4% 和 6.7%。

天峻县是 8 个县区中面积最大的地区，自然风光雄奇壮美、原始独特，素有"骏马之乡""神湖之源"之美誉，生态系统以草地为主，2017 年天峻县草地面积占祁连山区草地总面积的 45.3%。祁连县有青海"北大门"之称，有中国第二大内陆河黑河、黄河一级支流大通河，是河西走廊最重要的水源地，是黄河上游重要的水源涵养地和甘蒙西部地区重要的生态屏障，具有不可替代的生态地位和生态功能。祁连县森林覆盖率为 14.81%，高出全省平均水平 8.3 个百分点，以青海云杉、祁连圆柏及祁连独有树种小叶杨等为主，是祁连山中段主要的水源涵养林。天峻县和祁连县生物多样性丰富，野生动物最为丰富，这两个县有大面积的雪豹栖息地，也都被称为"祁连山的野牦牛之乡"，生物多样性保育价值占青海祁连山区生物多样性价值的一半以上。

图 6-10　2011～2017 年祁连山区不同县区的 GEP

4. 基于 GEP 核算结果的青海省祁连山区生态补偿标准研究

1）基于 GEP 的生态补偿标准计算

从 GEP 的角度初步核算青海祁连山区的生态补偿标准。首先，确定基于 GEP 核算结果的生态补偿指标，只能把具有流动性且给其他地区带来惠益的指标作为生态补偿指标。为此，确定将气候调节、水源涵养（含冰川径流调节）、固碳释氧、土壤保持、防风固沙 5 个指标作为青海祁连山区生态补偿标准考虑范围。其次，确定生态补偿系数。由于这些具有流动性的生态补偿指标也不是全部都给其他地方提供惠益的，还有维护本地生态系统正常运行的服务量，根据范小杉等[149]，祁连山区以 0.6 作为生态补偿系数，即认为青海祁连山区提供的 60%的生态系统服务功能服务于祁连山区以外的其他地方。

以青海省祁连山区天峻县、门源县、海晏县、祁连县、刚察县、互助县、民和县和乐都区 8 个县区为研究区域，核算了各地气候调节、水源涵养（含冰川径流调节）、固碳释氧、土壤保持、防风固沙 5 类生态系统服务的价值量（图 6-11）。根据计算结果，祁连山区天峻县和祁连县的生态系统服务价值最高，天峻县基本保持在年均 1000 亿元，祁连县保持在年均 600 亿元以上；相对来说，海东市的互助县、民和县和乐都区的生态系统服务价值较低，三县区总和不到 100 亿元（图 6-12）。

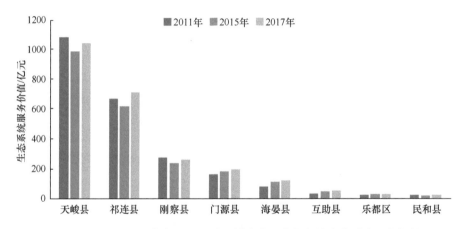

图 6-11 2011～2017 年祁连山区分区域生态补偿指标的生态系统服务价值

对 2017 年各县区 GDP、生态补偿实际投入与基于生态系统服务价值计算的生态补偿标准进行对比，可以看出除互助县、乐都区和民和县外，其他各县的生态系统服务价值均远远高于当地 GDP，且生态系统服务价值最高的天峻县实际获得的生态补偿金额甚至低于刚察县、海晏县、祁连县和门源县（图 6-12）。

从总量来看，祁连山区基于生态补偿指标的生态系统服务价值较高，特别是天峻县和祁连县，拥有巨大的生态系统服务价值。通过与经济指标对比可以看出，海西州、海北州生态系统服务价值高，经济水平低，生态补偿金额低，亟须进一步增加生态补偿金额以维持当地生态保护–经济发展平衡。而海东市经济发展水平高于生态系统服务价值，同时又直接受益于来自海西州和海北州的生态系统服务（水源涵养、气候调节和防风固沙等），因此可以考虑在青海省内实施一定比例的转移支付以调节两地生态–经济发展不平衡的现状。

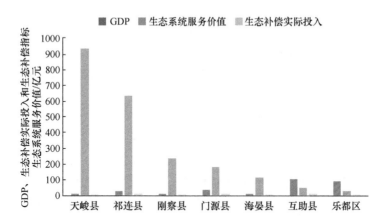

图 6-12　2017 年祁连山各县区 GDP、生态补偿实际投入和生态补偿指标生态系统服务价值对比

　　综上所述，祁连山生态补偿指标的生态系统服务价值总量和单位面积生态系统服务价值量可以作为生态补偿标准的上限加以参考，由于缺少当地发展机会成本和生态环境保护实际投入资金数据，无法结合当地发展机会成本和生态环境保护实际投入进一步提出更加合理的生态补偿标准。

2）基于三江源地区生态补偿现状的生态补偿标准计算

　　由于基础数据的缺乏，为了估算青海祁连山区合理的生态补偿标准，本书将已实施多年且较为成熟的三江源生态补偿实际投入与三江源生态系统服务价值的对比作为祁连山区生态补偿标准下限制定的参考依据。

　　三江源地区包括玉树藏族自治州（简称玉树州）、果洛藏族自治州（简称果洛州）、海南藏族自治州（简称海南州）、黄南藏族自治州（简称黄南州）共 4 个州的 16 个县区以及格尔木市代管的唐古拉山镇，总面积为 36.37 万 km^2，约占青海省总面积的 50.4%。三江源地区已实施的生态补偿完全属于政府主导型的生态补偿，而且是以中央政府为主体的纵向生态补偿。从 2008 年《财政部关于下达 2008年三江源等生态保护区转移支付资金的通知》（财预〔2008〕495 号）文件下发开始，财政部以一般性转移支付形式，通过提高部分县区补助系数等方式给予三江源地区生态补偿。财政部要求省市两级财政也要逐步提高对生态功能县的补助水平，享受此项转移支付的基层政府要及时将转移支付用于涉及民生的基本公共服务领域，并加强监督和管理，切实提高公共服务水平。2005 年以来，三江源地区大部分县的中央财政转移支付占总财政收入 90% 以上。三江源地区生态补偿工作

以 2008 年实施的生态补偿财政转移支付为重点，是主要基于《财政部关于下达
2008 年三江源等生态保护区转移支付资金的通知》（财预〔2008〕495 号）、《关于
印发〈国家重点生态功能区转移支付办法〉的通知》（财预〔2011〕428 号）、《关
于印发〈2012 年中央对地方国家重点生态功能区转移支付办法〉的通知》（财预
〔2012〕296 号）等文件政策实施的生态保护资金补偿。按照三江源地区生态补偿
的概念与目标，现有的三江源地区生态补偿主要包括生态工程补偿、农牧民生产
生活补偿及公共服务能力补偿。

根据不完全统计，2010～2017 年，三江源地区各县区在生态保护与建设方面
的生态补偿资金约 70.6 亿元/年，在居民生产生活改善方面的投入约 81.3 亿元/年，
在基本公共服务能力方面的投入约 47.6 亿元/年，总计约每年投入 199.5 亿元的生
态补偿资金。根据三江源地区的面积折算，生态补偿资金投入约需 5.49 万元/
（km²·a）。

根据有关学者[150]对三江源生态系统服务价值核算结果的分析，按照相同生态
补偿系数修正后，三江源区 1998～2012 年年均生态补偿指标的生态系统服务价值
为 6110 亿元，单位面积的生态系统服务价值约为 168 万/km²，单位面积的生态系
统服务价值和生态补偿资金比约为 1：0.033。按照该比例估算，青海祁连山区应
获得生态补偿资金在 73 亿～80 亿元，各县区根据生态系统服务价值高低所需获
得的生态补偿资金也有所差异（图 6-13）。

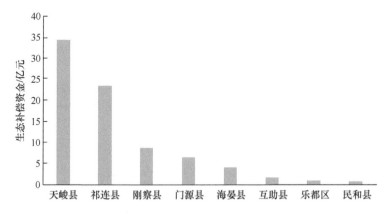

图 6-13 祁连山区各县区参照三江源生态补偿标准应获得的生态补偿资金

祁连山区目前每年已有生态补偿资金投入 10 亿～20 亿元，按照各县区已获
得生态补偿资金进行扣减，则祁连山区每年仍有 50 亿～60 亿元的生态补偿资金
缺口，从所提供的生态系统服务价值的角度来看，需要更多生态补偿资金的有天

峻县、祁连县、刚察县、门源县和海晏县，而互助县、乐都区和民和县目前已有生态补偿资金超过其应获得的补偿资金（图6-14）。

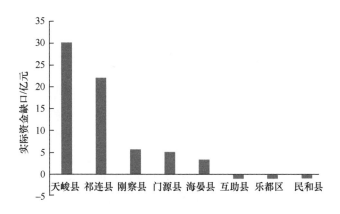

图6-14 祁连山区各县区扣除已有生态补偿资金后的实际资金缺口

5. 基于 GEP 核算结果的青海省祁连山区生态补偿建议

1）现行补偿制度存在的问题

以重点生态功能区转移支付为例，按照《青海省重点生态功能区转移支付试行办法》划分的支付范围，祁连山区水源涵养价值最大的天峻县并不在目前划定的祁连山冰川与水源涵养生态功能区内。从分配方法来看，三江源生态功能区享有三江源生态补偿专项资金支持，而其他县区仅有生态保护引导性补助和绩效补助奖励两项资金来源。其中，县级生态保护引导性补助的计算方法与该地标准收支缺口、生态功能区面积和县人口总数有关。而县级绩效奖励补助主要与该地生态补偿政策落实情况、环境保护目标考核和生态环境质量考核相关。

从《青海省重点生态功能区转移支付试行办法》的规定和实际补助的情况来看，祁连山区主要存在以下问题。

问题一：生态补偿标准低。祁连山区及其涉及的祁连山冰川与水源涵养生态功能区和青海湖草原湿地生态功能区生态补偿标准低，生态补偿实际投入远不能满足生态保护建设和人居生活水平改善需求。通过与类似的三江源区生态系统服务价值产出基准对比后发现，祁连山区的生态系统服务价值没有在生态补偿投入标准的制定中得到体现，生态系统服务功能的价值被严重低估。

问题二：配套制度不健全。祁连山冰川与水源涵养生态功能区和青海湖草原湿地生态功能区缺少专项补偿资金与补偿办法来优化重点生态功能区转移支付资金的筹集和分配，导致祁连山区和三江源区在补偿金额总量上的差距进一步拉大。另外，从生态系统服务价值的角度来分析，祁连山区补偿资金分配也存在不平衡的问题，以个人需求为核算对象的生态补偿资金分配方法是导致这一现象产生的主要原因。

问题三：绩效考核方法效率低。目前生态补偿资金的绩效考核所采用的都是基于森林、草原等领域活动类型的绩效考核方式，但随着农（牧）户与地方政府之间的信息不对称程度增加，如果要实施基于活动类型的绩效考核机制，会面临非常高的监督管理成本，需要监管环境服务提供者是否按照合约的规定采取了特定的土地利用方式，监管特定的土地利用方式是否产生了预期的环境服务，如果要实现高效率的监管需要投入巨大成本，导致整个绩效考核的效率降低。区域性的、综合性的生态补偿机制的实际效果往往受到其他生态政策的影响。各项生态补偿政策相互叠加和相互作用，使得对单项政策的绩效考核存在困难，无法反映生态补偿资金投入与生态系统服务增值的直接关系，县级绩效考评手段和方法有待进一步加强。

2）制度改进建议

针对以上问题建议地方政府从以下几个方面建立和优化相关配套制度。

建议一：提高祁连山区生态补偿标准。根据生态系统服务价值评估结果，提高祁连山区生态补偿标准，根据农田、草地、森林、湿地等不同土地利用类型的核算结果，以及农牧民分布情况以及采矿权退出情况，进一步细化生态补偿标准测算依据，提出生态补偿标准完善建议，加快制定青海祁连山区生态补偿标准。

建议二：优化调整生态功能区范围。以生态系统服务价值评估结果为依据，调整生态功能区行政范围，将天峻县从青海湖草原湿地功能区调整到祁连山冰川与水源涵养生态功能区，便于重点生态功能区的统筹管理。加强该区域的补偿资金分配，优化绩效考核方式方法。建议参照《三江源生态补偿机制试行办法》制定《青海祁连山生态补偿机制试行办法》，建立祁连山冰川与水源涵养生态功能区专项资金。

建议三：研究制定基于生态系统服务价值核算的生态补偿绩效考核制度，对现有绩效考核制度进行完善。首先，根据生态系统服务价值评估进行的生态补偿绩效考核是一种基于生态系统服务产出的直接考核。与基于活动产出的考核相比，基于生态系统服务产出的生态补偿绩效考核可以给予受偿主体更为直接的激励，有效解决因补偿主体与受偿主体之间信息不对称所导致的补偿无效率。此外，基于生态系统服务价值评估的考核能够激发受偿主体在生态系统服务供给方面的创新潜力,有利于充分运用受偿主体在生态系统管理方面的知识经验,提升补偿资金的使用效率。其次,以生态系统服务价值评估作为生态绩效考核的核心指标可以更加真实地反映生态系统服务的实际状况,在一定程度上减少指标扭曲对生态补偿效率的影响。最后,从生态系统服务价值评估指标本身的核算角度来看,借助于 GIS、RS、GPS 等现代化技术,使生态系统服务价值评估核算的基础数据获取更为便捷、准确,实施监测的成本更低。

6.2　市级行政区域核算

6.2.1　内蒙古自治区兴安盟

1. 核算框架

兴安盟地处内蒙古自治区东部、大兴安岭南麓中段,是大兴安岭向科尔沁沙地和松嫩平原过渡的地带,是我国北疆绿色生态屏障和国防安全屏障(图 6-15)。兴安盟牢固树立"绿水青山就是金山银山"发展理念,引领绿色发展,一张蓝图绘到底、以点带面、持续用力,坚定不移走生态优先、绿色发展为导向的高质量发展新路子。兴安盟及其所辖阿尔山市、乌兰浩特市分别于 2020 年、2018 年和 2019 年获得国家生态文明建设示范盟(市)称号,阿尔山市、兴安盟于 2019 年、2021 年分别获得"绿水青山就是金山银山"实践创新基地称号。兴安盟生态资源禀赋,境内有国家级自然保护区 3 处、国家森林公园 3 处、国家湿地公园 5 处、自治区级自然保护区 6 处,森林、草地、湿地生态系统功能突出。

利用遥感影像解译、国土资源清查、统计资料收集、野外监测调查等多种数据获取手段,对 2015 年和 2020 年兴安盟森林、草地、湿地、农田、荒漠等不同生态系统的实物量和价值量进行核算,核算框架见表 6-9。

2. 生态系统现状与 NPP 评估

根据第三次全国国土调查数据,兴安盟总面积为 55131.07 km^2,其中森林生态系统总面积为 17078.32 km^2,占全盟总面积的 30.98%;草地生态系统总面积为

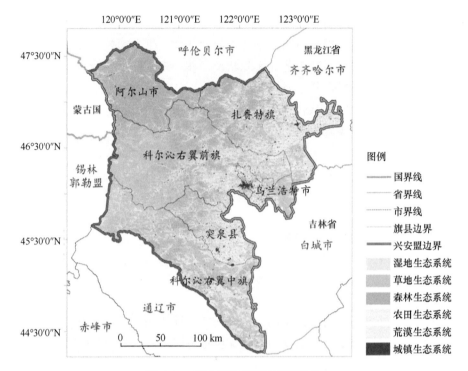

图 6-15 兴安盟生态系统类型分布

表 6-9 兴安盟生态产品总值核算框架

指标	森林	草地	湿地	农田	荒漠
产品供给	√	√	√	√	×
固碳	√	√	√	×	×
释氧	√	√	√	×	×
气候调节	√	√	√	×	×
空气净化	√	√	×	√	×
水质净化	×	×	√	×	×
水源涵养	√	√	×	×	×
洪水调蓄	×	×	√	×	×
土壤保持	√	√	√	√	√
防风固沙	√	√	√	√	√
物种保育	√	√	√	×	√
文化服务	√	√	√	√	√

18000.58 km²，占全盟总面积的 32.65%；湿地生态系统总面积为 2348.38 km²，占全盟总面积的 4.26%；农田生态系统总面积为 16219.59 km²，占全盟总面积的 29.42%；荒漠生态系统总面积为 173.88 km²，占全盟总面积的 0.32%；城镇生态系统总面积为 1310.31 km²，占全盟总面积的 2.38%（表 6-10）。从生态系统类型空间分布来看，森林生态系统主要分布在阿尔山市、科尔沁右翼前旗和扎赉特旗；草地生态系统主要分布在科尔沁右翼前旗、科尔沁右翼中旗和扎赉特旗；湿地生态系统主要分布在科尔沁右翼前旗；农田生态系统主要分布在扎赉特旗、科尔沁右翼前旗和科尔沁右翼中旗；荒漠生态系统主要分布在扎赉特旗和科尔沁右翼中旗。

表 6-10 兴安盟基于第三次全国国土调查结果的生态系统类型面积统计（单位：km²）

地区	森林生态系统	草地生态系统	湿地生态系统	农田生态系统	荒漠生态系统	城镇生态系统	合计
阿尔山市	5603.7	935.73	557.14	248.24	9.71	43.15	7397.67
科尔沁右翼前旗	4370.51	7521.86	457.06	4082.94	0.45	332.81	16765.63
科尔沁右翼中旗	2575.67	5613.67	522.46	3807.96	41.01	228.95	12789.72
突泉县	1210.65	906.04	95.41	2349.83	17.28	218.08	4797.29
乌兰浩特市	260.46	837.55	77.6	918.22	27.47	143.8	2265.1
扎赉特旗	3057.33	2185.73	638.71	4812.4	77.96	343.52	11115.65
合计	17078.32	18000.58	2348.38	16219.59	173.88	1310.31	55131.07

NPP 是植被活力和生态系统健康的重要指标之一。根据 CASA 模型反演结果，2015～2020 年，兴安盟 NPP 受气候条件变化在 2000 万 t 左右正常波动，其中 2015 年为 2075.69 万 t，2020 年为 2083.86 万 t（图 6-16）。从区域分布来看，科尔沁右翼前旗是兴安盟 NPP 最高的区域，得益于 4370.51 km² 森林和 7521.86 km² 的草地，2020 年科尔沁右翼前旗 NPP 达到 686.47 万 t，占兴安盟 NPP 总量的 32% 以上。乌兰浩特市和突泉县由于区域面积较小，NPP 占总量相对较低，2020 年分别为 71.50 万 t 和 153.12 万 t，占比为 3.43% 和 7.35%。从单位面积 NPP 来看，阿尔山市森林生态系统面积占阿尔山市总面积的 75.7%，2020 年 NPP 密度达到 512 t/km²，NPP 密度位列兴安盟第一，远高于第二名的科尔沁右翼前旗（409 t/km²）和全盟平均值（378 t/km²）。

3. GEP 核算结果

1）兴安盟 GEP 增长迅猛，绿水青山价值不断提升

按当年价计算，兴安盟 2015 年和 2020 年 GEP 分别为 3087.13 亿元和 4718.66

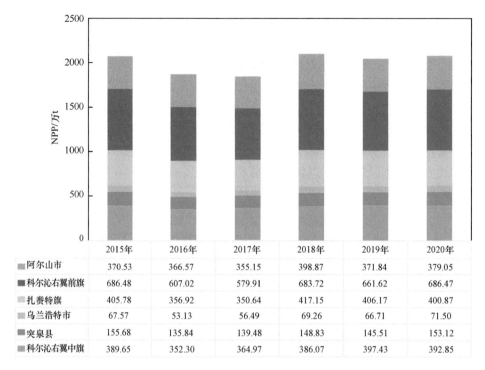

	2015年	2016年	2017年	2018年	2019年	2020年
■ 阿尔山市	370.53	366.57	355.15	398.87	371.84	379.05
■ 科尔沁右翼前旗	686.48	607.02	579.91	683.72	661.62	686.47
■ 扎赉特旗	405.78	356.92	350.64	417.15	406.17	400.87
■ 乌兰浩特市	67.57	53.13	56.49	69.26	66.71	71.50
■ 突泉县	155.68	135.84	139.48	148.83	145.51	153.12
■ 科尔沁右翼中旗	389.65	352.30	364.97	386.07	397.43	392.85

图 6-16 兴安盟 2015～2020 年 NPP 分布

亿元，GDP 分别为 376.18 亿元和 547.92 亿元，GEP 与 GDP 的比值分别为 8.21
和 8.61。兴安盟 2015 年和 2020 年人均 GEP 分别为 19.30 万元和 33.31 万元，单
位面积 GEP 分别为 559.96 万元/km² 和 855.90 万元/km²。兴安盟 2020 年的单位面
积 GEP 与全国平均水平基本持平（855.91 万元/km²）。兴安盟人均 GEP 高于全国
大部分区域，2020 年人均 GEP 约是全国平均水平的 9.0 倍（表 6-11）。

表 6-11 不同地区生态产品总值核算结果对比表

地区	年份	GEP/亿元	人均 GEP/万元	单位面积 GEP/（亿元/km²）
承德市	2020	3674.10	9.20	0.09
深圳市	2020	1303.82	0.74	0.65
盘锦市	2019	713.99	4.96	0.17
丽水市	2018	5024.47	18.61	0.29
青海省祁连山区	2017	4207.60	29.00	0.06
南平市	2015	5711.09	20.60	0.22
西藏自治区	2015	76591.30	238.10	0.06
全国	2020	821674.57	3.70	0.08

从不变价来看,兴安盟 GEP 由 2015 年的 3087.13 亿元增长至 2020 年的 3630.71 亿元,同比增长 17.61%(表 6-12)。按照不变价计算,2020 年的 GDP 比 2015 年增加 24%。兴安盟虽然经济总量位居内蒙古自治区后位,但经济增速相对较快,生态保护成效显著,在"绿水青山"和"金山银山"双轮驱动下,生态建设与经济效能显著提升。

表 6-12　兴安盟不变价下 2015 年和 2020 年 GEP 组成

地区	2015 年/亿元				2020 年/亿元				同比变化/%
	产品供给	调节服务	文化服务	合计	产品供给	调节服务	文化服务	合计	
阿尔山市	1.78	740.09	17.66	759.53	1.20	912.66	21.82	935.67	23.19
科尔沁右翼前旗	32.41	705.04	0.87	738.32	39.37	772.11	1.07	812.56	10.06
科尔沁右翼中旗	18.82	608.14	6.24	633.21	24.13	682.03	7.71	713.87	12.74
突泉县	26.36	140.46	3.06	169.87	28.53	138.42	3.78	170.73	0.51
乌兰浩特市	16.01	65.94	11.89	93.85	17.78	98.88	14.69	131.35	39.96
扎赉特旗	32.74	646.77	12.83	692.34	49.67	801.00	15.86	866.52	25.16
总计	128.13	2906.44	52.56	3087.13	160.67	3405.10	64.93	3630.71	17.61

2)兴安盟调节服务占比高,湿地生态系统发挥重要价值

从产品供给、调节服务和文化服务来看,兴安盟调节服务价值最高,2015 年和 2020 年的调节服务价值分别为 2906.44 亿元和 3405.10 亿元,占 GEP 的 94.15% 和 93.79%,其次为产品供给和文化服务,兴安盟生态产品供给价值约为文化服务价值的 2.5 倍(表 6-13)。相较于 2015 年,2020 年兴安盟调节服务价值增长 17.16%。如果把产品供给和文化服务占比作为"绿水青山"向"金山银山"的两山转化指数,兴安盟两山转化指数较低,一方面说明兴安盟生态功能突出,另一方面反映出兴安盟经济相对落后,需要深化拓展创新生态文明建设的思路举措,护美绿水青山、做大金山银山,进一步打通"绿水青山"向"金山银山"的转化通道,不断丰富发展经济和保护生态之间的辩证关系,在"两山"基地的基础上打造"两山"转化实践的全国标杆。

兴安盟湿地生态系统面积达到 2348.38 km²,占全盟总面积的 4.26%,高于全国湿地占比 2.44%。在全盟 18 个自然保护地中,有 4 个国家湿地公园,分布于 4 个旗县。湿地的调节服务价值高,在气候调节和洪水调蓄过程中发挥了重要的作用,2020 年湿地生态系统的气候调节和洪水调蓄价值量达到 2404.57 亿元,占全盟 GEP 的 51.0%(表 6-13)。此外,兴安盟共有鸟类 19 目 57 科 310 余种,其中

国家一级保护的有 13 种，国家二级保护的有 54 种，内蒙古自治区重点保护的有 27 种。湿地及其周边是鸟类主要分布地区，湿地对生物多样性的维持发挥着重要作用。兴安盟湿地生态系统单位面积物种保育价值达到 479.50 万元/km²，高于全盟自然保护地的平均水平（371.83 万元/km²）。

表 6-13　兴安盟 2015 年与 2020 年不同生态服务的 GEP 及其比例

分类	服务功能	GEP/亿元		比例/%	
		2015 年	2020 年	2015 年	2020 年
产品供给	产品供给	128.13	192.61	4.15	4.08
调节服务	固碳	2.98	3.30	0.10	0.07
	释氧	102.25	118.39	3.31	2.51
	气候调节	1250.40	2187.02	40.50	46.35
	空气净化	76.71	78.29	2.48	1.66
	水质净化	18.16	17.57	0.59	0.37
	水源涵养	158.79	564.07	5.14	11.95
	洪水调蓄	657.14	718.18	21.29	15.22
	土壤保持	234.11	277.36	7.58	5.88
	防风固沙	81.42	95.06	2.64	2.01
	物种保育	324.48	388.98	10.51	8.24
文化服务	文化服务	52.56	77.84	1.70	1.65
GEP		3087.13	4718.66	—	—

4. 分区域核算结果

1）兴安盟 GEP 空间分布不均，阿尔山市 GEP 最高

兴安盟生态系统服务受各地生态环境与自然资源禀赋条件差异的影响，其 GEP 空间分布不均。其中，阿尔山市 GEP 最高，2015 年和 2020 年其 GEP 分别为 759.53 亿元和 1229.33 亿元，占兴安盟 GEP 的 24.60% 和 26.05%。阿尔山市生态环境本底较好，区域内森林覆盖率超过 64%，绿色植被率达 95%，辖区内有国家地质公园、国家森林公园、国家湿地公园及各级别自然保护区。阿尔山市依托良好的生态与环境资源，发挥着重要的生态调节服务功能。此外，阿尔山市作为国家生态文明建设示范市和"绿水青山就是金山银山"实践创新基地，在"绿水青山"向"金山银山"转换中不断创新，依托阿尔山国家地质公园，将促进旅游高质量发展作为推动经济社会发展的核心动力和重要支撑，不断巩固提升文化服

务价值。2020 年全盟 GEP 第二名至第四名分别为扎赉特旗、科尔沁右翼前旗和科尔沁右翼中旗,以上三个旗 2015 年和 2020 年的 GEP 均在 600 亿元以上(表 6-14)。

表 6-14　兴安盟 2015 年和 2020 年各地的 GEP 和占比及其排序

地区	GEP/亿元		占比/%		排序	
	2015 年	2020 年	2015 年	2020 年	2015 年	2020 年
阿尔山市	759.53	1229.33	24.60	26.05	1	1
科尔沁右翼前旗	738.32	1044.50	23.92	22.14	2	3
科尔沁右翼中旗	633.21	928.24	20.51	19.67	4	4
突泉县	169.87	215.31	5.50	4.56	5	5
乌兰浩特市	93.85	168.43	3.04	3.57	6	6
扎赉特旗	692.34	1132.85	22.43	24.01	3	2
总计	3087.13	4718.66				

从单位面积 GEP 来看,2020 年阿尔山市单位面积 GEP 为 1661.78 万元/km²,远高于其他地区和全盟平均水平。从生态系统产品供给、调节服务和文化服务三种服务类型来看,阿尔山市调节服务价值和文化服务价值最高,扎赉特旗产品供给价值最高。扎赉特旗作为兴安盟的主要粮食产区,拥有全国首批批准创建的国家现代农业产业园,总面积达到 103 万亩,发挥着重要的粮仓作用。

2)兴安盟生态系统服务功能空间异质性强,不同旗县主导功能不同

从生态系统服务功能来看,扎赉特旗的产品供给价值最高,2015 年和 2020 年分别为 32.74 亿元、59.54 亿元,涨幅达到 81.85%;阿尔山市的产品供给价值最低,2015 年和 2020 年的产品供给价值均不超 2 亿元。阿尔山市调节服务价值最高,占全盟调节服务价值的 1/4 以上,乌兰浩特市调节服务价值最低,占比不到全盟调节服务价值的 3%;2020 年,扎赉特旗调节服务价值超过科尔沁右翼前旗,上升至全盟第二,达到 1054.30 亿元,占全盟调节服务价值的 23.70%。全盟文化服务价值量从 2015 年的 52.56 亿元增加至 2020 年的 77.84 亿元,阿尔山市文化服务价值量最高,占全盟三成以上。虽然 2020 年全盟文化服务业受到新冠疫情影响,较 2019 年有所下降,但是各地文化服务价值在五年间仍然明显提升,文化服务价值占 GDP 的比重不断提高(表 6-15)。

表 6-15　兴安盟 2015 年和 2020 年 GEP 组成　　　　（单位：亿元）

地区	2015 年			2020 年		
	产品供给	调节服务	文化服务	产品供给	调节服务	文化服务
阿尔山市	1.78	740.09	17.66	1.43	1201.74	26.16
科尔沁右翼前旗	32.41	705.04	0.87	47.20	996.02	1.28
科尔沁右翼中旗	18.82	608.14	6.24	28.92	890.07	9.25
突泉县	26.36	140.46	3.06	34.20	176.58	4.53
乌兰浩特市	16.01	65.94	11.89	21.31	129.50	17.61
扎赉特旗	32.74	646.77	12.83	59.54	1054.30	19.01
总计	128.13	2906.44	52.56	192.61	4448.21	77.84

其中，乌兰浩特市 GEP 增幅较大，这主要得益于近些年来，乌兰浩特市牢固树立和践行"绿水青山就是金山银山"理念，借助"城市双修"的转型机遇，以天峻山为重要抓手，大力推进生态修复治理，统筹推进环境治理和生态修复，持续提高环境质量。

3）单位面积 GEP 大幅增长，阿尔山市单位面积 GEP 最高

从单位面积 GEP 来看，全盟单位面积 GEP 在 2015 年为 559.96 万元/km²，2020 年为 855.89 万元/km²，增长 52.85%。其中，阿尔山市单位面积 GEP 最高，2015 年和 2020 年分别为 1026.72 万元/km² 和 1661.78 万元/km²，是全盟单位面积 GEP 第二名扎赉特旗的 1.6 倍以上；突泉县单位面积 GEP 较低，2015 年和 2020 年仅为 354.10 万元/km² 和 448.83 万元/km²。乌兰浩特市单位面积 GEP 增速最快，从 2015 年的 414.33 万元/km² 增长至 2020 年的 743.57 万元/km²，增长 79.46%，原因在于乌兰浩特市调节服务价值增长近一倍，尤其是城市湿地面积增加，气候调节价值大幅上升（图 6-17）。

5. 基于 GEP 核算的兴安盟生态产品价值实现路径分析

"绿水青山就是金山银山"理论是习近平生态文明思想的重要组成部分，生态产品及其价值实现理念是"两山"理论的核心基石，为"两山"理论提供了实践抓手和价值载体。生态产品价值实现属于经济过程，是经济发展、人力资本、区位条件、生态优势等多因素共同作用的结果。兴安盟生态产品价值转化的主要劣势在于区域经济活力不足、高素质人力资源匮乏、交通等基础设施落后、周边生态资源同质化严重。本研究借鉴国内外实践经验，从产品供给、调节服务和文化

服务三个方面，探析兴安盟生态产品价值实现路径。

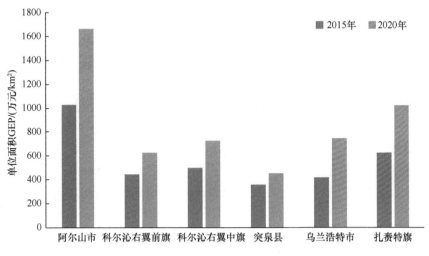

图 6-17　兴安盟单位面积 GEP

1）打造兴安盟专属农牧业品牌，增强产品溢价能力，构建可持续清洁能源产业体系

（1）提升农牧产品溢价能力，充分体现"绿水青山"价值。兴安盟大米产自嫩江、松花江流域的源头，这里拥有优质的大兴安岭水源、良好的生态环境以及肥沃的土壤，与东北五常有机大米有相似的自然生长环境。目前，兴安盟大米龙头企业的有机大米价格为 15.98 元/kg，低于东北五常有机大米的 25 元/kg，建议兴安盟大米对标东北五常有机大米，扩大有机认证范围，提升大米价格附加值。同时，借鉴品牌优势，提升优质大米价格的做法，进一步优选兴安盟大米品种，增强市场竞争硬实力；依托兴安盟优质水资源，打好"好米配好水"的组合拳，将兴安盟大米与阿尔山火山低温活泉矿泉水强强联合，增加品牌溢价，将兴安盟的绿水青山价值充分体现到市场价值中。

（2）做强兴安盟农牧产品区域品牌，提高生态产品市场供给能力。建议兴安盟从优质农牧产品入手，统一质量标准、统一检验检测、统一营销运作，构建价值清晰、形象统一、品质可靠的覆盖全品种的区域农牧产品公用品牌，把各地的特色农业龙头产品纳入公用品牌，建立农业主体信息库，对其环境、土质、水源进行检测，确定农牧产品合作基地；加强品牌宣传，推广与知名餐饮企业、知名电商、大型商超联合销售农产品等营销方式，多渠道推介兴安盟名特优新农产品，统一开展品牌主题宣传和推介活动，扩大兴安盟农产品知名度和影响力，提高特色农产品市场占有率和供给产品转化率。

（3）加强农业全产业链构建，搭建"绿水青山"转化平台，引入金融创新机制支持农牧产业发展。建议进一步发展农牧业优势特色产业精深加工，推动优势农牧产品生产、加工、储存、销售等全产业链发展，带动更多的农民增收致富。由于农业经济具有分散和低效益的典型特征，借鉴"生态银行"的做法，由政府部门出面将碎片化的农牧资源集中整合"收储"，并通过规模化整治将之提升成优质资产包，再委托专业运营商对接市场、对接项目，引入龙头企业，从而搭建起资源变资产、变资本的转化平台。同时，引入金融创新机制——"用金融活水浇灌现代农业"。打造针对新型农业经营主体的专属信贷产品，加强涉农金融机构与担保公司的合作，控制信贷风险；根据企业绿色信用评级推进信用贷款，充分利用政策工具，将低成本资金精准、直接地输送到各类新型农业经营主体；创新金融衍生品，探索将涉农涉牧贷款组成资产包并在公开市场发行，进一步提高融资能力。

（4）建设清洁能源供应基地，构建可持续的清洁能源产业体系。根据《兴安盟"十四五"能源发展规划》，兴安盟风电和光伏发电潜力为 2356 万 kW，是当前兴安盟火力发电的 10 倍。建议兴安盟通过有序发展风力发电、光伏发电，深度挖潜水电，做大做强清洁能源发电产业；充分发挥资源优势，做强清洁能源装备制造产业，实现清洁能源发电端和制造端相互促进、协同发展；重点开发科尔沁右翼中旗、科尔沁右翼前旗集中式风电项目，在风能和太阳能资源丰富、建设条件良好的地区建设风光互补、风光储一体的示范项目；以洮儿河流域为主开发建设水电项目，建设具有大容量调峰、功能齐备、产业链完整、科技含量高、可持续发展的清洁能源产业体系。

2）完善生态补偿机制，挖掘碳汇潜力，构建"水美经济"体系

（1）完善生态补偿机制，探索开展横向流域生态补偿。2021 年 9 月，中共中央办公厅、国务院办公厅印发了《关于深化生态保护补偿制度改革的意见》，提出要加大国家纵向生态补偿力度，改进纵向生态补偿办法，根据生态效益外溢性、生态功能重要性、生态环境敏感性和脆弱性等特点，在重点生态功能区转移支付中实施差异化补偿。兴安盟科尔沁草原作为国家重点生态功能区，可以基于 GEP 核算结果，向国家申请差异化重点生态功能区转移支付，加大生态补偿力度。同时，兴安盟 80% 的优质水资源提供给东北地区，建议借鉴兴安江流域横向生态补偿经验，开展洮儿河流域横向生态补偿试点，提出基于 GEP 核算的横向生态补偿标准，设立流域生态保护基金，拓展流域生态保护投融资渠道。

（2）开发水资源价值，构建"水美经济"体系。兴安盟阿尔山市、扎赉特旗天然矿泉水和山泉水资源储量丰富，建议深入挖掘天然饮用水的传统文化，讲好富锶、多微量元素矿泉水的康养故事，将"可汗故里，兴安活泉"的品牌核心价值深入人心，着力打造"兴安活力水"品牌，从源头上把控质量，推进品牌保护管理；做靓水资源名片，探索形成包装水、涉水康养、体育旅游等不同产业的基准水价，建立水资源分等定级及价格评估机制，推动资源整合和水资源价值显化，打造"兴安活力水"价格共同体，开发系列附加值高、市场号召力强的水资源产品，提高产品竞争力，促进"兴安活力水"向一线品牌和全产业链条迈进。

（3）加大碳汇潜力挖掘，构建碳汇生态产品交易体系。根据初步测算，兴安盟年碳排放量大约 1500 万 t，生态碳汇可中和量为每年 1100 万 t，生态碳汇对碳中和的贡献较大。建议加大碳汇潜力挖掘，通过市场手段提高碳汇潜力，创建覆盖碳市场履约企业、自愿减排企业、社会公众等多类需求对象的多元化碳汇生态产品交易体系，形成履约市场、自愿市场和普惠市场相互连通、互为补充的复合型市场格局；深入发挥政府的支持和引导作用，激励和规制碳汇项目，更好地发挥提高生态系统质量的作用，建立完整的森林碳汇供需对接机制；建立森林碳汇核实认证制度，开展专业机构对森林年净固碳量核实与认证工作，在生态产品交易平台进行森林碳汇交易，增加碳汇交易收入。

3）加强文化旅游顶层设计，提升旅游品质，发展特色旅游集群

（1）加强顶层设计，统筹部门分工，高标准编制兴安盟"十四五"文化旅游发展规划或行动计划。兴安盟应以规划统筹全盟文化和旅游资源建设开发，提升旅游品牌影响力、旅游服务和运营水平。目前旅游业发展的顶层设计主要集中在《兴安盟国民经济和社会发展第十四个五年规划和 2035 年远景目标纲要》的第十五章中，发展路径和发展战略不清晰，工作任务不明确，没有形成发展合力，无法起到引领的作用。建议由党委和政府领导共同牵头建立兴安盟"十四五"旅游发展规划编制领导小组，建立健全文化和旅游发展工作机制，推动解决文化和旅游发展跨部门、跨领域的重点难点问题，形成工作合力；明确旅游业发展目标，系统梳理全盟旅游发展重点任务、重点工程和部门分工，创新旅游业经营模式，加快完成顶层设计。

（2）完善旅游基础设施建设，提升旅游品质，打造智慧旅游体验模式。强化旅游基础设施建设项目的保障作用，以生态环境导向的开发模式为契机，优化金融模式，吸引资本投入，加快实施旅游基础设施重大工程建设；建设科学便利的交通枢纽和网络体系，为游客的出行提供更为便捷的服务；加强旅游基础设施的规划与设计，增强人与自然的可达性与亲密性，发展旅游的同时保护景观和环境资源；提升旅游服务智慧化水平，加快 5G 网络建设速度，不断扩大无线网络覆盖范围，推进旅游数字化到智能化的过渡；构建智慧旅游体系，以"一部手机游全盟"建设为抓手，围绕"游客旅游体验自由自在、政府管理服务无处不在"，着力实现"一机在手、说走就走、全程无忧"的建设目标；优化旅游公共服务信息资源配置，加强旅游舆情监测，全面掌握旅游行业市场动态、游客消费行为、旅游企业运行状况，引导旅游公共服务创新发展。

（3）统筹生态系统修复与提升旅游资源质量一体化建设，扩展旅游内涵，发展特色旅游集群。通过系统推进山水林田湖草系统治理，实现天骄天骏生态旅游度假区、洮儿河国家湿地公园等一批生态保护修复项目落地建成，统筹推进开展玛拉沁草原质量修复提升与旅游观光工程建设；提升旅游资源做强旅游品牌的同时，加强生态系统保护建设，提升生态系统调节和文化服务两大生态产品价值；以"乌阿海满"黄金旅游线路为主线，以休闲康养–草原文化–冰雪竞技–生态体验为主题，设计一批"点上有风韵、线上有风光、面上有风景"的特色旅游集群。休闲康养类集群依托"蒙中医+温泉+亲子游"疗养模式，打造特色医旅、医养品牌；草原文化类集群依托"札萨克图+心灵牧场+风情小镇"深度体验模式，丰富滑草、骑马、歌舞等旅游项目开发，打造草原文旅打卡地；冰雪特色旅游集群以冬奥会召开和"三亿人民上冰雪"为契机，依托"冰雪节+摄影节+户外运动"冰雪体验模式打造冰雪体育旅游新标杆；生态体验旅游集群以阿尔山国家森林公园、阿尔山火山温泉国家地质公园建设开发为契机，依托"自驾游+研学游+探险游"生态体验教育模式，促进自然与文化资源保护和旅游收入双提升。通过差异化特色旅游集群建设，真正实现"全域旅游和全季品牌"，使游客"愿意来、留得住"。

（4）构建政府和私营部门职责明晰的旅游开发管理模式，加大资金投入，形成良性循环经营模式。建立政府搭台、企业唱戏，政府指导、企业经营的模式，借鉴瑞士经验，进一步细化政府职能，从加强监管、加大基础建设投入、促进宣传等角度规范旅游业发展；打造"阿尔山论坛""冰雪国际运动节"等具有国际影响力的年会活动，扩大区域品牌影响力，吸引游客注意力；发挥企业市场主体作用，引入市场化运作模式进行旅游资源设计–开发–包装–运营–再投资；建立旅游发展基金，发挥市场杠杆作用，增加旅游资金投入，推出减税降费等优惠政策，实施"走出去"战略，积极与文旅行业的领军企业（集团）对接合作，吸引国内外知名旅游业开发团队投资兴安盟旅游市场；开展旅游从业人员岗位培训，提升一线员工职业道德、旅游资源知识和服务水平，持续提供高品质旅游服务。

6.2.2 河北省承德市

1. 核算框架

承德市位于河北省东北部，总面积 3.95 万 km²，是四河（滦河、潮河、辽河、大凌河）之源、两库（潘家口水库、密云水库）上游、沙区（内蒙古科尔沁、浑善达克沙地）前沿和京津"上风头、上水头"，是华北地区的生态屏障和京津重要水源地，生态区位重要。承德市多年平均水资源总量为 37.6 亿 m³，其中，潮河、滦河流域是京津冀重要水源地，向京津等下游地区的供水年均 25.2 亿 m³，占当地水资源总量的 67%，每年向密云水库提供地表径流 4.73 亿 m³，占密云水库平均入库径流的 56.7%；向潘家口水库、大黑汀水库提供地表径流 16.49 亿 m³，占潘家口水库平均入库水量的 93.4%，对缓解京津地区工农业及城市生活、生态用水紧张状况和促进经济发展起到了重要作用。同时，承德市森林草原资源丰富，占河北省的一半以上，是京津冀林草植被覆盖面积最大的地级市，森林覆盖率由新中国成立初期的 5.8% 增至 2020 年的 60.03%，占京津冀地区的 36.3%，为京津地区"涵水源、阻沙源"做出了重要贡献。承德市建成省级及以上自然保护区 14 处、森林公园 24 处、湿地公园 20 处，森林、草地、湿地生态系统功能不断恢复提升，被称为"华北绿肺""天然氧吧"，生态功能突出。利用遥感影像解译、土地调查、普查、清查、统计、监测、现场调查等多种数据源，对 2015 年、2019 年和 2020 年承德市森林、草地、湿地、农田、城镇和荒漠等不同生态系统的实物量和价值量进行核算，核算框架见表 6-16。

2. 生态系统现状与 NPP 评估

承德市生态系统包括森林生态系统、草地生态系统、湿地生态系统、农田生态系统、城镇生态系统、荒漠生态系统和其他生态系统七类。其中，森林生态系统是其主要生态系统类型。2020 年，承德市森林生态系统面积为 23462 km²，占比为 59.57%；草地生态系统面积为 7972 km²，占比为 20.24%；农田生态系统面积为 5794km²，占比为 14.7%；湿地生态系统面积为 664 km²，占比为 1.69%。从承德市 11 个县（市、区）来看，森林生态系统主要分布在围场满族蒙古族自治县（简称围场县）和丰宁满族自治县（简称丰宁县），森林生态系统面积分别为

表 6-16　承德市 GEP 核算指标

指标	森林	草地	湿地	农田	城镇	荒漠
产品供给	√	√	√	√	×	×
气候调节	√	√	√	×	×	×
固碳	√	√	√	×	×	×
释氧	√	√	√	×	×	×
水质净化	×	×	√	×	×	×
大气净化	√	√	√	√	×	×
水源涵养	√	√	×	×	×	×
洪水调蓄	×	×	√	×	×	×
防风固沙	√	√	√	√	×	×
土壤保持	√	√	√	√	×	×
物种保育	√	√	×	×	×	×
文化服务	√	√	√	√	√	√

5915.44 km^2 和 5426.12 km^2，占承德市森林生态系统面积的 25.2% 和 23.1%。草地生态系统主要分布在丰宁县、围场县和隆化县，这三个县草地生态系统的面积分别为 1908.44 km^2、1383.56 km^2、1088.63 km^2，占承德市草地生态系统面积的 23.9%、17.4%、13.7%。湿地生态系统主要分布在围场县、隆化县、丰宁县，这三个县湿地生态系统的面积分别为 141.63 km^2、108 km^2、102.3 km^2，占承德市湿地生态系统面积的 21.33%、16.3%、15.4%。

净初级生产力（NPP）是生态系统中绿色植被用于生长、发育和繁殖的能量值，也是生态系统中其他生物成员生存和繁衍的物质基础。2015～2020 年，承德市生态系统面积变化不大，除城市生态系统面积呈现小幅增加外，其他生态系统变化幅度较小。但从体现生态系统质量的生态系统 NPP 指标来看，承德市 NPP 变化幅度相对较大。2015 年承德市 NPP 总量为 2525.2 万 t，2020 年 NPP 总量为 2279.6 万 t，总体下降了 9.73%。从 NPP 的空间分布来看，围场县、丰宁县和隆化县相对较高，2020 年这三个县的 NPP 分别为 481.69 万 t、423.13 万 t、350.16 万 t，分别比 2015 年下降 13.31%、19.25% 和 9.71%。从 NPP 下降幅度来看，双桥区（包括高新区）、鹰手营子矿区、丰宁县、双滦区、围场县 5 个县区，2020 年 NPP 相比 2015 年的降幅都在 13.3% 以上（图 6-18）。NPP 值主要受降水、温度、太阳辐射等因素的影响，2015 年承德市平均降水量为 532.1mm，2020 年平均降水量为 629.1mm，2020 年降水量比 2015 年增长 18.23%。2020 年降雨同比显著增加的时间分布在 5 月和 8 月，分别增加 51mm 和 82mm，但是在植被生长旺季的 4 月和

6 月，平均降水却分别减少了 10mm 和 36mm，承德市 2020 年降水量分布不均是导致其 NPP 下降的一个主要原因。

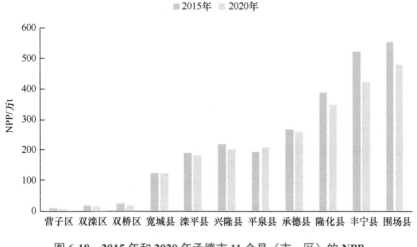

图 6-18　2015 年和 2020 年承德市 11 个县（市、区）的 NPP

3. GEP 总体核算结果

承德市地处"四河之源、两库上游、沙区前沿"，是保障京津地区生态安全的天然屏障和京津冀水资源的最大供应地。承德市一直承担着"把风沙挡在承德，把净水送给京津"的绿色使命和政治责任，加快植树造林、退耕还林、风沙源治理等生态文明建设，构建起以坝上防风固沙林、北部水源涵养林、中部水保经济林和南部经济林四大林区为主的"生态屏障"，生态功能突出。利用生态系统 GEP 衡量承德市绿水青山价值，2019 年和 2020 年承德市绿水青山价值分别为 3941.6 亿元和 3674.1 亿元，2020 年绿水青山价值比 2015 年增长了7.5%。其中，2019 年和 2020 年产品供给价值分别为 406.9 亿元和 459.7 亿元，2020 年比 2015 年增长了 30%；2019 年和 2020 年调节服务价值分别为 2846.6亿元和 3057.5 亿元，2020 年比 2015 年增长了 9%；2019 年和 2020 年文化服务价值分别为 688.1 亿元和 156.8 亿元，受新冠疫情影响，文化服务价值 2020年较 2019 年下降了 40%（图 6-19）。

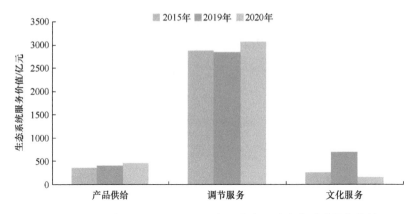

图 6-19　2015 年、2019 年和 2020 年承德市三大生态系统服务价值

2015 年承德市森林覆盖率为 56.7%，2020 年森林覆盖率达到 60.03%，提高了 3.3 个百分点。根据承德市土地利用数据统计，2015 年和 2020 年承德市森林面积分别为 23298.7 km^2 和 23461.9 km^2，增长了 0.7%。通过对承德市森林生态系统、草地生态系统、湿地生态系统、农田生态系统等主要生态系统服务价值进行核算可知，承德市森林生态系统是其生态服务的主要提供者，2019 年和 2020 年，承德市森林生态系统提供的生态系统服务价值分别为 1653.5 亿元和 1537.4 亿元，占全部生态系统提供的生态系统服务价值的 41.9% 和 41.8%。其次是湿地生态系统，2019 年和 2020 年其提供的生态系统服务价值分别为 1523.1 亿元和 1319.0 亿元，占比分别为 38.6% 和 35.8%。草地生态系统 2019 年和 2020 年提供的生态系统服务价值为 399.2 亿元和 439.9 亿元，占比分别为 10.1% 和 11.9%（图 6-20）。

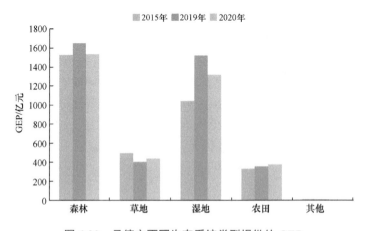

图 6-20　承德市不同生态系统类型提供的 GEP

4. 分生态系统服务功能核算结果

承德市 2020 年调节服务比 2015 年有所增加，增长了 9%。在调节服务的 10 个指标中，气候调节价值和水源涵养价值占比相对较高，2020 年占比为 68% 和 11%（图 6-21）。2020 年气候调节价值为 2090.1 亿元，水源涵养价值为 328.9 亿元，物种保育价值为 205.5 亿元，土壤保持价值为 75.8 亿元，防风固沙价值为 40.7 亿元。承德市是京津冀地区重要的水源涵养区和防风固沙区，是京津冀重要的生态屏障，需不断推进"生态涵水、工程调水、管理节水、环保净水、产业兴水、借力保水"，建设天蓝、山绿、水清、土净的生态环境，为京津冀可持续发展提供强有力的生态环境支撑。

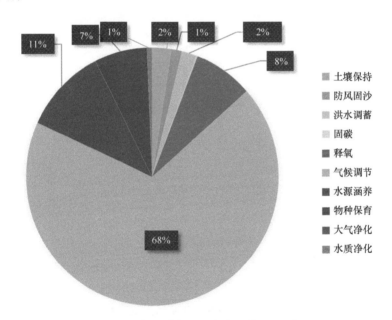

图 6-21　2020 年承德市不同生态系统服务指标占比

虽然 2015 年、2020 年承德市森林生态系统、草地生态系统和湿地生态系统的面积没有发生大的变化，但受气象等自然因素的影响，承德市调节服务中防风固沙、水源涵养等指标的价值量有所降低。承德市 2020 年与 2015 年相比，生长季初期相对干旱，植被生长受到抑制，生长季中后期干旱得到缓解，植被快速生长，但 8 月降水达到往年近两倍（图 6-22），植被光照受到一定的抑制，导致 2020 年 NPP 比 2015 年下降了 9.73%。同时，2020 年承德市风速（平均风速为 1.98m/s）

比 2015 年（平均风速为 2.1m/s）偏小，起沙量小，因而风沙固定量有所降低，导致防风固沙服务功能下降明显。除降雨和蒸发因素外，承德市 2020 年和 2015 年的河流径流量数据差距也较大，根据《承德市水资源公报》可知，2015 年承德市平均降水量为 526.7mm，河流径流量为 10.87 亿 m^3，2020 年平均降水量为 629.1mm，河流径流量为 12.99 亿 m^3。为降低气象等因素对核算结果的影响，本书采用近 5 年气象平均值与当年数据平均后进行核算。对于 GEP 核算而言，气象等自然因素是影响其数值波动的主要原因之一。

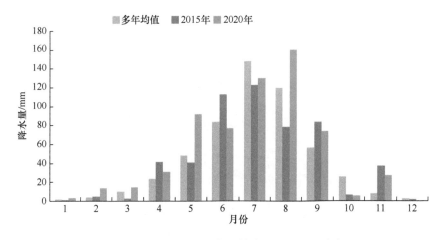

图 6-22　2015 和 2020 年承德市逐月降水量分布

5. 分区域核算结果

承德市 GEP 呈现从西北部向东南部逐步降低的空间变化趋势，其空间分布可以划分为三个层次，绿水青山高值区主要分布在西北部的围场县、丰宁县和隆化县，2020 年这三个县的 GEP 分别为 830.3 亿元、626.6 亿元和 530.3 亿元，占承德市 GEP 的 54.1%。围场县和丰宁县是国家重点生态功能区，在京津风沙源治理方面发挥重要作用。绿水青山低值区主要分布在中部的承德市市区，2020 年，鹰手营子矿区、双滦区、双桥区（包括高新区）的 GEP 分别为 10.1 亿元、54.5 亿元和 100.2 亿元，占承德市 GEP 的 4.5%。绿水青山中值区主要位于承德市的东南部地区，主要包括宽城满族自治县（简称宽城县）、滦平县、兴隆县、承德县和平泉市，2020 年这五个县市的 GEP 分别为 227.3 亿元、280.1 亿元、295.8 亿元、359.3 亿元、359.6 亿元，占承德市 GEP 的 41.4%（图 6-23）。

滦平县、兴隆县、宽城县等省级重点生态功能区围绕"京津和冀东地区生态屏障、地表水源涵养区、文化和生态旅游区"的定位要求，加大生态环境保护力度，大力发展生态文化旅游和休闲度假产业，积极开发光伏资源，有序开发煤、铁等矿产资源，建设绿色农产品和生态产业基地。隆化县、平泉市省级农产品主产区，在严格保护耕地、稳定粮食生产、保障农产品供给的基础上，稳步扩大蔬菜、食用菌、特色果品规模，着力发展现代物流、装备制造、休闲旅游等产业，建设国家级现代农业综合示范区和区域物流中心。

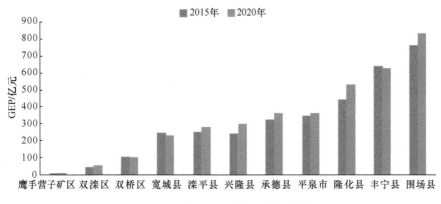

图 6-23　2015 年和 2020 年承德市各地 GEP

6. 基于 GEP 核算的承德市生态文明考核制度研究

1）承德市生态文明建设目标评价考核现状

A. 承德市现有生态文明考核指标体系

2018 年 12 月，中共承德市委办公室和承德市人民政府办公室印发了《承德市生态文明建设目标评价考核办法》，作为附件同步发布了承德市绿色发展指标体系用来评价 12 个区、市和县年度绿色发展情况，见表 6-17。

从评价指标体系的对比来看，承德市绿色发展指标体系与国家绿色发展指标体系基本一致，主要差别为删去了"三、环境质量"中"近岸海域水质优良（一、二类）比例"和"四、生态保护"中"自然岸线保有率"和"海洋保护区面积"三个涉及海洋的指标。在"一、资源利用"中增加了"煤炭消费削减量"，在"二、环境治理"中增加了"规模养殖场（区）粪污处理设施配建率"两个指标，其他指标在国家指标体系的基础上并无改动。目前在承德市公开的绿色发展指标体系中并无各项分值的说明。

表 6-17 承德市绿色发展指标体系

一级指标	序号	二级指标
一、资源利用	1	能源消费总量
	2	单位 GDP 能源消耗降低率
	3	煤炭消费削减量
	4	单位 GDP 二氧化碳排放降低
	5	非化石能源占一次能源消费比重
	6	用水总量
	7	万元 GDP 用水量下降
	8	单位工业增加值用水量降低率
	9	农田灌溉水有效利用系数
	10	耕地保有量
	11	新增建设用地规模
	12	单位 GDP 建设用地面积降低率
	13	资源产出率
	14	一般工业固体废物综合利用率
	15	农作物秸秆综合利用率
二、环境治理	16	化学需氧量排放总量控制
	17	氨氮排放总量控制
	18	二氧化硫排放总量控制
	19	氮氧化物排放总量控制
	20	危险废物处置利用率
	21	生活垃圾无害化处理率
	22	生活垃圾分类收集覆盖率
	23	污水集中处理率
	24	规模养殖场（区）粪污处理设施配建率
	25	环境污染治理投资占 GDP 比重
三、环境质量	26	城市环境空气质量优良天数比例
	27	细颗粒物（$PM_{2.5}$）未达标城市浓度下降
	28	地表水达到或好于Ⅲ类水体比例
	29	地表水劣Ⅴ类水体比例
	30	重要江河湖泊水功能区水质达标率
	31	城市集中式饮用水水源水质达到或优于Ⅲ类比例
	32	受污染耕地安全利用率
	33	单位耕地面积化肥使用量
	34	单位耕地面积农药使用

续表

一级指标	序号	二级指标
	35	森林覆盖率
	36	森林蓄积量
	37	草原综合植被覆盖度
四、生态保护	38	湿地保护率
	39	陆域自然保护区面积
	40	新增水土流失治理面积
	41	可治理沙化土地治理率
	42	新增矿山恢复治理面积
	43	人均 GDP 增长率
	44	居民人均可支配收入
五、增长质量	45	第三产业增加值占 GDP 比重
	46	规模上工业战略性新兴产业增加值占 GDP 比重
	47	研究与试验发展经费支出占 GDP 比重
	48	公共机构人均能耗降低率
	49	绿色产品市场占有率（高效节能产品市场占有率）
	50	新能源汽车保有量增长率
	51	绿色出行（城镇每万人口公共交通客运量）
六、绿色生活	52	城镇绿色建筑占新建建筑比重
	53	城市建成区绿地率
	54	农村自来水普及率
	55	农村卫生厕所普及率
七、公众满意度	56	公众对生态环境质量满意程度

承德市生态文明建设考核目标体系同时作为附件随《承德市生态文明建设目标评价考核办法》一起发布，用来考核 12 个区、市和县五年期生态文明建设考核目标的完成情况，具体指标详见表 6-18。

承德市生态文明建设考核目标体系的指标也和国家生态文明建设考核目标体系基本一致，仅删去了"近岸海域水质优良（一、二类）比例"这一项指标。

总体来看，承德市绿色发展评价指标体系和生态文明建设考核目标体系基本沿用了国家指标体系，仅删去了与承德市不相适应的海洋类指标等。但承德市生态环境优良、环境容量大、生态系统复杂、生态功能区多样等特性没有在指标体系中显示，在绿色发展评价和生态文明建设考核目标中应根据承德地方特色对关键指标进行甄别与选择，与国家推荐指标加以区别，以反映地方绿色发展和生态文明建设特色。

表 6-18 承德市生态文明建设考核目标体系

目标分类	目标分类值	序号	子目标名称
一、资源利用	30	1	单位 GDP 能耗降低
		2	单位 GDP 二氧化碳排放降低
		3	煤炭消费削减量
		4	万元 GDP 用水量下降
		5	水资源控制率
		6	耕地保有量
		7	新增建设用地规模
		8	能源消费总量
		9	用水总量
二、生态环境保护	40	10	环境空气质量优良天数比例
		11	细颗粒物（$PM_{2.5}$）浓度下降
		12	地表水达到或好于Ⅲ类水体比例
		13	出境断面Ⅲ类水质达标率
		14	地表水劣Ⅴ类水体比例
		15	化学需氧量排放总量减少
		16	氨氮排放总量减少
		17	二氧化硫排放总量减少
		18	氮氧化物排放总量减少
		19	森林覆盖率
		20	森林蓄积量
		21	草原综合植被覆盖度
三、年度评价结果	20	22	各县（市、区）生态文明建设年度评价的综合情况
四、公众满意程度	10	23	居民对本地区生态文明建设、生态环境改善的满意度
五、生态环境事件	扣分项	24	重特大突发环境事件、造成恶劣社会影响的其他环境污染责任事件、严重生态破坏责任事件的发生情况

B. 考核办法存在的问题

（1）评价指标体系与考核指标体系有待优化。根据《承德市生态文明建设目标评价考核办法》的相关要求，生态文明建设的年度评价应采用绿色发展评价指标体系，但其中涉及生态类的 10 个评价指标中，承德市仅选用 3 个指标用于生态文明建设目标的考核，且部分指标的赋分及成绩划档方式受主观因素影响较强，不利于考核办法客观、公平的实施。承德市生态文明建设考核目标体系未能结合承德市实际情况，将涉及 GEP 的湿地保护率、新增水土流失治理面积、可治理沙化土地治理率等关键指标纳入考核指标体系。

（2）生态文明建设目标的考核主体尚待完善。目前实施的年度绿色发展评价和五年生态文明建设目标绩效考核均采取了上级政府评价和考核下级政府的方式。该方法可用于简单的统计和监测指标计算，但是对于更加复杂和偏技术性的指标（如生态系统服务相关指标）仅由政府组织考评，操作起来难度较大，也影响考评结果的公信力和客观性。

（3）基层单位能力建设有待加强。部分基层工作人员参与生态文明建设时间较短、工作经验不足，对于生态文明建设的重要性认识不足，对于"什么是生态文明""如何建设生态文明"往往停留在文件层面，缺乏对成功案例的剖析和研究，难以形成理性认识并内化到生态文明建设行动中。

（4）基于考核结果的奖惩机制有待强化。近年来，虽然生态文明建设目标考核开始受到重视，但因发展理念、考评指标、制度执行、晋升机制及部门协调等多因素的限制，体现生态文明要求的领导干部绩效考核机制尚待健全。基于生态文明建设目标考核结果的资金分配、干部任用等奖惩机制亟待强化。

2）生态文明建设绩效考核制度研究

建议承德市在已有生态文明建设考核目标和年度绿色发展评价指标体系的基础上，结合承德市经济生态生产总值核算结果，进一步优化指标体系，适度扩大考核主体，多元化考核形式和内容，加强考核结果应用，打造可复制、可推广的"承德模式"。

A. 考核办法修改建议

（1）建议进一步优化评价和考核指标，将突出承德市地方生态特色的指标纳入评价和考核体系，扩大承德市生态环境保护工作成绩的影响力，全面反映承德市生态环境保护工作进展，为其他地区开展生态文明建设目标评价和考核工作积累经验。由于生态文明建设目标考核周期过长，无法全面反映承德市生态环境保护工作进展，建议在五年考核的国家"规定动作"的基础上，增加年度生态文明建设工作计划，并列入中期评估和年度调度等工作内容。中期评估主要评估各县（市、区）下辖乡、镇、街道五年规划中期生态文明建设各项目标任务进展情况，督促其加快推进五年规划期确定的目标任务，每个五年规划期的中期开展一次。另外，应明确各个指标的赋分原则和成绩的划档方式，减少考核工作中的主观因素，使有关指标的得分更加客观、公正。尝试将 GEP 核算结果作为领导干部生态文明建设绩效考核的重要依据，也可以作为离任审计的定量指标，并作为生态补偿的重要参考。因重大自然灾害等不可抗力导致生态系统有关服务功能的考核指标未能完成的，经主管部门核实后，对相关地区的指标得分进行综合判定。

（2）建议适度扩大考核主体的范围，在上级考核下级的基础上，针对一些技术性强、专业化程度高的评价指标，可以邀请具有公信力、客观、公正的第三方或相关领域专家，开展生态文明建设绩效的第三方评估，以增强评价考核结果的科学性、客观性、权威性；对于一些关乎群众获得感的指标，可以组织利益相关方现场听取"考生汇报"，现场无记名打分，使得考核过程透明，考核结果客观。进一步加强地方人大对生态文明建设的监督，建议市人大常委会定期听取市政府生态文明建设专项工作报告，听取和审议生态文明建设计划、预算执行情况报告，组织相关资源环境专项执法检查，并进行生态文明建设规范性文件备案审查。此外，市人大常委会可以对市政府及其组成部门在生态文明建设中不清楚、不理解、不满意的方面开展质询和问题调查。全面开展对被考核单位工作人员的培训，公布一些好的案例及其经验，供有关单位学习参考，为各个单位更好地完成生态文明建设相关工作奠定基础。

（3）建议进一步强化考核结果的运用，将考核结果作为下辖各街道、镇、乡财政资金等生态文明建设资源配置的重要因素；对重视生态环境保护、完成生态文明建设任务成绩突出的领导班子给予表彰，相应的领导干部在提拔任用、培训教育、工资晋级时优先考虑（表6-19）。

B. 考核指标修改建议

为贯彻生态文明建设的科学理念，推动承德市生态文明建设目标和"两山"高效转化，应科学编制生态文明建设目标指标体系，突出生态承载基础、生态环境水平、生态经济发展、生态社会和谐和生态制度建设的导向作用，统筹绿色发展、高质量发展和"两山"转化相关指标体系在生态文明建设目标中的突出作用。

一是强化顶层设计。为深化生态文明建设实践的积极作用，构建生态文明建设考核目标体系，不仅要考虑生态环境质量、环境改善情况，还要考虑社会、经济的绿色发展，兼顾"绿水青山"向"金山银山"的转化及金山银山反哺绿水青山，即从绿水青山、金山银山和"两山"转化三个方面均衡地设置指标，涵盖经济、社会、资源、环境等领域，通过水、气、土、生态等环境状况，公众生态环境满意度、生态价值、经济成效、民生成效、制度成效等层次全面反映生态文明建设实践的核心理念、基本内涵和主要任务。

二是引入动态分析。目前全国通用的生态文明建设考核目标体系主要关注于现状，而往往忽视了在实践过程中的"努力"程度。在环境质量方面，既要考虑生态环境现状，又要考虑基层乡镇为生态环境状况改善所做的工作，避免因生态

表6-19 《承德市生态文明建设目标评价考核办法》增补内容

章节	原文	修改建议
第二章第六条	"……承德市绿色发展指标体系由市统计局、市发改委、市环保局会同有关方面制定。"	"……承德市绿色发展指标体系参照国家发布的绿色发展指标体系，并结合承德市国民经济和社会发展规划纲要以及生态文明建设进展情况由市统计局、市发展和改革委员会、市生态环境局会同有关方面进行制定。生态保护和增长质量类指标在制定和筛选过程中应充分考虑生态系统的整体性以及经济系统耦合性，选取关键指标反映生态系统的保护进展和经济质量情况。"
第三章第十一条	"……各县……应在每五年规划期结束次年6月底前向市委、市政府报送生态文明建设目标完成情况自查报告……"	"目标考核在五年规划期结束后的次年开展……各县……应在每五年规划期结束次年6月底前向市委、市政府报送生态文明建设目标完成情况的相关材料，应包括五年中期评估、年度调度评估和自查报告等内容。"
第三章第十三条	"……对考核等级优秀，生态文明建设工作成效突出的地区，给予通报表扬。"	"……对考核等级优秀，党中央、国务院和省委、省政府、市委、市政府部署的生态文明建设重大目标任务完成成效突出，公众获得感强和满意度高的地区，给予通报表扬。"
第三章第十三条	"……考核结果将作为各县……党政领导班子和领导干部综合考核评价、干部奖惩任免的重要依据。"	"……考核结果将作为各县……党政领导班子和领导干部综合考核评价、干部奖惩任免和生态文明建设资源配置的重要依据。"
第四章第十六条	"……切实加强生态文明建设工作领域统计和工作力度，提高数据的科学性、准确性和一致性。"	"……切实加强生态文明建设工作领域统计和工作力度，加强生态文明建设评价考核专业知识，提高评价考核工作人员业务能力，提高数据的科学性、准确性和一致性。对一些技术性强、专业化程度高的评价指标，可引入具有公信力、客观、公正的第三方开展评估。"
第五章第十九条	增加第五章第十九条内容	"各市、区和县人大常委会应定期听取市（县、区）政府生态文明建设专项工作报告，开展质询和问题调查，听取和审议生态文明建设计划、预算执行情况报告，组织开展专项执法检查和规范性文件备案审查。"

本底值差异导致"输在起跑线"和"躺赢"情况的发生；对于水、气两大环境介质，同时考虑状况指标和变化指标。在资源利用方面，既要考虑市、县的经济转化率，又要呼应我国《"十三五"水资源消耗总量和强度双控行动方案》《"十三五"节能减排综合工作方案》等相关规划中指标动态变化率的目标要求，同步考虑状况指标和变化指标。

三是充分借鉴提升。指标体系既需要与国家要求相呼应，同时也要有选择地借鉴提升。《水污染防治行动计划》《大气污染防治行动计划》《土壤污染防治行动计划》、"三线一单"生态环境分区管控等相关行动计划、要求中的重要考核指标，以及生态文明示范县区、美丽乡村建设和"两山"实践创新基地等要求的建设性指标也可以有选择地借鉴为生态文明建设目标的考核指标。为充分巩固和深化现有生态文明建设成果，进一步提升扩大示范影响力，可以考虑引入美丽乡村建制村覆盖率作为指标。

四是具有创新性。生态文明建设考核目标体系与传统意义上的生态环境考核体系目标内涵一致，但侧重点有所不同，其中最大的不同是要体现"两山"转化方面对高质量发展和高水平保护的支撑作用。为此，考虑到金山银山的经济表征和生态价值表征，引入生态产品总值，直观、客观地表征"绿水青山"本身具有的经济价值。在"两山"转化方面，考虑资源、能源转化的同时，还需要考虑污染物的转化，借鉴《中华人民共和国环境保护税法》，将地区的污染物统筹考虑，统一折算为当量，根据单位工业污染物当量换取的工业增加值判定区域的环境损耗换取的经济价值，避开了唯四项污染物论的片面性。在制度层面，为鼓励地方实践的创新性，探索生态文明建设目标的典型做法和经验，挖掘和发现可借鉴、有创新的制度。

根据对承德市现有生态文明建设考核目标体系问题的分析，结合承德市各地区生态系统服务功能突出的特征，建议对《承德市生态文明建设目标评价考核办法》的考核指标体系进行修改完善（表6-20和表6-21）。

表6-20中的指标解释如下。

（1）资源产出率：资源产出率=经济生产活动所消耗物质总量/ GDP×100%。

（2）天然湿地保护率：天然湿地保护率=受保护天然湿地面积/天然湿地总面积×100%。天然湿地总面积以最近一次全国湿地资源调查公布数据为基准。各类保护地之间的天然湿地面积重叠部分不得重复计算。

（3）绿色农产品市场占有率：指按照特定生产方式生产，经专门机构认定，许可使用绿色食品标志，无污染、安全、优质、营养的农产品的销售额占农产品市场销售总额的比例。

（4）旅游业占GDP比重：旅游业占GDP比重=旅游业增加值/GDP×100%。

（5）单位当量工业污染物排放的工业增加值：指区域内单位工业污染物的工业增加值，用以指示污染物排放所获取的经济效益，是表征污染物获取经济效益的重要指标。单位当量工业污染物排放的工业增加值（万元/kg）= 工业增加值（万元）/区域内工业污染物当量（kg）。污染物当量折算见《中华人民共和国环境保护税法》。

（6）美丽乡村建制村覆盖率：指区域内美丽乡村建制村个数在区域内建制村

表 6-20　建议增加的考核指标

目标	增加的子目标	纳入理由
资源利用	资源产出率	该指标在承德市绿色发展指标体系中，但未包含在承德市生态文明建设考核目标体系中。而且承德市生态文明建设考核目标体系中"一、资源利用"的 9 个指标中有 4 个能源相关指标、3 个水资源相关指标、2 个用地相关指标，对单位 GDP 资源利用和产出情况缺少具有代表性的综合指标
	旅游业占GDP 比重	根据"承德市经济生态生产总值核算报告"，承德市第三产业中旅游业占主导地位，同时生态旅游业发展迅速，因此，旅游业的发展对承德市各地合理利用资源环境、建设生态文明不可或缺
生态环境保护	天然湿地保护率	承德市湿地面积大，湿地生态功能重要且服务价值高，保护湿地生态系统是承德市生态保护工作的重点，湿地面积和质量均为重要的保护工作衡量指标。天然湿地保护率应作为生态文明建设中生态环境保护类的关键考核指标
	单位当量工业污染物排放的工业增加值	为促进区域经济集约化发展，将资源能源的经济转化体现出来，利用单位当量工业污染物排放换取的工业增加值可以反映地区的污染物、水资源、能源的资本转化情况及变化趋势，直观地表征出资源能源及环境损耗换取的经济价值
生态经济综合指标	绿色农产品市场占有率	承德市各地高度重视绿色农产品发展，大量特色农产品为当地独有，其中宽城县入选中国特色农产品优势区，双滦区、滦平县、平泉市和围场县为国家农产品质量安全县（市、区），承德地区已成为河北地区特色农产品优势产地
	美丽乡村建制村覆盖率	美丽乡村建设是建设社会主义新农村的重大历史任务的重要目标，是美丽中国建设的重要支撑，是推进生态文明建设目标的具体实践。建议将美丽乡村建制村覆盖率作为生态环境经济综合指标考核生态文明建设

总个数的占比。美丽乡村是中国共产党在十六届五中全会提出的建设社会主义新农村的重大历史任务，是"生产发展、生活宽裕、乡风文明、村容整洁、管理民主"等具体要求的体现。该指标是体现城乡一体化发展的重要指标，可以充分表征农村发展情况。美丽乡村建制村覆盖率（%）=美丽乡村建制村个数（个）/建制村总个数（个）×100%，可根据国家级、省级或市级人民政府认证材料作为数据来源。

　　根据增加和删除指标及相关筛选依据，建议承德市在考核各地时能重新梳理生态文明建设考核目标体系，部分指标应与"十三五"环境保护指标体系保持一致，且基本满足"十四五"生态文明建设考核要求，根据承德市 GEP 核算结果，建议修改承德市生态文明建设考核目标体系，如表 6-22 所示。

表 6-21 建议删去的考核指标

目标	删去的子目标	删除理由
生态环境保护	化学需氧量排放总量减少 氨氮排放总量减少 二氧化硫排放总量减少 氮氧化物排放总量减少	四项污染物总量减少的考核具有一定的片面性。随着污染物排放量减少，边际减排成本上升，唯污染物减少的考核不再科学。根据单位当量工业污染物排放的工业增加值判断经济总量的环境损耗，可以有效地考核生态文明背景下的减排成效
资源利用	能源消费总量	由于承德市主要能源结构已经不再依赖煤炭消耗，而是以绿色清洁能源为主，而且资源利用目标下已有"单位 GDP 能耗降低"和"单位 GDP 二氧化碳排放降低"两个相关考核目标用以表征能源消费改善情况，再放入能源消费总量指标的考核意义不大

表 6-22 修改完善后的承德市生态文明建设考核目标体系

目标分类	序号	子目标名称
一、资源利用	1	单位 GDP 能耗降低
	2	单位 GDP 二氧化碳排放降低
	3	煤炭消费削减量
	4	万元 GDP 用水量下降
	5	水资源控制率
	6	耕地保有量
	7	新增建设用地规模
	8	资源产出率
	9	用水总量
	10	旅游业占 GDP 比重
二、生态环境保护	11	环境空气质量优良天数比例
	12	细颗粒物（$PM_{2.5}$）浓度下降
	13	地表水达到或好于 III 类水体比例
	14	出境断面 III 类水质达标率
	15	地表水劣 V 类水体比例
	16	单位当量工业污染物排放的工业增加值
	17	城镇污水处理率
	18	森林覆盖率
	19	森林蓄积量
	20	草原综合植被覆盖度
	21	天然湿地保护率

目标分类	序号	子目标名称
三、生态经济综合指标	22	绿色农产品市场占有率
	23	美丽乡村建制村覆盖率
四、年度评价结果	24	各县（市、区）生态文明建设年度评价的综合情况
五、公众满意程度	25	居民对本地区生态文明建设、生态环境改善的满意度
六、生态环境事件	26	重特大突发环境事件、造成恶劣社会影响的其他环境污染责任事件、严重生态破坏责任事件的发生情况

6.3 县级行政区域核算

6.3.1 核算框架

武夷山市位于福建省西北部，隶属于福建省南平市，东邻浦城县，南接建阳区，西与光泽县相连，北部与江西省铅山县交界（图6-24）。武夷山市地理坐标介于 117°37′22″E～118°19′44″E，27°27′31″N～28°04′49″N，全境东西宽70km，南北长72.5km。武夷山市风景秀丽，历史悠久，人文荟萃，素有"碧水丹山"之誉，武夷山更是世界文化与自然遗产双重遗产地。武夷山市境内地貌可分为平原、丘陵、山地、盆地四大类型，其中山地面积最大，达1834km²，占全市总面积的65.20%，境内东、西、北部群山环抱，重峦叠嶂，中南部较平坦，为山地丘陵区。武夷山市地处闽江流域建溪水系上游，境内溪流密布，沟谷纵横。

武夷山是中国东南地区著名的林区，2015年武夷山市森林覆盖率达80.44%，珍稀树种50余种，总蓄积木材量1918.32万m³，年出材量10万m³。区内经济林植被中茶产品种类繁多，种植面积大，茶叶品种较多。武夷山是中国乌龙茶和红茶的发源地，武夷山岩茶位列中国十大名茶之一，历史悠久，品种繁多。另外，武夷山市动物资源丰富，尤其是九曲溪上游的武夷山国家级自然保护区是我国小区域单位面积上野生动物种类数量最为丰富的地区之一。武夷山市境内有高等植物2866种，其中国家一级保护野生植物2种，国家二级保护野生植物61种；野生动物7603种，其中国家一级保护野生动物17种，国家二级保护野生动物99种；鸟类391种，蛇类66种，昆虫6913种，两栖类46种。野生动植物种群数量逐年增加，近年来发现武夷林蛙（*Rana wuyiensis*）、武夷山毛泥甲（*Drupeus guadunensis*）、雨神角蟾（*Megophrys ombrophila*）、武夷山卷柏（*Selaginella wuyishanensis*）等 17 个新物种。所以，武夷山市作为国家重点生态功能区，承担水源涵养、水土保持和生物多样性维护等重要生态功能，关系福建省和国家生态安全。利用遥感影像解译、土地调查、普查、清查、统计、监测、现场调查等多种数据源，对 2010 年和 2015 年武夷山森林、湿地、农田等不同生态系统的实物量和价值量进行核算，核算框架见表 6-23。

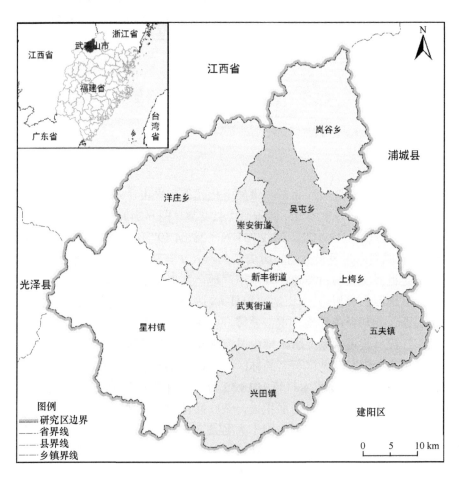

图 6-24　武夷山市区位图

6.3.2　生态系统现状评估

根据土地利用类型图划分了四大生态系统，即森林生态系统、农田生态系统、湿地生态系统、其他生态系统。面积是反映不同生态系统的数量指标，NPP 是反

表 6-23 武夷山市生态系统服务核算指标

指标	森林	湿地	农田	其他
产品供给	√	√	√	×
气候调节	√	√	×	×
固碳	√	√	×	×
释氧	√	√	×	×
水质净化	×	√	×	×
大气净化	√	√	√	×
噪声削减	√	×	×	×
水流动调节	√	√	√	×
洪水调蓄	×	√	×	×
土壤保持	√	×	√	×
土壤养分循环	√	×	√	×
生物多样性保育	√	√	×	×
文化旅游	√	√	√	√

映不同生态系统质量的重要指标。2015 年，武夷山市森林总面积为 2249.8 km²，占生态系统总面积的 80.3%；农田总面积为 389.2 km²，占生态系统总面积的 13.9%；湿地总面积为 42.4 km²，占生态系统总面积的 1.5%（图 6-25）。从空间分布来看，森林在各乡镇分布均较多（图 6-26），农田主要集中分布在武夷街道、兴田镇、吴屯乡、岚谷乡、星村镇东南部等地（图 6-27），湿地主要集中分布在武夷街道、新丰街道、吴屯乡、兴田镇等地（图 6-28）。与 2010 年相比，武夷山市主要生态系统面积变化不大，森林总面积由 2252.5 km² 减少至 2249.8 km²，农田总面积由 391.2 km² 减少至 389.2 km²，湿地总面积由 42.7 km² 减少至 42.4 km²。

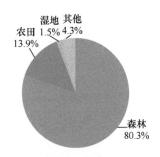

图 6-25 2015 年武夷山市不同生态系统面积比例

2015 年，武夷山市森林生态系统 NPP 为 214.18 万 t，占比为 88.2%；农田生

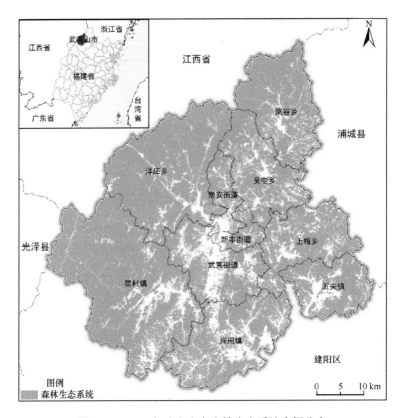

图 6-26   2015 年武夷山市森林生态系统空间分布

态系统 NPP 为 20.69 万 t，占比为 8.5%；湿地生态系统 NPP 为 2.15 万 t，占比为
0.9%（图 6-29 和表 6-24）。从单位生态系统面积的 NPP 指标来看，森林生态系统
单位面积 NPP 最大，为 952.0 t/km^2，湿地生态系统单位面积 NPP 最小，为 507.9
t/km^2。从各个乡镇 NPP 来看，星村镇（61.36 万 t）、洋庄乡（44.88 万 t）、兴田镇
（24.98 万 t）、岚谷乡（26.28 万 t）的 NPP 相对较高，占全部 NPP 比重的 64.8%。
与 2010 年相比，武夷山市各大生态系统 NPP 总量增长幅度较大，其原因在于 2010
年武夷山地区夏季连续 2 个月强降雨，植被长势不好。

6.3.3　GEP 核算结果

1.　总体核算结果

武夷山市 2010 年和 2015 年的 GEP 分别为 1821.2 亿元和 2207.4 亿元，2015 年

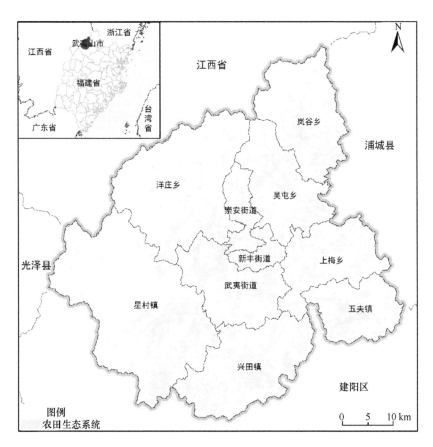

图 6-27　2015 年武夷山市农田生态系统空间分布

比 2010 年提高 21.2%，2010 年和 2015 年武夷山市 GDP 分别为 65.8 亿元和 138.9 亿元，GEP 与 GDP 的比值分别为 27.7 和 16.0。武夷山市 2010 年和 2015 年人均 GEP 分别为 79.5 万元和 96.6 万元，单位面积 GEP 分别为 0.65 亿元/km^2 和 0.79 亿元/km^2。2015 年，全国单位面积 GEP 为 0.08 亿元//km^2，武夷山市单位面积 GEP 约是全国平均水平的 10 倍。

　　武夷山市人均 GEP 远高于其他地区，是其丰富的自然资源禀赋条件价值量的反映。武夷山 1999 年被联合国教育、科学及文化组织（简称"联合国教科文组织"）正式批准列入《世界遗产名录》，是世界仅有的 35 个、我国仅有的 4 个世界自然与文化双遗产之一，自然遗产有武夷山国家级自然保护区、国家森林公园、九曲溪等；文化遗产有朱子理学文化、茶文化、古汉城遗址、宗教文化等，在全国乃至世界的遗产版图上占有重要地位。同时，武夷山市是"丹霞地貌"典型代表。

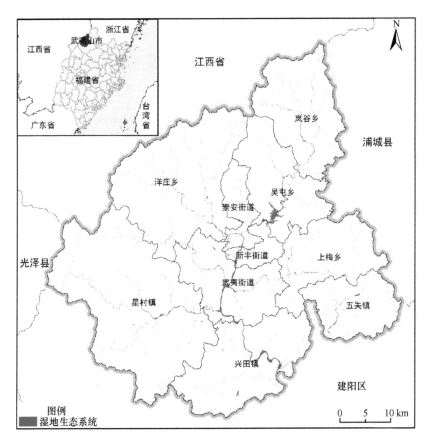

图 6-28 2015 年武夷山市湿地生态系统空间分布

表 6-24 2010 年和 2015 年各大生态系统 NPP 总量 （单位：t）

生态系统类别	2010 年	2015 年
森林生态系统	1837410.1	2141760.2
农田生态系统	168698.7	206923.9
湿地生态系统	17048.3	21535.0
合计	2023157.1	2370219.1

武夷山兼具黄山之奇、华山之险、庐山飞瀑之胜、桂林山水之秀，博采众长，具有综合性特点，而山下九曲溪风光被誉为"山与水完美结合的典范"，与泰山的帝王文化、峨眉山的佛教文化、黄山的奇松怪石不同，武夷山胜在名山秀水的组合优势，也因此在国内众多山水景观中具有重要的竞争力，是人类与自然环境和谐统一的代表。此外，武夷山是全球生物多样性保护的关键地区，保存了地球同纬

度最完整、最典型、面积最大的中亚热带原生性森林生态系统，享有"世界生物之窗""蛇的王国""鸟的天堂""昆虫的世界""天然植物园"的美称，被中外生物学家誉为"研究亚洲两栖和爬行动物的钥匙"，是"代表生物演化过程以及人类与自然环境相互关系的突出例证"。1987 年，武夷山自然保护区被联合国教科文组织列为"人与生物圈"世界自然保护网成员，1992 年又被联合国列为全球生物多样性 A 级自然保护区。

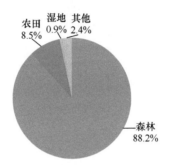

图 6-29　2015 年武夷山市不同生态系统 NPP 比例

武夷山市 GEP 受各种生态环境、自然资源禀赋条件差异的影响，其 GEP 空间分布不均，主要分布在星村镇和洋庄乡。2010 年和 2015 年星村镇 GEP 分别为 535.5 亿元和 621.8 亿元，占武夷山市总生态系统服务价值的 29.4%和 28.2%（图 6-30）。从生态系统产品供给、调节服务和文化服务三个服务类型来看，星村镇的各项服务都是最高的。

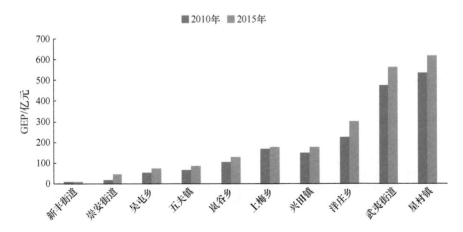

图 6-30　武夷山市不同乡镇（街道）的 GEP

星村镇位于武夷山市西南部，地处武夷山风景名胜区和武夷山国家级自然保护区之内，为武夷山世界自然与文化"双遗地"核心区，是九曲溪竹筏码头所在地，区内拥有武夷山国家级自然保护区、武夷山风景名胜区、武夷山国家森林公园和海拔2100余米的"华东屋脊"黄岗山，是我国东南大陆现存面积最大、保留最完整的中亚热带生态系统。镇辖行政村是武夷山国家级自然保护区的中心区。村内的挂墩是采集动植物标本的宝库。同时，星村镇也是武夷山市的重点产粮区、林业区和茶果区。茶叶生产历史悠久，清朝以来，星村镇茶商云集，为武夷山岩茶集散地，武夷山市90%以上的茶叶是由星村镇生产的，有"茶不到星村不香"之说。桐木村所生产的正山小种红茶，于17世纪就畅销西欧，有"桂圆香汤"口味，在全国红茶品类中独占一席。镇产乌龙茶珍种"肉桂"为全国名茶之一。此外，还盛产白术、元胡、厚朴等名贵药材和香菇、笋干、柑橘等土特产。

2. 分生态系统服务功能核算结果

武夷山市森林生态系统服务价值最高，2010年和2015年分别为1796.4亿元和2167.3亿元，分别占全部生态系统生态服务价值的98.6%和98.2%，其次是农田生态系统和湿地生态系统，森林、农田和湿地生态系统服务价值2015年比2010年分别增长20.7%、59.6%、32.4%。武夷山市森林生态系统单位面积GEP最高，2010年和2015年分别为7974.8万元/km²和9633.5万元/km²，其次为湿地生态系统和农田生态系统，其中农田生态系统单位面积GEP增长最快，2015年比2010年增长60.4%，森林和湿地生态系统分别增长20.8%和33.1%（图6-31）。

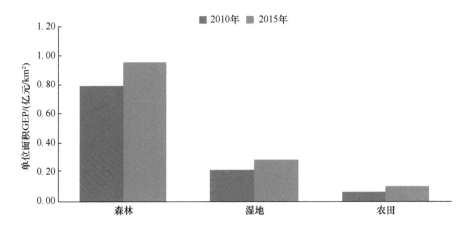

图6-31　2010年和2015年武夷山市不同生态系统的单位面积GEP

从产品供给、调节服务和文化服务来看，武夷山市调节服务价值最高，2010年和2015年调节服务价值分别为1165.6亿元和1432.1亿元，占生态系统总价值的64.0%和64.9%，其次为文化服务和产品供给服务，见表6-25。产品供给服务价值2015年比2010年增长87.5%；调节服务2015年比2010年增长22.9%，其中气候调节增长最快，2015年比2010年增长165.3%，其次为水流动调节、固碳释氧、土壤保持和洪水调蓄，分别增长15%、31.7%、3.1%和14.8%。文化旅游价值2015年比2010年增长15.7%。

表6-25 2010年和2015年武夷山市GEP

分类	服务功能	GEP/亿元		比例/%	
		2010年	2015年	2010年	2015年
产品供给	产品供给	23.2	43.5	1.27	1.97
调节服务	气候调节	129.4	343.4	7.11	15.56
	负离子价值	—	56.2	0.00	2.55
	固碳	0.71	0.93	0.04	0.04
	释氧	22.7	29.9	1.25	1.35
	水质净化	0.65	0.59	0.04	0.03
	大气净化	9.95	2.96	0.55	0.13
	噪声削减	6.49	6.48	0.36	0.29
	水流动调节	54.2	62.4	2.98	2.83
	洪水调蓄	0.91	1.12	0.05	0.05
	土壤保持	0.01	0.01	0.001	0.0005
	生物多样性保育	940.6	928.1	51.6	42.0
文化服务	文化旅游	632.4	731.8	34.7	33.2
GEP		1821.2	2207.4	—	—

3. 分区域核算结果

武夷山市各乡镇（街道）中星村镇GEP最高，2010年和2015年星村镇GEP分别为535.5亿元和621.8亿元，占武夷山市总GEP的29.4%和28.2%，因武夷山市的自然保护区位于星村镇，所以星村镇自然保护区的生物多样性价值较高。其次为武夷街道、洋庄乡、兴田镇、上梅乡和岚谷乡，其GEP均在100亿元以上，见表6-26。

从产品供给、调节服务和文化服务生态系统功能来看，星村镇和兴田镇产品供给价值较高，2015年比2010年分别增长105.1%和102.9%，新丰街道产品供给价值最低。星村镇调节服务价值也较高，2015年比2010年增长172.1%。武夷山市文化服务价值集中在武夷街道、星村镇、兴田镇和洋庄乡，其中武夷街道价值最高（2010 年 439.1 亿元，2015 年 508.1 亿元），2015 年比 2010 年增长 15.7%，见表 6-27。

表 6-26　2010 年和 2015 年武夷山市各地区 GEP

地区	GEP/亿元		比例/%		排序	
	2010 年	2015 年	2010 年	2015 年	2010 年	2015 年
崇安街道	21.5	48.7	1.18	2.21	9	9
岚谷乡	106.2	131.9	5.83	5.98	6	6
上梅乡	169.4	178.2	9.30	8.07	5	5
吴屯乡	54.0	77.1	2.96	3.49	8	8
五夫镇	68.5	85.8	3.76	3.89	7	7
武夷街道	476.2	564.9	26.15	25.59	2	2
新丰街道	10.1	12.9	0.55	0.58	10	10
星村镇	535.5	621.8	29.4	28.17	1	1
兴田镇	150.4	177.9	8.26	8.06	4	4
洋庄乡	227.6	304.1	12.5	13.78	3	3
农茶场及其他	2.0	3.8	0.11	0.17	11	11

表 6-27　2010 年和 2015 年武夷山市各地区不同生态系统服务功能价值

（单位：亿元）

地区	产品供给		调节服务		文化服务	
	2010 年	2015 年	2010 年	2015 年	2010 年	2015 年
崇安街道	1.2	2.5	9.1	35.3	0.0	0.0
岚谷乡	1.7	2.7	21.3	44.1	0.0	0.0
上梅乡	1.9	3.1	19.9	39.7	0.0	0.0
吴屯乡	2.3	4.1	21.0	41.8	0.0	0.0
五夫镇	2.2	3.3	16.1	31.8	0.0	0.0
武夷街道	2.5	5.5	12.5	28.8	439.1	508.1
新丰街道	0.3	0.6	5.8	8.2	0.0	0.0
星村镇	3.9	8.0	36.6	99.6	111.8	129.4
兴田镇	3.5	7.1	27.4	41.1	63.4	73.4
洋庄乡	1.7	2.9	32.6	103.5	18.1	20.9
农茶场及其他	2.0	3.8	0.0	0.0	0.0	0.0

从单位面积 GEP 来看，武夷街道单位面积 GEP 最高，2010 年和 2015 年分别为 1.99 亿元/km² 和 2.36 亿元/km²，见图 6-32。从人均 GEP 来看，星村镇人均

GEP 最高，其次为洋庄乡和武夷街道，人均 GEP 较低的街道为崇安街道和新丰街道。

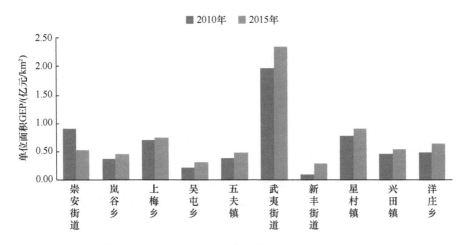

图 6-32　2010 年和 2015 年武夷山市单位面积 GEP

在产品供给方面，由于武夷山市对茶叶相关产值进行单独统计，所以本研究对农茶场的产品供给价值进行单独核算。2010 年和 2015 年农茶场及其他产品供给共计产生价值为 2 亿元和 3.8 亿元，增长了 90%。

6.3.4　基于 GEP 核算结果的武夷山市生态补偿制度研究

1. 基于生态产品流转的生态补偿额度分析

1）水资源供给价值

流域的水资源消费者即生态系统水资源供给服务的受益者，水资源供给价值沿河道向下游地区的水资源消费者进行空间转移。因此，武夷山市水资源供给价值的空间流向及流转强度可以通过武夷山市的水资源分配情况来确定。根据武夷山市水资源供给量和消费量评估结果可知，武夷山市水资源供给量远远大于地区水资源消耗量，每年向下游区域提供了大量的水资源。2015 年，武夷山市内产水量约为 44.55 亿 m³，本底用水量为 2.11 亿 m³，向下游提供的水资源量为 42.44 亿 m³。南平市居民生活用水价格为 1.25 元/m³，按照此单价来计算，武夷山市向下游提供的水资源量价值约为 53.05 亿元。

2）减轻水土流失服务价值

土壤保持价值包括保持土壤养分和减少泥沙淤积两方面的价值。其中，生态系统保持土壤养分的主要受益者是研究区本身，这部分价值不发生流转；而减少泥沙淤积价值的受益者包括研究区本身及其下游地区，可以按流域内泥沙输移比例对该部分价值进行分配。2015 年，武夷山市土壤保持量为 8850.90 万 t，按照我国主要流域的泥沙运动规律，全国土壤侵蚀流失的泥沙 24%淤积于水库、河流、湖泊中[77]，需要进行清淤以消除影响。按照挖取单位体积土方费用 17.39 元/m³ 计算，则对应的减少泥沙淤积价值约为 2.84 亿元。

3）减轻非点源污染价值

武夷山市平均 N、P 保留量分别为 6.55 kg/hm²、1.33 kg/hm²，总的 N、P 保留量分别为 1837.55 t 和 373.12 t，有效减少了输送到下游的营养物质，对应的减轻非点源污染的价值为 0.31 亿元。

4）理论生态补偿金额

综上所述，武夷山市每年平均向下游提供的水资源空间流转价值为 56.20 亿元。从水资源生态产品空间流转价值来看，武夷山市的生态补偿需求金额为 56.20 亿元/年。

2. 武夷山市生态补偿机制存在的主要问题

（1）重点流域生态补偿系数偏低。根据《福建省重点流域生态保护补偿办法》，重点流域生态保护补偿金按照水环境质量、森林生态和用水总量控制三类因素统筹分配至流域范围内的市、县。为鼓励上游地区更好地保护生态和治理环境，为下游地区提供优质的水资源，因素分配时设置的地区补偿系数上游高于下游。位于闽江上游的武夷山市对应的补偿系数为 1，相较于九龙江上游的 2.5 和敖江流域上游的 1.4 而言，补偿系数偏低。

（2）生态公益林补偿标准偏低，补偿范围窄。自 2001 年起，南平市列入开展森林生态效益补偿试点单位。近年来，生态林建设投入资金逐年增加，生态公益林的保护与管理也取得明显成效。2018 年，武夷山市森林生态效益补偿标准为 21.75 元/亩。县级生态公益林中列入天然林补助的林分、生态林，补偿标准为 7 元/亩，其余的 14.75 元/亩从天然林补助资金列支。然而，集体林权制度改革后，特别是商品林、公益林实行分类经营管理，商品林经营效益不断提高，生态林和商品林经营效益差距拉大。按照经营杉木人工商品林（25 年主伐）测算，每亩年平均利润远高于现行的生态公益林的补偿标准。因此，林区群众对提高生态公益林补偿标准的要求日益强烈，生态公益林经营区稳定和管护难问题日益突出。此外，补偿范围窄造成一些林权所有者既不能采伐林木获得回报，又得不到任何补偿，经济上蒙受了损失，影响林农的保护积极性。

（3）转移支付结构需进一步优化调整。目前武夷山市的转移支付包括税收返还、一般性转移支付和专项转移支付。2015～2017 年，武夷山市共获得上级补助341110 万元，其中税收返还 20086 万元，一般性转移支付 159456 万元，专项转移支付 161568 万元。专项转移支付和一般性转移支付的比例大致为 1∶1。但是对于武夷山而言，实际上有些转移支付并不适合，更需要的是一般性转移支付用于支撑生态保护建设。

3. 关于完善武夷山市生态补偿机制的措施及建议

（1）建议理顺闽江流域生态补偿机制，建立可持续补偿体系。为创新政策协同机制，充分发挥市场机制作用，区分水的公共服务属性和商品属性，建议在流域上下游之间建立水权转让机制，下游按照市场价格定期支付上游水资源费用。下游地区通过提高水价、在提高水价的增量中抽取一定比例、提取下游水库部分发电收益等方式，解决上游水环境保护治理成本投入问题，实现资源与环境的生态系统服务功能有偿使用，进一步提高补偿标准的合理性。建议在闽江流域探索启动排污权有偿使用和交易试点以及碳排放权交易试点。科学编制闽江流域生态环境示范区规划，构建绿色产业体系，在流域尺度上分区实行在经济发展中严格环保准入机制；结合生态补偿机制，倒逼产业转型，构筑绿色产业体系，实现绿色生态与绿色发展的和谐统一。从具体操作上，建议专门设立闽江流域的生态环境保护与建设协调机构，协调和统筹生态环境监测信息、生态环境治理等工作，出台生态环境质量目标考核和区县断面水量、水质考核等制度文件。

（2）加大生态补偿的财政转移支付力度，进行多渠道融资。一是建立生态补偿专项基金。整合森林、草地、湿地、水体、耕地等重点领域和禁止开发区域、重点生态功能区、生态红线区等重要区域生态补偿的资金投入，形成统一集中的生态补偿基金，扩大地方政府对资金的使用权限，由地方政府统筹规划分配使用，专项基金按年度预算下拨补偿资金。二是加强流域上下游地方政府对生态补偿的支持与合作。地方政府除了负责辖区内生态补偿机制的建立之外，在一些主要依靠财政支持的生态补偿中，应根据自身财力情况给予支持和合作，以发挥中央和地方财政的双重作用。三是完善生态补偿的财政政策体系，积极探索并建立多渠道的融资机制。政府手段仍是我国目前生态补偿的主要措施，同时应积极探索使用市场手段补偿生态效益的可能途径。生态补偿不能单靠政府补贴，要建立补偿制度，健全补偿途径。建议通过制度设计，拉动人们对生态服务的需求，进一步提升公众的支付意愿；加大对私人企业的激励，采取积极鼓励政策；建立基金，寻求国外非政府组织的捐赠支持等，促使补偿主体多元化、补偿方式多样化。

（3）完善流域生态补偿资金机制，提高流域上游生态补偿标准。一是发展科学、合理的流域生态补偿标准计算方法。综合考虑民生改善、生态保护成本和生态产品价值等因素，建立与林、草、水、田等生态要素质量挂钩的生态产品价格标准，按生态要素质量确定价格，促使被补偿者在合理开发的情况下通过自主经营提高生态质量，保证经济发展与生态保护平衡发展。建议基于生态保护受益者的角度发展生态补偿标准计算方法，并根据地区的财政预算收入做调整。二是完善流域生态补偿机制。坚持"谁受益、谁补偿""谁污染、谁治理"和激励机制与约束机制并举、保护补偿与损害赔偿并重的原则，完善对重点生态功能区的生态补偿机制。探索实行以森林碳汇为主的碳排放交易、水资源使用权交易、节能量交易等试点，推行环境污染第三方治理，建立生态补偿市场化机制。三是开展流域生态补偿试点工作。在以前工作的基础上，选择具有一定基础的地区和类型进行试点示范，积极推进生态补偿机制的建立和相关政策措施的完善。

（4）健全生态补偿机制和环境保护管理体制，实施生态补偿绩效考核制度。一是坚持"谁保护、谁受益，谁破坏、谁治理"的原则，细化、明确资金使用项目和范围，建立以生态环境保护成效为主导的资金分配方案。二是树立绿色发展政绩导向，研究将资源消耗、环境损害、生态效益等指标纳入经济社会评价体系和干部绩效考核，建立适应主体功能区要求的干部考核机制，健全生态补偿机制和环境保护管理体制；健全促进绿色产业发展的政策体系，全面推行清洁生产，创新财政奖励资金使用方法，打造一批绿色发展示范工程；鼓励金融机构开展绿色金融，加快生态经济发展。三是建立专门机构对生态补偿绩效进行指导、协调和监督，强化生态产品质量动态监测，加强生态建设监管；指导地方按照中央的决策部署，加强对生态补偿资金分配使用的监督考核，严格资金使用管理，确保生态补偿资金主要用于生态保护与修复，以及保护区域居民的生计替代。

第 7 章

生态产品价值实现与应用

国内外的实践充分证明，生态产品价值核算可以在空间规划、自然资源管理、生态补偿、生态产品交易与绿色金融、生态旅游和生态农业等领域得到广泛应用，推动生态产品供给能力提升，促进生态产品价值变现。将生态产品价值核算纳入主流化决策程序，符合国家发展利益，考虑生态系统价值的规划更具有可持续性，规划生命周期内的效益成本比更高。借鉴巴西热带雨林保护计划、泰国本地化生态补偿模式和英美建设项目生物多样性补偿做法，逐步构建完善我国生态产品多层级、多元化的生态补偿机制。国内外通过多领域多样化的绿色金融政策设计、精细化标准化的生态产品开发保护模式开展了大量政策实践，为生态产品价值实现提供了路径选择。此外，生态产品价值核算可以为实现联合国可持续发展目标和履行《生物多样性公约》《联合国气候变化框架公约》等国际公约提供支撑，展现负责任大国形象。

7.1 生态产品核算应用国际案例

7.1.1 空间规划应用

1. 英国：国家生态环境保护规划

英国对自然资本的兴趣源于千年生态系统评估（2005 年）。2011 年，英国政府发布了《国家生态系统评估》，其主要结论是：英国的生态系统提供了一些服务功能，但其他服务功能则在衰退，因此建议以更加综合、协调的方式来管理生态系统，以便实现更大范围的服务功能和效益。

2012年，英国政府成立了自然资本委员会（NCC），其重点工作方向如图7-1所示。自然资本委员会确定了其认为必要的关键要素，以支持制定保护和增强自然资本的连贯战略。自然资本委员会还详细阐述了指导自然资本发展的关键政策原则，并建议实施试点项目，以获取在不同领域和情况下采用自然资本方法的经验。自然资本委员会认为，更好的自然资本管理策略包括对自然资本的测量、核算和价值化。2017年，自然资本委员会编写了一份工作指南，以帮助决策者实施自然资本管理政策，该指南综合了自然资本委员会已有的一些主要发现以及参考工具和资源，可以帮助规划者、社区和土地所有者做出基于当地特点的决策，以保护和增强自然资本。自然资本委员会同时建议政府制定一个保护和增强自然资本的长期规划。这一建议被英国政府采纳，在2018年发布了《25年环境规划》。

《25年环境规划》的前言是由时任英国首相特雷莎·梅撰写，她在前言中写道，《25年环境计划》为英国下一代提出了保护和改善"自然景观和生境"的长期综合方法。自然资本是《25年环境规划》的核心。该规划明确提出，对自然资本进行投资可以提高人类福祉，并且能创造重大的经济效益。它指出，传统的财务核算方法不能追踪到自然资产所产生的社会效益、积极的外部影响以及公共服务。因此，最终采取的决策效率低下，造成自然资本的过度消耗以及对自然资本的投资不足。自然资本法被认为是一种将通常隐蔽的环境效益结合到决策中的一种方式，从而促进更高效地利用自然资源，推动长期经济繁荣。《25年环境规划》还描绘了自然资本委员会的工作蓝图，并确定了200多项行动计划，在未来25年内改善环境状态。该规划围绕十大目标（六大目标和需要妥善管控的四大环境压力）以及需要集中精力采取行动的六大领域进行编写。针对这十大目标和六大领域，又制定了更加具体的目标和详细的行动计划。

2019年，英国政府发布了关于实施《25年环境规划》的第一份进度报告[151]。自然资本委员在2020年的报告中评估了该进度报告，并提出了实现《25年环境规划》目标的政策建议，具有较高的参考价值：①尽快开展自然资产普查工作，《25年环境规划》中的十大目标只进行了广义的定义，需要进一步分解成一系列的细化目标。通过对自然资产的普查建立健全的资产基线数据，评估相关自然资本的经济价值。自然资产普查应该每五年进行一次，不是为了重新设定基准，而是为了评估自然资本的变化趋势。②《25年环境规划》的实施应有强大的立法支持，建议制定颁布一项全面综合的环境法，涵盖所有相关的自然资产，包括生物多样性和海洋环境。对量化的目标和指标在法律上加以规定，不仅包括《25年环境规划》的十大目标，同时也包括各项相关指标。③相关领域的立法和政策与自然资本方法相一致，建议涉及气候变化、农业、渔业和海洋环境等法律，特别是具有法律约束力的温室气体排放目标等应率先考虑基于自然的解决方案（natural based solution，NBS），这样既可以增加自然资本，又加强了生物多样性保护和管理以及更好地应对气候变化。

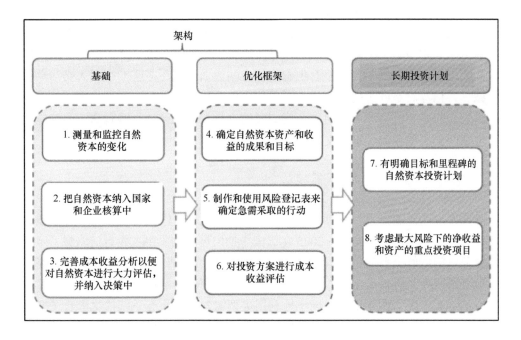

图 7-1　英国自然资本委员会重点工作方向

2. 芬兰：城市空间规划

芬兰城市规划者和决策者提出好的空间规划应打破部门和行业的限制，使空间价值数据最高，这里的空间价值指空间单元内所有自然资本（包括生态系统）、人力资本和人造资本的价值的总和。生态系统服务价值框架在芬兰正在从学术理论到实际空间利用管理政策的制定中发挥作用。芬兰的坦佩雷市（Tampere City）在编制城市土地空间利用规划时[152]，由规划编制技术专家开展了一个将土地空间利用规划与综合多方法的空间生态系统服务价值评估结合在一起的解决方案项目，在土地空间利用规划编制的同时开展生态系统服务价值评估。

研究的核心包括两个方面：一是对比城乡之间生态系统服务价值的变化趋势

和人口流动情况；二是在空间上匹配 GEP 和人类活动聚集情况。研究结果发现，坦佩雷市的 GEP 分布不均，越靠近城市外圈的郊区，GEP 越高，但从城市土地空间利用规划的角度来看，人类活动聚集区和生态系统服务价值区能够交叉的"热点"过少，会导致人与自然互动的获得感变差，水体和自然景观的价值降低，城市自然的重要性下降，空间价值降低。

该研究从城市人口生态福祉的角度强调了城市生态系统在城市土地空间利用规划中的重要作用，研究中具有可借鉴意义的经验包括：①城市生态系统服务和人类活动在空间上往往是不匹配的，导致城市空间价值总体下降；②在城市土地空间利用规划的过程中，除整合生态价值空间数据外，还应匹配空间人类活动强度数据，估算出不同土地利用类型下单位土地面积的生态系统服务价值，并识别出生态系统服务价值和人类活动高度交叉的"热点"地区，为编制高空间价值的土地空间利用规划提供重要支撑。

3. 印度尼西亚：国家低碳规划

印度尼西亚国家发展规划部与世界银行和其他一些国际组织合作，将低碳发展理念引入了该国的《2020～2025 年国家中期发展计划》中，并专门编制了印度尼西亚"国家低碳发展长期规划 2020～2045 年研究报告"。规划重点研究和提出了印度尼西亚经济低碳增长的可行性，研究方法利用了联合国《生态系统核算》的方法，对印度尼西亚基于不同土地利用类型情景下的生态系统情况进行了变化分析，并对不同情景下的生态系统服务进行了价值核算。核算账户包括不同土地利用类型上覆盖物生物量账户、土地利用账户以及印度尼西亚国家和省级碳储量账户。此外，规划也模拟了不同情境下能源消耗、水资源消耗以及产业结构的变化结果。研究指出在低碳规划中，加入 GEP 的情景模拟，一方面可以估算出规划阶段自然资源的可获得性，另一方面可以评估出生态系统服务对经济生产力的影响和贡献，从而对 GDP 增长和其他宏观经济绩效指标进行预测。报告预测结果说明劳动生产率和 GDP 增长率与低碳政策的执行力度呈正相关关系。

7.1.2 自然资源管理

1. 美国：水电站许可证管理

近年来，随着美国能源发展战略的调整，美国的水电资源开发模式逐渐转移到可持续的水电资源管理与环境恢复上，美国政府在建立绿色水电评价体系、强化水电建设运行中的生态环境保护要求、鼓励绿色水电发展方面开展了大量实践。美国水电管理实行联邦与地方州监管相结合、各部门协同参与的管理体制。在美国联邦政府层面，联邦能源监管委员会（Federal Energy Regulatory Commission，FERC）、国家环境保护局、能源部等是美国水电建设、监管的主要机构。各州依据联邦法规及相关规划负责本州内小水电的建设和管理具体工作。同时，第三方机构——美国低影响水电研究所（Low Impact Hydropower Institute，LIHI）承担与水电绿色评估有关的职责[153]。

联邦能源监管委员会前身是 1920 年成立的联邦电力委员会，是水电建设的主要监管机构。联邦能源监管委员会对申请建设的水电项目工程和环境和经济方面进行评审，对其他政府机构、利益团体以及社会公众所提出的意见和建议进行评审，分析该项目可能造成的影响。而非联邦政府水电建设项目须遵守联邦和各州政府的有关规定，并且必须由联邦能源监管委员会颁发许可证授权进行建设，或者授权一个现有的项目继续进行运营。美国低影响水电研究所是一家非营利组织，致力于通过建立和推广"低影响水电认证计划"（即一项自愿认证计划）减少水电工程对生态环境的不利影响，同时帮助消费者选择可靠的可再生能源产品。

低影响水电认证标准是美国现行的一项较为成功的绿色小水电评价标准，该标准重点从环境要素、经济要素、社会要素三个方面建立了适用于美国小水电的评价指标体系，旨在通过激励措施减少水电大坝对鱼类、野生动植物和其他资源产生的重大不利影响，已在美国 18 个州的 100 余个水电项目中得到应用。2014年，美国低影响水电研究所理事会批准了对该认证标准的重大修改，并于 2016年发布了《美国低影响水电研究所认证手册》（第 2 版）。认证评估标准主要包括生态流量、水质保护、上游鱼类洄游通道、下游鱼类洄游通道及鱼类保护、流域和岸线保护、受威胁和濒危物种保护、文化和历史资源保护、娱乐资源 8 个方面。低影响水电认证评价程序主要是由水电业主自行提出申请，美国低影响水电研究所理事会负责组织认证，流程主要分为两个阶段：第一阶段是初次提交申请；第二阶段是向美国低影响水电研究所提交最终申请。

近年来，美国政府在能源开发、水电投资建设、环境保护、绿色电力市场等方面，通过制定战略规划、出台政策法规和规范等措施，明确了水电作为重要可再生能源的发展定位，并且通过一系列鼓励扶持政策，进一步解决了水电建设和运行中造成的生态环境问题，推动绿色小水电良性健康发展。随着可再生能源发电产业规模的逐渐扩大及自身发展能力的不断提高，可再生能源不同发展阶段的政策和管理理念正逐步淡出扶持和激励机制，进入商业化阶段，最终形成政府政策引导与绿色电力市场机制有机结合的政策体系。可再生能源配额制（renewable portfolio standard，RPS）及其辅助性制度——可再生能源证书（renewable energy credits，RECs）交易市场正是这样一个以市场为基础的、公平的、不需要政府进行投资和管理的政策模式。基于 RPS 制度，美国各州都对水电建设管理的生态环境保护要求进行了明确规定，进一步规范了水电建设和运行管理中的相关事项，提升了现有小水电的生态保护功能。同时，政府明确了水电退出的相关规范，对于无法满足要求的水电站予以退出，有效保护了河流湖泊生态环境，促进了水电行业的健康发展。

2. 匈牙利：土地利用规划

匈牙利共和国位于欧洲东南部，多瑙河流域的下游地区，由于匈牙利全国可耕种农田中有 30%的面积位于多瑙河洪泛区，且耕地中有 45%的土地属于易干旱地区，因此规划和建立可持续的土地利用体系对该国的发展至关重要。在新一轮土地利用规划编制中，匈牙利政府提出根据匈牙利气候变化战略（Hungarian climate change strategy，HCCS）（2013 年）和匈牙利水资源战略（Hungarian water strategy，HWS）（2015 年）等多项国家重大战略，统筹考虑以生物多样性为代表的生态系统价值来开展规划编制研究。因此，学者们在多瑙河支流蒂萨河东部 9331km² 范围内开展了基于 GEP 的土地利用情景模拟[154]。

研究共设置了三种土地利用情景：①基准情景，保留河流下游原有自然生态湿地不予开发利用，该地块主要提供的生态系统服务价值为替代一些基础水利设施而起到调蓄洪水等作用的价值；②林地情景，改造该地块为人工林地，则该地块除了可以调蓄洪水外，还可以起到固碳作用，但会增加相应的改造成本；③农田情景，将该地块改造为农田，可以获得畜牧业、种植业等产品的产值，但会增加相应灌溉系统的改造成本。

研究计算比较了保留湿地生态系统、改造为林地生态系统以及改造为农田生态系统获得的服务价值，并评估了各种土地利用类型相应的改造成本和遭受洪水产生额外成本的风险。结果显示，不同的土地利用情景都有一定的收益和成本。基准情景的收益成本比为负，因为为了抵御发生概率低的洪水漫灌，该土地基本上不产生太多的 GEP，而其收益仅仅是节省几百万欧元的人工防洪设施费用，并且这一价值还需分摊在 30 年的生命周期中。林地情景和农田情景的收益成本比都是正的，但如果综合考虑所有 GEP，特别是森林固碳对气候变化的影响后，林地情景的净收益为 260 欧元/（hm²·a），农田情景的净收益则为 104 欧元/（hm²·a）。

研究结果表明，该地块改造为林地的综合生态价值远高于改造成农田所带来的生态系统供给服务价值和改造成保留湿地所提供的洪水调蓄价值。基于生态系统价值核算的比选方案和相关基础数据，作为技术附件提交给匈牙利国会，供土地利用规划编制的决策参考。

3. 南非：国家流域生态保护

2015 年，南非政府在联合国统计司（UNSD）和联合国开发计划署（UNDP）的资助下，建立了全球第一个国家流域生态系统价值核算试点项目，该项目为"全球推进联合国试验生态系统核算项目"（global advancing seea experimental ecosystem accounting）的一部分[155]。该项目旨在以南非全流域为研究对象，评估河流生态系统状况和变化趋势，在试点项目期间，南非水和卫生部建立了全流域的淡水卫生状况数据集，结合南非国家淡水生态系统优先区域项目（national freshwater ecosystem priority areas project，NFEPA），建立了南非国家流域生态系统服务实物量账户、生态系统服务价值量账户以及流域生态状况指数等重要数据信息，为南非国家流域生态保护规划提供支撑。

流域生态系统服务实物量账户内容主要为流域生态系统的基本状况，包括流域范围、河网长度、河道分布、河床生态系统状况、水流量和基于水流量的生态系统容量以及在空间上划分出的 9 个水管理区（WMA）和 31 个流域生态核算区。流域生态系统服务价值量账户内容主要为 31 个河流生态核算区内各条河流分类型（山间河流，上游丘陵河流，下游丘陵河流和低地河流四种）的生态系统服务（如水流动调节、水质净化、气候调节、固碳、渔业供给等）价值量。

南非以河流为基础，以流域为依托开展生态系统价值核算，根据流域特征和状况划分流域生态核算区，覆盖了全国陆地 100% 的面积，既可充分掌握全国生态系统价值和变化特征，又可按照流域特点和发展需要协调流域保护和经济发展的关系，完善全国流域生态保护规划。

7.1.3　生态补偿

1. 英国：生物多样性补偿

生物多样性补偿是英国环境、食品与农村事务部（DEFRA）和英国自然署于 2012 年联合发起的一项试点项目，该项目遵从英国政府制定的"有关开发项目对生物多样性影响的管理政策综合框架"，按照"避免（avoid）—最小化（minimize）—恢复（restoration）—补偿（offsetting）"的递进层级选择对生物多样性影响最小的方案。生物多样性补偿项目旨在通过创造新的自然保护区来补偿建设用地造成的生物多样性破坏，从而保护生物多样性的自然活动，减少生物多样性的损失，最终达到开发建设和自然保护平衡的目的。2012～2014 年，英国两部在六个试点地区开展了生物多样性补偿项目，该项目要求试点地区内建设项目的开发人员可以在适当的情况下，采取措施以抵消因建设项目对生物多样性造成的破坏。抵消或补偿的主要方法是在建设区以外区域建设新的自然保护区，原则上新的保护区应与建设项目地区同等面积、同等生物数量和种类，并且生物多样性补偿项目完成后的净生物多样性收益应不低于建设项目开工之前的水平。

为了使试点项目开展更具科学性，英国环境、食品与农村事务部制定了一系列的技术文件，包括《生物多样性补偿试点项目开发者指南》《生物多样性补偿试点项目地方政府手册》《生物多样性补偿试点项目实操技术手册》等，《生物多样性补偿试点项目实操技术手册》规范了开展生物多样性补偿试点项目的技术要求、补偿的评估方法和分级方法（当一块土地的生物多样性极难在异地通过补偿进行恢复时，不建议开发这块土地）、净生物多样性收益方法以及其他项目开展中存在的生态环境和社会经济风险评估方法等。

2017 年，英国自然资本委员会建议，应该扩大试点在全国层面推广这一方法，确保开发项目都可以产生净生态环境收益。英国政府原则上采纳了这一建议，2018 年就净生物多样性收益有限原则举行了一次磋商会，但并未达成一致意见。2020 年，英国政府委托牛津大学达斯古普塔（Dasgupta）教授发布了《生物多样性经济学全球报告》[156]，该报告是在全球范围内对生物多样性进行经济效益评估，对生物多样性损失的经济成本和风险进行评估，找出增加生物多样性和促进经济繁荣的一系列行动措施。英国自然资本委员会希望通过这份报告的影响力，把净生物多样性收益有限原则议案重新带回国会，并推广和增加生物多样性补偿项目。

英国的生物多样性补偿与美国的湿地银行作用相似（参考 7.1.4 节），也具有事前补偿、专业知识、政府与社会资本合作模式以及一站式服务等优势。相较于美国所有湿地均可参与补偿项目，英国在生物多样性补偿项目上划定了重点生态保护区域，该区域内的资源点不能参与补偿。然而，英国在生物多样性补偿项目的实践时间相对于美国较短，取得的成果还需要进一步观察。

2. 巴西：热带雨林生态补偿机制

亚马孙热带雨林是世界上最大的热带雨林，主要分布在巴西。近 1/5 的亚马孙雨林已经被破坏，余下的部分也面临被破坏的危机。1990～2000 年短短 10 年间，亚马孙雨林遭到破坏的面积由 4150 万 hm^2 上升至 5870 万 hm^2，相当于葡萄牙面积的 2 倍，主要原因是巴西农民为了经济效益，通过大规模砍伐雨林，种植大豆和油棕（产棕榈油）。根据全球森林观察组织数据，仅 2018 年巴西全境就损失了 283 万 hm^2 热带雨林，间接导致 10 亿 t 二氧化碳排放。全球气候变化模型的模拟结果显示，按照这一变化趋势，未来因温室气体排放所造成的降水量严重减少和温度上升会导致亚马孙雨林在 2100 年前后完全消失。

巴西政府高度重视应对气候变化保护热带雨林的工作，2009 年 12 月颁布了《国家气候变化政策》，旨在促进开发巴西的减排市场以及其他热带雨林保护目标。巴西政府研究了实施市场化手段来满足巴西减排要求的目标，并评估了缓解气候变化的总体成本，主要包括碳税的开发和设计、经济和法规影响评估以及分析碳定价工具与现有政策之间的互动。研究显示，当排放 1t 二氧化碳征收 15 美元的碳税，并且碳税的 70% 用于通过自然解决方案保护热带雨林时，生态（热带雨林保护）–社会（减少贫困人口）–经济（维持稳定的农业增加值）的综合效益最高。自 2013 年起，巴西就是欧盟碳交易项目（emission trading scheme，ETS）主要碳汇交易的合作伙伴[19, 65]。2018 年，巴西每公顷热带雨林创造 536 美元的碳汇价值，全国通过国际碳汇交易产生 21.7 亿美元碳汇利润，这些资金用于热带雨林保护补贴、气候变化减缓基础设施建设和当地农民放弃采伐森林补偿等项目。

巴西是热带雨林大国，在保护热带雨林的过程中，巴西政府认识到热带雨林在创造碳汇过程中带来的经济价值，通过机制创新，打开国际市场使碳汇价值可以迅速地通过市场进行交易，并将热带雨林自身的经济价值转化为保护热带雨林的资金投入，实现了一条可持续的生态产品价值转化路径。

3. 美国：农用地退耕补偿

农业是美国自然资源的主要用途，农田、牧场或私有林地占了美国近 2/3 的土地面积。鉴于农业生产对资源利用和质量的潜在影响，美国农业部（USDA）重点开展了一系列资源管理和生态系统保护计划[157]。自 1986 年以来，退耕计划已成为美国农业部保护补偿资金的主要出口。土地退耕计划最适合环境成本高于生产价值的农田。这些土地的特点通常是农作物的生产力较低或是在单位面积上能够提供的生态系统服务价值高于农作物经济价值的情况下。

与建设用地相比，退耕农用土地具有重要的生态优势，因为更大的生态环境容量通常可以实现更大的单位面积生态效益，并且对监测和执行的要求通常较低。野生动物种群需要大量连续毗邻的合适栖息地才会从土地退耕计划中受益。此外，退耕土地的补偿资金也为许多农民提供了重要的收入来源。虽然土地退耕通常会带来更大的生态环境效益，但一块土地最终是由耕地恢复成生态用地还是改变为其他建设用地，最终还是取决于农场的区域资源优先级和资源条件。更好地整合建设用地和退耕农田是生态补偿的重要挑战之一。

美国保护性退耕计划从 1985 年实施至今取得了较好效果，可供借鉴的经验包括：①创新性地推出环境效益指数（EBI），综合评价退耕地的环境效益，并在实施过程中根据退耕地环境效益改善的实际情况不断完善补偿标准；②在计划执行中，通过竞争性招标程序得出补偿金费率，具体取决于土壤类型和质量，并使用环境效益指数来评估和权衡预期的环境收益与补偿价格。退耕计划的补偿资金可以用于建立保护地基础设施、植树等活动，以提高退耕土地的生态效益。到 2005 年，美国政府超过 90%的直接环境保护支出分配给土地退耕计划。

4. 泰国：多元化生态补偿实践

泰国在东南亚经济与环境保护试点项目（economy and environment program for Southeast Asia，EEPSEA）的资助下开展了多个生态补偿试点项目[158]；在野生动物保护方面，包括海龟保护项目、领养大象项目、保护区网络建设项目、国家公园犀鸟领养项目等；在森林保护方面，包括碳封存项目、森林银行项目和公私联合造林项目等。

这些补偿项目的共同点都是减少当地村民利用和破坏当地生态资产，通过资金投入，将农民从资源的使用者转变为资源的提供者，避免了生态资产被破坏的潜在威胁，泰国生态补偿资金主要来自于对生态环境产生影响的企业。泰国不同的生态补偿项目，其生态补偿内容和标准也有所不同。在海龟保护项目中，当地农民划定海龟产卵区，确保海龟产卵期间不被人类打扰，专门抽出人员 24h 监测并记录海龟卵孵化数量和变化过程，参与的农民每人每天可获得 1.5 美元的报酬。保护区网络建设项目中，当地村民积极投入造林活动，建造止水坝，布置森林大火预防设备并制定方案，通过恢复水源供应和管理草原为保护区内野生动植物提供食物来源。在国家公园犀鸟领养项目中，当地村民监测和收集犀鸟活动的相关数据，为科学研究提供支持，参与的农民每人每天可获得 5 美元的报酬。在碳封存项目中，生态系统服务的提供商是造林的企业和农民，补偿的资金则来自购买碳汇的企业。因该项目早在 1987 年就有了雏形，30 多年间无数的泰国当地和国外研究机构、大学和政府机构前来考察和学习经验，仅接待访问的收入就远远超过该项目从碳汇交易中获取的补偿资金。

泰国受惠于丰富多样且全民参与的生态补偿项目的开展和推广，带来了生态环境和社会经济双重效益，目前泰国政府已考虑制定《生态补偿保护法》，从根本上保障生态补偿项目的可持续实施。泰国《生态补偿保护法》的立法经验为我国生态保护补偿工作提供了可参考的经验：①应明确认可生态补偿项目创建的概念和对服务提供者的激励（特别是当地社区）；②明确指出补偿资金支付的条件和对应提供的生态环境保护服务，并确定在开展生态保护补偿后对生态环境的危害会有所下降；③明确被补偿方参与生态补偿的前提是不会以任何方式增加他们的土地所有权以及获得土地上生态资产的权利；④提高能力建设和信息共享水平，根据以往经验，成功的生态补偿项目都是在所有利益相关方获得充分的能力建设和信息对等的前提下完成的；⑤任何生态补偿项目在执行过程中都会受到批评和引发争议，在立法过程中要充分考虑不同意见，并妥善地在法律中将处理争议的条款予以明确。

7.1.4　生态产品交易与绿色金融

1. 哥斯达黎加：森林基金和碳交易

20 世纪 80 年代，哥斯达黎加是世界上森林砍伐率最高的国家之一：森林覆盖率从 1950 年的 72%下降到 1987 年的 21%。哥斯达黎加政府一直寻求可持续的生态战略来保护林业。1992 年，在里约热内卢举行的联合国环境与发展会议（称为"地球峰会"）上，哥斯达黎加在《国家发展计划》提出了一项战略：1994～1998 年，政府牵头建立国家林业融资基金（FONAFIFO），并将林业补贴计划纳入生态系统服务付费机制（PES）[64]。1996 年国家林业融资基金正式建立，其旨在发挥三方面的作用：①调动资源保护森林和生态系统服务；②减轻因私有土地开发而砍伐森林的威胁；③增加国家的森林覆盖面积。

国家林业融资基金是一个半自治机构，由公共和私营部门共同参与运营，包括环境能源部（MINAE）、工信部、农业部、国家银行体系以及一些小规模木材行业经营者。国家林业融资基金由财政部和其他来源提供资金，确保款项按相应要求拨给 PES 体系内的林业生产部门。政府维持对 PES 的财政预算管控，决定最终预算。由于其相对分散的结构，国家林业融资基金可以相对灵活地管理其资金。每年国家林业融资基金发布 PES 的预算、流程和优先区的选拔标准。土地所有者通过和国家林业融资基金签订合同协议，获得生态系统服务收益。有意向并且符合要求的土地所有者自发布之日起 50 天内，可提交必要文书至国家林业融资基金。PES 要求各土地所有者出示一份专业林务员设计的森林管理计划，涵盖明确的执行手段和监控措施。基金对合同采取例行审核制度，以验证林务员和土地所有者所提供监控报告的准确性。不合格的土地所有者将被没收未来的 PES，相关林务员可能会因此而失去他们的证照。

PES 计划有许多不同的赞助来源，有国家、国际社会、私人和公共领域。在国家一级，哥斯达黎加政府建立了两种机制：燃油税和水费。根据法律，全国燃油税收入的 3.5%应指定用于基金融资。燃油税作为 PES 筹集资金的主要来源，在 2012 年贡献了超过 2000 万美元的融资，占筹集资金总额的 80%。水费是由政府于 2006 年推出的强制性收费，适用于所有公共和私人用水用户。水费总额的 25%作为税收，由 MINAE 收集并分配给国家林业融资基金，用于水文生态系统保护。2006~2010 年，水税贡献了 480 万美元，用于资助 13483hm^2 林地。哥斯达黎加的国内碳交易市场，作为国家 2050 年实现碳中和目标的一项重要举措，在 2013 年正式建立。公司可通过哥斯达黎加的生态银行（BanCO$_2$）购买碳信用额以抵消超标的排放量。公司和个人也可以将多余的减排量出售给银行。国家林业融资基金作为重要的参与方，每年获批 120 万 t 碳证书，并将其注入 BanCO$_2$。基金通过购买方和 BanCO$_2$ 的交易来获取付款。在此期间，BanCO$_2$ 也承担了检测、报告、认证国家二氧化碳减排的任务。

近 20 年来，国家林业融资基金对于哥斯达黎加的森林保护起到了十分积极的作用。截至 2019 年，哥斯达黎加的森林覆盖度达到 52.38%，是 1983 年的两倍。同时，哥斯达黎加可再生能源电力占比达到了 95%。哥斯达黎加国家林业融资基金成功的经验包括：①基金架构的包容性、稳定性。作为一个多方参与的机构，国家林业融资基金赋予利益相关方明确的管理代表权，构建透明的奖励惩罚机制，积极传播森林生态服务的重要价值。②政府在融资方面发挥重要作用。目前国家林业融资基金超过 80%的资金来源于国家燃油税和水费，每年融资超过 2500 万美元，极大地推动了森林保护项目的开展，并深受公众的信任以及国际投资者的青昧。③国家林业基金与碳市场深度融合。通过保护森林资源增加碳汇，推动碳中和目标的实现，同时促进生态服务功能向经济价值的转化。

哥斯达黎加 PES 计划已有 28 年历史，目前已成为该国生态保护旗舰计划，并激发了世界许多地区类似计划的创建。PES 计划在功能上与公共资产类似，森林基金本质上扮演了信托的角色，都是通过经济手段驱动对生态产品的保护和恢复，从生态产品的利用和消耗（碳排放和水资源利用）中获得收益并支付给生态产品的管理者们。考虑到该 PES 计划的经验和成功以及目前只用于私人土地上的森林等局限性，为了在生态产品管理创新理念方面发挥领导作用，哥斯达黎加政府打算设计 PES 计划 2.0 版，在范围上将全国所有的陆地和海洋生态系统纳入 PES 交易范围，期望建立一个国家共同资产信托（NCAT），通过年度返利将捐款和福利公平分配给当地林农，维持自然资源和社会资产的可持续管理。

2. 美国：绿色债券

目前，国际上以债券为主的绿色金融模式发展迅速。其中，"环境影响债券"（environmental impact bond，EIB）在一些发达国家比较流行。该产品标志着生态保护融资从"传统慈善模式"到"结果性导向模式"的转型。环境影响债券使得债权投资方可以提前制定具体的保护目标，并且只在生态保护工作达到预期目标的情况下才进行支付。同时，债券的收益与预期成果的实现直接挂钩。如果达到或超过了预期目标，投资方收取基本利率下的额外收益，甚至在此基础上获得一笔额外的奖励款；如果项目未达到预期，投资方则只能接受打折扣的利率，甚至在某些情况下损失部分或者全部本金。环境影响债券通常由市政部门和地方公共部门项目发行，并且可以在市政债券市场上直接交易。

世界上第一个环境影响债券由美国华盛顿特区自来水公司和哥伦比亚特区自来水公司在 2017 年共同建立。华盛顿特区的城市下水道设施在大雨极端天气下十分脆弱，使污水和雨水直接流入水道。华盛顿特区自来水公司计划通过发行债券的方式筹资，将原本的"灰色"下水道设施升级为"绿色"设施（以绿道、湿地、雨水花园等为主的排水系统），并希望分担一部分风险给投资者。债券结构为 2500万，投资方获得五年期支付的 3.43% 的年利率，该债券规定投资方在第五年的原定目标考核后是否需要额外付款。如果径流比例达到预期，减少了 18.6%～41.3%，投资方无须付款。如果绿色设施没有达到预期，投资方将向债券发行方支付 330万美元。相反，如果绿色设施超过预期效果，减少了超过 41.3% 的径流，发行方需向投资者支付 330 万美元。环境影响债券虽体系不够完善，但起到积极作用，并且创造了就业机会。美国亚特兰大、纽约州布法罗正在开发类似的绿色基础设施债券。值得注意的是，大多数环境影响债券都是私人债券，亚特兰大的环境影响债券是第一个可公开交易的环境影响债券。除了雨水管理，公司和公共机构正在探索将环境影响债券用于沿海防灾、森林火灾管理以及生态旅游发展。

生态环境保护类债券的成功经验包括：①该模式可以大大降低出资方的投资风险，使购买方只需为达到预期约定的保护项目支付费用，而无须承担具有不确定性的保护承诺的费用。②因为债券资金投入更加注重结果导向型，因此对发行方的工作质量有着更严格的要求，发行方需要投入更多的精力去尝试不同的保护方法，以及去适应不断变化的环境。该模式汇聚了来自金融、生态保护领域和慈善捐助界的众多参与者，物种和生态系统保护项目的负责人对这种融资模式表现出极大的兴趣。然而，绿色债券模式在规划设计上也存在一定的局限性：在许多情况下，由于受保护物种和栖息地无法立刻创造收益，投资者往往缺乏直接的现金收入，就像碳市场一样，在没有建立起有效运作的补偿市场之前，这种模式必须依靠大型慈善或国际捐助者，补偿投资者的利益，并且承担相应的风险。

3. 墨西哥：绿色保险

中美洲珊瑚礁作为墨西哥地区重要的旅游资源，每年吸引成千上万的游客，贡献超过 100 亿美元的收入，成为重要的经济来源，并且保护着沿海基础设施免受飓风破坏。飓风是造成珊瑚礁结构性损害的重要原因，正常情况下珊瑚礁每年只有 2%～6% 的平均损失，遭受 4～5 级飓风袭击后，20%～60% 的活珊瑚会直接消失，珊瑚礁受损的部分在 45 天就会死亡，因此该地区需要建立一套快速应急响应体制来修复受损珊瑚[159]。根据大自然保护协会（TNC）的估计，每次珊瑚礁的修复成本在 5 万～15 万美元。此外，安装半英里的海堤以及其他人工保护措施大约需要 100 万美元，但筹集资金可能要花费数月的时间。

2018 年，墨西哥金塔纳·罗奥州（Quintana Roo）政府、酒店拥有者、TNC和国家公园委员会（National Parks Commission），共同发起了一项购买中美洲珊瑚礁的保险计划。Swiss Re 公司开发了第一个珊瑚礁保险。此保险将用于：①加快资金拨付速度；②资金用于维护和修复礁石与海；③训练一批志愿者潜水修复珊瑚礁。当珊瑚礁遭到飓风袭击后，保险赔付通常在几天之内完成，保险费用由金塔纳·罗奥州的沿海地区管理信托（CZMT）支付。管理信托由州政府设立，旨在从公共和私人产权所有者缴纳的现有费用中收取资金，把这笔资金用于珊瑚礁的维护和修复。截至目前，管理信托已经向金塔纳·罗奥州政府支付了"潜水志愿者"培训费。TNC 提供了一笔赠款，帮助金塔纳·罗奥州政府支付首期保险费用，州政府表示将向信托收税来支付接下来几年的保险费用。

基于生态服务的旅游业正在越来越多地应用保险的创新融资支付机制，这一支付机制的优势体现在：①迅速的资金响应以及到位速度，参数化保险在飓风、大火或石油等灾难之后迅速触发，将资金投入生态恢复活动。②此模式可以在全世界范围内推广，尤其是生态旅游资源丰富但承受环境风险薄弱的地区。

4. 美国：湿地银行

美国湿地银行的作用是在空间上恢复受损湿地、新建湿地、加强现有湿地的功能，并将这些湿地以"信用"（credits）的方式通过合理的市场价格出售给湿地开发（占用、破坏、基建等）方，从而达到补偿湿地损害的目的。用新建（或恢复）的新湿地作为对人为破坏湿地的补偿，可以实现湿地在规模和生态系统功能（包括洪水调蓄、水质净化、生物多样性保育和固碳）上的可持续平衡。同时，湿地补偿银行也平衡了湿地开发者的义务与保护者的利益。

1988 年，美国联邦政府提出了湿地"零净损失"（no net loss）的目标，该目标指出必须通过开发或恢复的方式对受到影响的湿地数量加以补偿，从而保持湿地总面积不变甚至增加。1993 年，克林顿政府出台了一份"政府湿地计划"（the Administration's Wetland Plan），第一次将补偿银行的概念纳入联邦湿地计划。1995 年，美国环境保护署和美国陆军工程兵团（USACE）发布了使用补偿银行的准则。2008 年，联邦正式建立了补偿银行。截至目前，已有 1800 个湿地补偿银行纳入美国湿地管理费和银行管理跟踪系统（RIBITS）中。美国东南部地区天然湿地资源众多，也成为湿地补偿银行的聚集地。

湿地银行由三个部分组成：湿地开发方、湿地建设方与银行监管者（主要为美国陆军工程兵团或美国环境保护署）。湿地银行建设方可以是政府、机构、非营利性组织、个人或个人与政府共同参与。湿地银行在运行方式上与常规银行相似，建设方建立、储存相当量的湿地资源，并通过出售"信用"给湿地开发方，以此获得收入。湿地银行与货币银行的不同之处在于湿地银行与开发方的交易对象为湿地，用"存款点"表示单位湿地的价格，存款点标价以及湿地规模由银行监管方通过该地区的土地价格来评估决定。每一个湿地银行需要具备四个要素：①拥有已经创建、恢复并受保护的湿地；②具有以上补偿湿地的相关法定文件，包括已达成协议、湿地银行建设方、监管机构建立的责任及业绩标准、管理和监测要求、审批认证的银行存款点；③经联合评估小组对湿地银行进行法规监管、审查、批准；④明确服务的空间。湿地银行的监管方为美国环境保护署和美国陆军工程兵团。美国陆军工程兵团在湿地管理中居于主要地位，其与联合评估小组负责授予银行许可并对其进行监管。联合评估小组通常由美国环境保护署、美国鱼类和野生动物管理局、自然资源机构，以及部落、州和地方监管与资源机构等联合组成。湿地开发方需在建设项目可能造成湿地损害前，提前进行许可申请，通过向湿地银行建设者购买可能造成损害的同等面积（经补偿比率换算）以及同等生态功能的湿地，实现对湿地的生态补偿。

美国湿地银行的优势在于：①极大地减少了湿地"零净损失"的不确定性。作为事前行为，在湿地损害之前就已完成，避免了湿地破坏到修复这一期间生态功能上的损失。②湿地银行具备良好的资金计划以及专业知识，拥有专业的湿地维护人员和设备，能够保证开发方对湿地补偿的有效性，并实现长期监测、监督管理的实施。此外，由于湿地银行建设需要的资金量大，从而提高了该领域公私合作模式的应用，湿地银行一站式的服务模式和产业的规模化，大大降低了开发方的时间和经济成本。湿地开发方只需选择适合自己的湿地银行，并购得湿地开发相应的"信用"即完成了湿地补偿，同时转移了湿地补偿责任。

7.1.5 生态旅游

1. 瑞士：文化旅游精细管理

瑞士是一个具有悠久历史的传统旅游大国，也是当今世界上最著名的旅游目的地之一，素有"旅游业摇篮"和"世界花园"的美誉。瑞士旅游业十分发达，是仅次于机械制造和化工医药工业的第三大创汇行业，从业人员近 18 万人。旅游产业在瑞士的整体区域经济中发挥着重要作用。瑞士的自然资源和人文资源都非常丰富。从自然资源来看，瑞士是欧洲中西部的内陆国，阿尔卑斯山区占据全国近 60%的领土，冰川与河流的侵蚀冲刷塑造了瑞士的河谷、阶地和山峰，构成其千变万化、绚丽壮美的自然景观。另外，瑞士人文资源也非常丰富，主要有三方面特色：一是名人名居多，二是名城古迹多，三是名馆名院多。瑞士旅游业之所以长盛不衰，主要得益于瑞士政府的高度重视，瑞士旅游局下设多个委员会，专门处理各项事务，主要包括经济委员会、交通运输委员会、宣传委员会、青年与教育委员会、城建与文化委员会、会议委员会、国际组织委员会、节日委员会。这些委员会从组织上解决了旅游业各个环节上可能出现的问题。在宣传手段上，采用了生动活泼、丰富多彩、图文并茂、引人入胜的方法。在宣传内容上，历史、考古、民俗、风俗、体育、文化等几乎无所不有。旅游产业为当地居民创造了众多的就业机会，促进了基础设施建设，推动了农业环境和许多非物质文化遗产的保护。

为了提高旅游产业竞争力，瑞士采取了多种措施提升自然风景旅游和人文旅游产品品质，主要经验包括以下几个方面：①打造旅游与康养休闲融合发展的生态旅游开发模式。瑞士康疗产业的系统化程度很高，温泉是其最基本的康疗资源，得到了长期充分的开发利用。瑞士理疗酒店多依托温泉而设，拥有高品质的温泉资源，并在其基础上进行升级，提供全方位的康体服务，同时有针对性地发展美容产业，提高理疗酒店对女性人群的吸引力。②深挖传统文化，延伸旅游产业链。瑞士因几百年来从未发生过战争，并通过各种法律对文物古迹进行十分严格的保护。在严格的法治保护下，整个瑞士的主要城市和古迹都得到良好的保护，保有历史印记的人文景观颇具特色。在此基础上，瑞士致力于挖掘和弘扬传统文化，通过种类繁多的博物馆、古朴典雅的公共设施、原汁原味的民族风俗、丰富多彩的传统节日、特色鲜明的传统文化等方式吸引大量的国内外游客。③加强基础设施建设，提高服务意识。瑞士山区面积较大，为了方便旅游者顺利到达旅游景点，瑞士建立了非常完整的立体交通体系。国家级全封闭式的高速公路已具有相当规模，市区交通网和旅游线路十分发达，并专为旅游设计路线。另外，瑞士有许多专供登山用的车辆，还有许多山峰均设有架空索道，以便开展滑雪运动。同时，瑞士旅游局不定期地举办各种导游培训班，对旅游行业从业人员进行培训，各个旅游服务机构也在景点周围增设了多语种服务巡游咨询台，一些文化向导手册、旅游影音资料以多语种的方式在国际航班、火车、邮轮等交通设施上免费为游客提供。④通过会展营销，提升城市知名度。瑞士每年举办国际性、区域性会议超过 2000 次，因会议而来的外国游客超过 3000 万人。每年 1 月在瑞士东部山区小镇达沃斯举行的世界经济论坛，有来自世界各地的政界、经济界重要人物和记者等 3000 多人出席会议。此外，还举办世界"五大车展"之一的日内瓦车展、世界最大的钟表珠宝展——"巴塞尔钟表珠宝展"等，正是由于这些著名的会议、展览活动在此，带动了瑞士的日内瓦、苏黎世、巴塞尔、洛桑和圣加仑等城市旅游业的发展。

2. 美国：国家公园保护性开发

1872 年，美国建立了世界上第一个国家公园——黄石国家公园（the Yellow Stone National Park），是美国国家公园运动的重要产物。国家公园的设立是为了保护一部分有独特自然文化价值的地区，排除更多人为干扰，满足当代人欣赏、了解自然文化价值的需要，并为子孙后代尽可能完整地保留一部分未被人为改变的遗产资源。美国最早开启了全球范围内以建立国家公园方式保护环境及各类资源、为民众提供休闲和娱乐场所的实践，并通过不断完善的法律体系扩充国家公园的内涵、增强国家公园的管理效率和生存能力。

为了解决公园面临的管理与资源维护问题，美国黄石国家公园重视人与自然和谐相处、环保优先的发展理念，采取多项措施促进公园健康发展，主要经验如下：①构建完善的管理体制，保障国家公园基本功能。美国通过出台并不断完善相关法律，赋予国家公园管理局相关权限，使其可以相对独立地决定各个国家公园区划内的环境管理方式，而且给予各个公园相对稳定的预算保障。并以法律形式建立了国家公园管理局，改变了原有的各个公园各自为政、规划管理分散、与周边利益集团博弈的局面，使得美国联邦层面可以明确国家公园的权利不受侵害，并为后续统一国家公园相关标识、有组织地发展和提升国家公园系统效率和品牌认知度发挥更为关键的作用。②开展多项监测、调查工作，维护生态环境。美国国家公园采用自然资源清查和生命体征监测方法对公园内的生态资源进行监测与保护。自然资源清查是在广泛调查的基础上确定资源的类型，并对资源进行定性与细分，厘清资源的具体分布范围与数量以及现有资源的状况。生命体征监测是将国家公园系统依据地理和资源上的相似性原则划分生态区域网络，并对资源状况进行定期的资源清查与状态监测。③适度开发国家公园，建立多渠道的资金保障机制。一是美国国会向国家公园管理局的拨款，主要用于道路、桥梁等交通设施的修筑和维护，但政府资金仍有不足；二是建立国家公园基金，20 世纪 60 年代末，美国官方慈善机构建立了"国家公园基金"，接受各种形式和金额的私人慈善捐款，加强对国家公园的保护；三是通过特许经营模式，适度开展旅游活动，获得的门票收入也成为国家公园管理的一部分资金来源。同时，开发黄石国家公园旅游纪念品，增加收入。④加强品牌营销和价值引导，扩大黄石国家公园影响力。由于国家公园分布广泛，各自特色不同，国家公园管理局在统一标识和风格的形象设计下，为每个国家公园制作了大量丰富的视频和音频宣传材料，将国家公园的特点展现给潜在的参观者。为了尽可能降低参观者赴国家公园的成本和风险，国家公园网站对各个公园进行了分类，不仅提供实时的通行指导，而且对各种气象条件下旅行者的交通工具提出了明确规定，对在公园中的露营方式及注意事项都有明确要求。并建立志愿者计划，补充国家公园管理力量。美国国家公园设计了丰富多彩、期限长短结合的志愿者任务，为志愿者提供巡逻、引导、科普、标本收集制作等各项活动。

7.1.6　生态农产品

稻米种植在日本有着悠久的历史，从事农业的人口中一半以上从事稻米种植。日本政府高度重视稻米产业，一直走品牌路线。在选种、种植、收购、存储、加工、流通等全产业链各环节极其用心，再加上独特的营销策略，打造出独具日本特色的大米品牌化营销模式。新潟县和山形县大米品牌化营销在日本走在前列，新潟县"越光"品牌米被称为"日本第一好米"，素有"世界米王"美誉。

日本在推进大米品牌化发展道路上，依托区域独特的自然资源禀赋，采取原生态种养模式，不断提高生态产品价值。并以标准化生产和质量认证为基础、以标准制定为抓手、以产销促进和品牌推介为手段的品牌工作机制，形成了"政府主导、科研机构参与、社会组织推进、第三方配合"的运行机制，从产业链源头抓起，加强品牌建设要素与全产业链结构的关联性，把大米品牌建设贯穿于全产业链，深度挖掘核心产品，塑造优质大米品牌。其主要经验如下。

一是政府主导打造区域公用品牌，制定品牌米标准。政府对种植面积、种植农户、稻米品种实施统一管理，支持各地农业科研机构研发优质稻米品种，免费向农民推广种植。宣传教育国民继承传统饮食文化，使得日本城市居民自愿支付高价购买代表日本文化的传统日本农场大米，以支持日本稻米产业发展。日本大米只有特定品种，在特定产地、符合标准的肥水调控、病虫草害综合防治等栽培农艺控制下，生产出的稻米经特定机构认证后才可被定为"铭"米，并在规定期限内加工上市，才具有市场竞争力。政府组织制定涵盖稻米种植、农药化肥使用、仓储物流等全产业链的标准化体系和检测认证标准，设立食品安全委员会。日本不仅从外观品质和理化特性上将稻米分成不同等级，还根据消费者消费习惯和口味偏好，以及外观、香味、味道、黏度、硬度等项目，制定出不同的食味评价标准。

二是打造大米交易平台。日本全农协在政府的大力支持下，由农民自发组合成立，基本负责稻米生产销售，是日本大米生产和流通全过程的一个重要"推手"。日本全农协在全国 47 个县和 700 多个市都设有分支机构，吸纳了全国 99% 的农民入会。在各级政府的指导下，推进稻米计划种植和垄断销售，通过扶持农业水利设施、稻米流通基础设施建设，建立特色农产品销售中心，保证品牌大米的品质安全和价格稳定。

三是加强农业基础能力和科研能力建设。日本农业科研机构为稻米种植提供技术支撑，日本有 120 多所农业科研机构，研究领域宽广精细，涵盖大米种植、大米加工等领域，科研成果丰硕，培育出众多差异性、专属性强的优良品种。加强民营化的检验机构对稻米质量的检测认证工作，各地农政事务所负责检验机构的资质认定和仲裁等监管事务。全国瑞穗食粮检查协会负责汇总稻米质量信息并向全国公布。

7.2　生态产品价值实现国内案例

7.2.1　生态产品经营和绿色金融

"生态银行"是生态产品价值实现的一项重要的金融手段，它不是传统意义上的金融机构，而是指政府搭建的生态权属交易平台。在政府审核与监管下，由银行主办者通过恢复、保护、新建生态资源产生生态信用，并通过交易将生态信用出售给资源开发者，实现生态产品向经济产品的转化。"生态银行"的目的是平衡生态保护与经济发展之间的关系，政府通过搭建买卖交易平台，将生态产品转化为经济产品，融入市场体系，用盘活经济的方式充分调动社会各方参与，提高生态产品的补充供给能力。同时，政府承担银行设立审核、信息化监管、补偿监测等重要职责，确保交易顺畅、规范化运行。

近年来，福建南平市在我国首次开展"生态银行"实践，其素有"福建粮仓""南方林海"之称，虽然自然资源丰富、生态价值丰厚，但其生态优势难以有效转化为经济优势，是典型的资源富集欠发达地区。自 2018 年起，南平市创新实施"生态银行"方案，为促进生态资源资本化搭建起中介平台，在产权流转、融资、市场化运营、政府与市场边界等方面做出探索，通过市场化机制推动生态系统可持续经营。

按照"政府主导、农户参与、市场运作、企业主体"的原则，由顺昌县国有林场控股、8 个基层国有林场参股，成立福建省绿昌林业资源运营有限公司，注册资本3000 万元，作为顺昌"森林生态银行"的市场化运营主体。该公司下设数据信息管理、资产评估收储"两中心"和林木经营、托管、金融服务"三公司"，前者提供数据和技术支撑，后者负责对资源进行收储、托管、经营和提升；同时，整合县林业局资源站、国有林场伐区调查设计队和基层林场护林队伍等力量，有序开展资源管护、资源评估、改造提升、项目设计、经营开发、林权变更等工作。

"森林生态银行"的主要工作包括：①全面摸清森林资源底数。对全县林地分布、森林质量、保护等级、林地权属等进行调查摸底，并进行确权登记，明确产权主体、划清产权界限，形成全县林地"一张网、一张图、一个库"数据库管理。通过核心编码对森林资源进行全生命周期的动态监管，实时掌握林木质量、数量及分布情况，实现林业资源数据的集中管理与服务。②推进森林资源流转，实现资源资产化。鼓励林农在平等自愿和不改变林地所有权的前提下，将碎片化的森林资源经营权和使用权集中流转至"森林生态银行"，由"森林生态银行"通过科学抚育、集约经营、发展林下经济等措施，实施集中储备和规模整治，转换成权属清晰、集中连片的优质"资产包"。为保障林农利益和个性化需求，"森林生态银行"共推出了入股、托管、租赁、赎买四种流转方式。同时，"森林生态银行"与南平市融桥融资担保有限公司共同成立了顺昌县绿昌融资担保有限公司，为有融资需求的林业企业、集体或林农提供林权抵押担保服务，担保后的贷款利率比一般项目的利率下降近 50%，通过市场化融资和专业化运营，解决森林资源流转和收储过程中的资金需求。③开展规模化、专业化和产业化开发运营，实现生态资本增值收益。实施国家储备林质量精准提升工程，优化林分结构，增加林木蓄积，促进森林资源资产质量和价值的提升。积极发展木材经营、竹木加工、林下经济、森林康养等"林业+"产业，建设杉木林、油茶、毛竹、林下中药材、花卉苗木、森林康养六大基地，推动林业产业多元化发展。采取"管理与运营相分离"的模式，将交通条件、生态环境良好的林场、基地作为旅游休闲区，运营权整体出租给专业化运营公司，提升森林资源资产的复合效益。开发林业碳汇产品，探索"社会化生态补偿"模式，通过市场化销售单株林木、竹林碳汇等方式实现生态产品价值。

顺昌县"森林生态银行"主要提供了三方面的经验：①搭建了资源向资产和资本转化的平台。"森林生态银行"通过建立自然资源运营管理平台，对零散的生态资源进行整合和提升，并引入社会资本和专业运营商，从而将资源转变成资产和资本，使生态产品有了价值实现的基础和渠道。②提高了资源价值和生态产品的供给能力。通过科学管护和规模化、专业化经营，森林资源质量、资产价值和森林生态系统承载能力不断提高，森林生态系统的涵养水源、净化空气等服务功能不断提升。③打通了生态产品价值实现的渠道。生态银行通过系统集成的方式，将分散化资源的资格权、经营权和使用权集中流转到平台公司，进而转换成资源资产包，发挥了生态资产的规模效应，实现生态资源产业化变现。

7.2.2　"碳普惠"和"碳金融"

南平市顺昌县深入贯彻习近平生态文明思想，积极践行"两山"理念，先行先试，从绿掘"金"，根据《南平市省级绿色金融改革试验区工作方案》的精神，南平市首先在碳金融信贷模式、碳汇质押融资等碳金融产品方面进行探索和突破，以创建生态产品价值实现的新机制。大力实施国家储备林森林精准提升项目建设，成立了全省首家"森林生态银行"，开展林业碳汇扶贫项目研究，创立了《福建省碳汇扶贫项目管理方法》，创新开发林业碳汇、竹林碳汇、"一元碳汇"、欧盟标准碳汇，将脱贫村和脱贫户的林地纳入碳汇交易市场，为贫困户、贫困村稳定脱贫、长效脱贫开辟新路径。

其中，"一元碳汇"项目是顺昌县依据《扶贫碳汇管理方法学》，以贫困村、贫困户所拥有的林地、林木为项目实施地而开发的一个林业碳汇项目，通过微信小程序扫码方式，向社会公众销售贫困村或贫困户的碳汇产品。该项目既是实现林业生态产品价值的新路径，也是巩固脱贫成果、助力乡村振兴的长效机制。"一元碳汇"在 2020 年 3 月 12 日上线一年后，共有 1080 人次认购了 3285t 碳汇量，认购金额 32.85 万元，惠及 5 个乡镇 11 个脱贫村、255 户脱贫户，全面完成全县12 个乡镇"一元碳汇"扶贫项目的实施，是生态补偿助力脱贫攻坚的新动力、新机制，属全国首创，为全省巩固脱贫攻坚成果、助力乡村振兴、创建林业生态产品价值实现长效机制提供技术支撑。

"一元碳汇"小程序开辟了通向社会市场交易的渠道，使得广大公众能够参与到碳减排的行动中来。在此基础上，顺昌县进一步拓展"一元碳汇"适用领域，衍生出"碳汇+生态司法""碳汇+会议""碳汇+金融""碳汇+生态旅游"等生态产品价值实现新模式。截至 2021 年，顺昌县"碳汇"累计交易 22.4 万 t，交易金额 412.5 万元，其中"一元碳汇"认购 4250t、42.5 万元。同时，2021 年10 月，顺昌县人民政府与兴业银行南平分行共同发布了"一元碳汇"联名卡，该卡突出绿色低碳环保和乡村振兴设计理念，融入碳汇主题服务。该卡除了具有普通借记卡存取现金、转账结算、消费、理财等金融功能外，还将为"一元碳汇"联名卡客户预存专属碳汇权益，这些权益可通过"一元碳汇"平台进行碳排放指标认购，抵消日常工作和生活中产生的碳排放量，助力"碳中和"。此次"一元碳汇"联名卡首发是顺昌县人民政府与兴业银行南平分行深入探索"绿色金融+乡村振兴"的有力实践，更是为进一步贯彻落实《南平市碳达峰碳中和先行行动方案》，鼓励各类赛事、会议、论坛、旅游、生产、经营等活动以自愿购买林业碳汇实现"碳中和"，提供了更为直接有效的实现方式。兴业银行南平分行将持续发挥兴业银行集团综合化、专业化金融服务优势，并承诺未来五年向顺昌县人民政府提供不低于 20 亿元的意向性融资额度，有力推进顺昌县全县分布式光伏开发产业发展布局，助力顺昌县绿色低碳发展转型升级。截至 2021

年，兴业银行南平分行已为南平市绿色发展提供各类融资超 50 亿元。本次活动全程所产生的所有碳排放，将通过"一元碳汇"小程序购碳相应抵消，实现"零排放"，助力"碳中和"。

另外，2020 年南平市顺昌县依托县国有林场，在创新开发林业碳汇、竹林碳汇并取得积极成效的基础上，启动了碳金融试点工作，探索创立新的碳汇方法学，建立大容量碳库，积极探索碳中和、碳金融的生态产品转化路径，为实现国家碳达峰、碳中和目标做出有益尝试。2021 年，顺昌县国有林场与兴业银行达成合作意向，开发"碳金贷"产品，计划将县国有林场森林经营碳汇项目和竹林碳汇项目剩余碳汇 29.4 万 t 质押给兴业银行，获得贷款资金 2000 万元，用于森林质量提升和保护，为增加森林碳汇、提高森林生态功能、推动森林效益有效增长和林农增收提供支持。

7.2.3　生态农产品经营开发

农产品增值是生态产品价值实现的重要组成部分。现代农业的竞争，已不再是单纯的产品竞争，更多的是产业链竞争。全产业链是一种战略思维，也是一种经营模式。农产品品牌已成为现代农业竞争力的重要衡量指标，贯穿于农业全产业链。2020 年，《中共中央　国务院关于抓好"三农"领域重点工作确保如期实现全面小康的意见》提出，要"支持各地立足资源优势打造各具特色的农业全产业链，建立健全农民分享产业链增值收益机制，形成有竞争力的产业集群"，"打造地方知名农产品品牌，增加优质绿色农产品供给"。2021 年 4 月发布的《关于建立健全生态产品价值实现机制的意见》中提出，"鼓励打造特色鲜明的生态产品区域公用品牌，将各类生态产品纳入品牌范围，加强品牌培育和保护，提升生态产品溢价。"近年来，国外部分国家在农产品增值、农产品品牌化方面积累了一些经验，对于我国生态产品价值实现具有一定的借鉴意义。

1. "丽水山耕"品牌

"丽水山耕"品牌是丽水历经三年创立的全国首个覆盖全品类、全区域、全产业链的地市级农业区域公共品牌。该品牌自成立以来，生态产品溢价明显，已显现出强大的生命力。丽水地处浙南山区，境内崇山峻岭，有"浙江绿谷""华东氧吧"之誉。2014 年之前，全市有 7000 多个生产经营主体，2800 多个品牌商标。

但是国家级农业龙头只有 1 家，著名商标屈指可数。依靠弱小的单个主体打响品牌相当困难，丽水因此意识到，实施品牌化不仅仅要引导生产主体创品牌，更需要政府直接参与品牌创立过程，所以委托浙江大学中国农村发展研究院（CARD）中国农业品牌研究中心策划"丽水山耕"品牌。

2014 年 9 月"丽水山耕"正式亮相后，在政府引导和推动下，其迅速在浙江及周边省市赢得了广泛声誉。2017 年，"丽水山耕"成功注册为全国首个含有地级市名的集体商标，以政府所有、生态农业协会注册、国有农业投资发展公司运营的模式，并结合生产合作、供销合作、信用合作"三位一体"改革工作，建立"丽水山耕"区域公用品牌为引领的全产业链一体化公共服务体系，成为丽水践行"两山"理念的新模式、新途径。其主要经验包括：一是出台规划引领。市政府出台了《"丽水山耕"品牌建设实施方案（2016-2020 年）》，明确了"十三五"期间"丽水山耕"品牌建设的总体目标和阶段性目标，全面规划"丽水山耕"品牌发展路径，从品牌培育、推广、质量标准、农产品安全等方面提出了具体工作举措。二是实行企业运作。"丽水山耕"品牌所有者是丽水市生态农业协会，实际运营和推广的是丽水市农业投资发展有限公司。三是开展标准认证。在国家认证认可监督管理委员会复函批准实施"丽水山耕"农业品牌认证试点工作的基础上，开展"丽水山耕"品牌标准认证工作，使其成为全国首个开展认证工作的农业区域公用品牌。并在"丽水山耕"国际认证联盟的认证下，完成了首批 21 家企业的认证工作，发放 23 张"丽水山耕"品牌认证证书，同时以第三方认证的模式推进规范化品牌管理。四是全程溯源监管，拓宽营销渠道。质量是品牌的核心生命力，为此公司以基地直供、检测准入、全程追溯为宗旨，对产品质量进行严格的检测把关，实现农产品溯源系统全覆盖。整合网商、店商、微商，形成"三商融合"营销体系；创建"物联网+大数据"为基础的"壹生态"信息化服务系统，对接全球统一标识的 GS1 系统，提供大数据服务；以农耕文化推广为载体，开展枇杷、杨梅、茭白等农事节日活动和"丽水山耕"十佳伴手礼评选活动；组织参加丽水生态精品农博会、浙江省农业博览会、上海（浙江）名优博览会等系列品牌宣传活动；结合"丽水山耕"旅游地商品转化，开展推进品牌旅游地商品转化网点建设工作。五是完善考核机制。市政府对各县（市、区）、各职能部门专设"丽水山耕"品牌建设工作进行考核，并要求"一周一报"。同时，组织了各县（市、区）交叉检查、市级部门现场调研、品牌使用规范专项检查等多次工作督查，确保工作落到实处。

2. "武夷山水"品牌

南平市处处绿水青山，大地物产丰饶，作为农业大市，10 个县（市、区）做到了"一县一品"。农业产业种类多而全，尤其在茶叶、果蔬、食用菌、畜牧水产、花卉、苗木、中药材等方面具有输出优势，形成了武夷山茶业、光泽鸡业、延平乳业、顺昌菇业等特色优势产业。多年来，南平农林牧渔业增加值的增速始终位居全省第一。但是农业大而不强，好产品卖不出好价钱，一直制约着南平农业发展、农民增收。

南平市大力实施品牌战略，从优质农产品入手，统一质量标准、统一检验检测、统一营销运作，着力构建价值清晰、形象统一、品质可靠的"武夷山水"区域公用品牌，在绿水青山转化为金山银山的价值实现机制上不断创新突破。把生态资源优势转化为质量品牌优势，以品牌引领新供给、创造新需求、激活新动能，以品牌建设提升产品价值，推动绿色产业加快发展。近三年来，"武夷山水"品牌产品销售额为 6.31 亿元，"武夷山水"品牌授权企业销售额达 125.45 亿元。品牌效应带动了产品的溢价增值，建阳桔柚价格从每千克 10 元，增长到 18 元；浦城"武夷山水"优质稻米售价每千克 10 元，比一般大米售价高出 150%，带动了 1.2 万多户农户增产增收。

面对有生态资源优势无市场优势、有口碑优势无品牌优势、有品质优势无价格优势的问题，南平在"创新、协调、绿色、开放、共享的新发展理念"的指引下，从 2018 年开始，发力实施"武夷品牌"建设工程，以大武夷绿色生态为闽北优质产品赋能，以政府为武夷品牌诚信背书，全力打造覆盖全区域、全品类、全产业链的"武夷山水"区域公用品牌，使其代言南平绿色优质农产品，在打造品牌中延伸产业链、提升价值链，加快推动青山变"金山"。

首先是夯实品牌基础，探索生态产品价值实现机制。2018 年，"武夷山水"品牌成立之初，南平市相继发布了《南平市优质农产品品牌发展规划》《南平市扶持"武夷品牌"建设的政策措施》《"武夷山水"公用商标使用管理办法》等相关文件，并高标准制定了《"武夷山水"产品质量技术规范》，涵盖 22 类农产品和加工食品，包括产地环境、农药化肥、饲料添加剂、卫生防疫等方面。目前，经过筛选首批 33 家南平企业获得"武夷山水"品牌授权，其中 14 家为茶企。发现产品品类不足以涵盖"武夷山水"品牌所要代表的南平全域范围的生态好物后，又从品牌入围和商标授权两个层面，筛选龙头企业、地理标志授权企业、非遗企业，分类实施品牌授权，扩大品牌授权的对象和范围，确定 303 家企业入选"武夷山水"品牌生产主体，其中 52 家企业成为"武夷山水"品牌授权企业，有效保障品牌持久度和广泛度。

其次是强化质量控制，以品质护品牌。南平实业集团作为"武夷山水"品牌建设项目的实施主体，专门成立全资子公司——南平市武夷山水品牌运营管理有限公司，严把产品品质底线，完善质量标准体系。结合福建省食品安全"一品一码"体系建设，实现对农产品全生命周期的质量检测和质量可追溯，目前入围"武夷山水"品牌的303家企业，有165家进入福建省农业农村厅追溯平台管理。同时，该公司与同济大学经济与管理学院合作，开展基于区块链技术的产品溯源平台优化及对区域公用品牌营销联动路径研究，探索升级"武夷山水"品控溯源总控平台。同步建立退出机制，对入围"武夷山水"品牌的企业实行企业日常自检、政府行业监管、品牌公司抽检的"三检防控"机制。截至2022年2月，依托市农业农村局、市场监督管理局质检部门，共抽检"武夷山水"企业330家（次）、产品806批次、样品1158件，合格率达100%。

最后是拓展销售渠道，以运作强品牌。为提升消费者对"武夷山水"品牌的认知度，全力打造和布局线上线下销售渠道。在线下，打造"武夷山水"品牌体验馆、旗舰店，自2020年10月至今，在北京、上海、江苏、厦门、泉州、南平10个县（市、区）及武夷山机场共开设19家旗舰店、加盟店。同时，建设"武夷山水，大众茶馆"，融合茶、竹、水三大产业，以销售茶、泡茶水、茶点、茶具等茶类全链条产品为主，打造集茶竹产品销售、茶竹文化输出、茶饮休闲空间于一体的综合性茶空间。在线上，建设微信严选商城、天猫官方旗舰店、官方抖音号等线上销售平台，并引入专业运营商持续运用各线上销售平台，在线上平台以建设"武夷山水"品牌专区、入驻"武夷山水"商城等形式，拓宽线上销售渠道。借力国企、龙头企业、知名IP等，助力企业拓宽销售渠道，带动品牌影响力提升。例如，与全国知名母婴品牌签订合作协议，联名开发13款山茶油系列产品，2021年销售额达265.48万元。嫁接多方资源，推动"武夷山水"矿泉水进入政府系统、省属国企乃至华为总部采购名列，同时多地发展经销商，扩大武夷山矿泉水的销售半径。同时，积极推进文创产品开发，将朱子文化、非遗文化融入产品打造，开发白茶、莲子、桂花、手剥笋、福矛酒等朱子卡通形象系列产品。结合剪纸元素，设计制作"武夷山水"手机壳、帆布包、马克杯、文化衫等品牌文创产品。

目前，"武夷山水"品牌受到广泛认可，其连续三年荣登中国区域农业品牌影响力排行榜第三名。武夷岩茶、政和白茶、正山小种、建瓯锥栗、延平百合、顺畅海鲜菇等11个地理标志产品荣登中国区域农业品牌影响力排行榜茶叶产品、果品产业、小宗特产、食用菌等产业前十位。在中国品牌价值评价信息发布会上，有 4 个品牌入围 5 亿元企业榜单，6 个品牌进入地理标志区域品牌 100 强（福建全省 9 个）；在 2021 年区域品牌（地理标志）价值评价中，"武夷岩茶"连续第 5 年位列中国茶叶类区域品牌价值第 2 名，其余上榜的还有"武夷红茶"、"政和白茶"、"东峰矮脚乌龙"和"政和工夫"。"武夷山水"正成为南平市的"新名片"，更多的消费者记住了"武夷味道""武夷风光""武夷文化"。

7.3　生态产品价值支撑国际公约履行

国际环境公约目标的制定要求体现生态环境保护和经济效益的双赢，生态系统价值核算指标和国际环境公约的发展目标具有高度一致性，开展生态系统价值核算案例对于不同国家和地区的履约工作也具有积极的示范作用。基于联合国《生态系统核算》建立的生态环境经济核算账户，可用来监测和评估包括联合国可持续发展目标（SDG）、《生物多样性公约》（CBD）等在内的多项国际环境公约的履约指标和目标。联合国《生态系统核算》对国际环境公约的履约支持作用长期以来未得到系统性总结，建议以"昆明–蒙特利尔全球生物多样性框架"指标体系为基础，结合《关于特别是作为水禽栖息地的国际重要湿地公约》（简称《湿地公约》）和《联合国防治荒漠化公约》等环境公约的指标，挖掘生态系统价值核算对履约目标的支撑关系，在国家生态系统价值核算账户下建立履约核算子账户，全面支撑国际环境公约的履行工作，体现我国在生态系统价值提升方面的成就。

7.3.1　联合国可持续发展目标

2015 年，联合国所有成员方均通过了《2030 年可持续发展议程》。该议程围绕 17 个可持续发展目标（SDG）和 169 个支撑指标制定，这些目标代表了实现可持续发展的宏伟计划，是各国制定国家政策和优先事项实现可持续发展目标的基础。该议程的核心是认识到真正的发展必须将经济增长和扶贫、改善健康、提高教育、减少不公平，以及应对气候变化和保护自然的战略结合起来。因此，可持续发展目标相互联系的特点要求各国必须采取综合性的政策决策方案。作为衡量生态环境及其与经济之间关系的国际统计标准，联合国《生态系统核算》在更好地了解生态环境与经济之间的相互作用和权衡的基础上，可以很好地支持综合政策[160]。通过对《2030 年可持续发展议程》中的 17 个目标和

169 个指标的进展进行监测，需要收集大量数据。联合国统计委员会（UNSC）建立了可持续发展目标指标机构间专家组（IAEG-SDG），负责制定和实施《2030年可持续发展议程》进度的监控框架和进展，其中一项重要的工作就是利用已开展的生态系统价值核算的指标来监测《2030 年可持续发展议程》在各国的实施进度[161]。最近，《生物多样性公约》秘书处、联合国环境规划署（UNEP）和联合国统计司（UNSD）向可持续发展目标指标机构间专家组在第十次会议提出了一项关于提高指标 15.9.1 "建立国家生物多样性目标"地位的提案，并将指标从Ⅲ级重新分类为Ⅱ级。联合国环境经济核算委员会（UNCEEA）是由联合国统计委员会成立的一个政府间机构，旨在提供生态环境经济核算和统计领域的总体愿景、优先次序和方向，该机构评估了 9 个可持续发展目标的 40 个指标后，特别指出联合国《生态系统核算》很适合用于比较生态质量和经济发展之间的效率指标。

7.3.2 联合国《生物多样性公约》

根据 2022 年《生物多样性公约》第十五次缔约方大会第二阶段会议决议，缔约方一致通过《昆明–蒙特利尔全球生物多样性框架》，并以此为基础建立《2022～2030 年生物多样性战略计划》，用于指导全球生物多样性保护工作。特别是在《昆明–蒙特利尔全球生物多样性框架》的行动目标 14 中再次重申要"确保将生物多样性及其多重价值观充分纳入各级政府和所有部门的政策、法规、规划和发展进程、消除贫困战略、战略环境评估、环境影响评估，并纳入国民核算，特别是对生物多样性有重大影响的部门，逐步使所有相关的公共和私人活动、财政和资金流动与该框架的目标和指标相一致。"这说明大多数学界和政府观点达成一致，即随着生物多样性丧失的增加，地球不可能承受一个比爱知目标更温和的目标体系，生物多样性价值的考量已刻不容缓。

联合国《生态系统核算》在设计之初就考虑了对 2020 年后的全球生物多样性框架的技术支持[162]，着重于衡量生态系统多样性，包括其范围、状况和所产生的服务，并通过衡量生态系统提供的服务帮助生物多样性保护。联合国《生态系统核算》可利用综合方式为生物多样性政策提供信息，并制定指标以监测实现生物多样性目标的进展。世界自然保护监测中心（WCMC）和联合国统计司的评估报告显示，目前的昆明–蒙特利尔指标中有 61 个完全或部分与联合国《生态系统核算》保持一致。此外，作为《生物多样性公约》承诺的一部分，196 个缔约方中有 190 个缔约方至少制定了一项《国家生物多样性战略和行动计划》（NBSAP），这是在国家一级执行《生物多样性公约》建议的主要手段。联合国《生态系统核算》为《国家生物多样性战略和行动计划》提供有价值的信息，从而帮助确定保护工作的优先顺序并评估国家一级的实施情况。

联合国《生态系统核算》框架支持对生物多样性在经济发展中的作用进行评估，评估结果以实物量和价值量两种方式呈现。评估方法可以阐明生物多样性丧失和生态系统变化的主要驱动因素，确定主要的取舍，并支持"双赢"的生态保护方法和经济发展路径。联合国《生态系统核算》除了对政府公共部门的支持外，还可以为私营部门在生物多样性保护方面提供决策支持，协助私营业主保护其投资和增加资本回报率。

7.3.3　《联合国气候变化框架公约》

气候变化是一项全球面临的重大挑战，直接影响着地球上每个人的生态环境、经济和社会福祉。《联合国气候变化框架公约》（United Nations Framework Convention on Climate Change，UNFCCC）于 1992 年 5 月通过，同年 6 月在巴西里约热内卢召开的有世界各国政府首脑参加的联合国环境与发展会议期间开放签署。1994 年 3 月 21 日，该公约正式生效。2016 年 4 月，184 个国家签署了基于《联合国气候变化框架公约》的《巴黎协定》，这一协定在人类对抗气候变化过程中具有里程碑意义。《巴黎协定》旨在通过全球努力，减少温室气体排放并适应不断变化的气候。联合国《生态系统核算》的账户适合支持各级政府的气候政策[163]。其中与气候变化有关的政策应用包括：①核算农业活动和因土地利用变化而产生的温室气体排放，用以支撑碳信用额度的分配；②全面评估每种生态系统产生的碳储量，以及核算由封存、砍伐森林、造林、收割和森林大火等导致的碳汇变化并建立动态的碳汇账户；③通过气候变化对生态系统及其服务的影响，评估气候变化如何影响经济活动及其与土地退化、水资源短缺和生物多样性丧失等问题的关联性。这些核算和评估信息也可以用作情景模型的输入，将经济活动与环境变化相关联，支撑更大规模的综合影响评价体系。

7.3.4　联合国《湿地公约》

《湿地公约》是为了保护湿地而签署的全球性政府间保护公约。其宗旨是通过国家行动和国际合作来保护与合理利用湿地。《湿地公约》于 1971 年 2 月 2 日在伊朗的拉姆萨签署，当时有 18 个发起缔约国。《湿地公约》于 1975 年 12 月 21

日正式生效，直至 2023 年 10 月，共有 172 个缔约方，国际重要湿地名录覆盖着 2170 片总面积超过 207 万 km² 的重要湿地，中国于 1992 年加入《湿地公约》。

千年生态系统评估（MA）于 2005 年将核算结果中关于湿地的内容《生态系统和人类福祉：湿地和水》提交给《湿地公约》科学和技术审查小组（STRP）。该报告指出，公约管理范围内的湿地及其相关的生态系统服务的价值估计每年为 14 万亿美元。报告显示，各级决策者并不完全了解湿地状况与湿地提供的服务之间的联系及其对人们的好处，这些好处通常具有重大的经济价值。只有很少的案例决策者根据市场价格的收益做出决策，而对于湿地提供的非市场化服务，因缺乏理解和认识以及信息不透明等问题，导致决策错误，加速了湿地丧失和退化。

《湿地公约》长期以来重视湿地经济价值评估及其对规划和决策的影响。自 1996 年《湿地公约》第六次缔约方大会（COP6）上达成的《战略计划》中提出目标 2.4 "通过传播评估方法促进湿地效益和功能的经济评估"以来，《湿地公约》科学和技术审查小组长期支持开展湿地生态系统价值核算与评估。联合国《生态系统核算》中针对湿地生态系统的核算方法和评估模型，很好地满足缔约方获取湿地生态系统价值评估所需的数据、参数和方法。评估结果对内可以更好地支持与湿地有关的规划和决策，对外可以满足对《湿地公约》的履行需要。

7.3.5 《联合国防治沙漠化公约》

《联合国防治荒漠化公约》，是 1994 年联合国制定的国际公约。该公约定于法国巴黎，于 1996 年 12 月 26 日生效。其旨在联合国际社会统一行动，防治荒漠化，缓解干旱或荒漠化影响。截至 2023 年 10 月，共有 197 个缔约方，中国已于 1994 年签署加入了该公约。

联合国《生态系统核算》可以评估在防治土地退化过程中取得的进展[164]，并且可以将评估所生成的数据用于制定土地可持续管理和生态恢复相关决策，从而对《联合国防治荒漠化公约》的履约工作做出贡献。《联合国防治荒漠化公约》秘书处还会不定期地发布一些国家履约的案例，其中巴西、印度、墨西哥和南非等国家分别分享了生态系统状况评估、生态系统服务价值核算、土地使用规划政策决策、土地退化和恢复统计系统、土地利用和碳专题账户建立等实践在《联合国防治荒漠化公约》中的重要作用。这些国家案例大量地采纳了联合国《生态系统核算》或其他生态系统价值核算的框架，凸显了生态系统价值核算在支持防治土地退化和推动可持续土地利用管理相关决策方面的重要作用。

第8章
生态产品第四产业发展

打通量化、抵押、交易、变现之间的通道，需要将生态产品价值实现纳入产业链视角[165]。随着生态文明建设的深入推进，"绿水青山就是金山银山"理念深入人心，围绕生态产品供给和价值实现形成的新产业、新业态、新模式不断涌现，与三次产业有本质不同的生态产品第四产业正在形成。2020年8月，王金南院士在"绿水青山就是金山银山"理念提出15周年理论研讨会上提出，将生态产品服务及相关产业大力培育为"第四产业"，提高生态产品供给能力，成为推进美丽中国建设、实现人与自然和谐共生的现代化的增长点、支撑点、发力点。2021年，王金南院士等首次系统构建了生态产品第四产业的理论框架，提出了生态产品第四产业的概念及内涵特征[166]。生态产品第四产业的提出，得到了学术界、新闻媒体以及决策管理部门的关注[167]。本章重点对生态产品第四产业的主要内涵、基本特征、评估体系进行了分析。

8.1　生态产品第四产业理论框架

作为一个新兴的产业，生态产品第四产业理论体系与传统产业的理论基础有着根本区别。根据习近平生态文明思想和"绿水青山就是金山银山"理念，需要对生态产品第四产业的概念内涵、产业特征、需求关系进行总结分析。

8.1.1　生态产品第四产业定义

绿色发展通常有两个维度的任务：一是经济生态化或产业生态化，也就是对传统经济和产业进行生态化改造，降低资源消耗、能源消耗、污染排放和温室气体排放，以最小的消耗和排放实现经济产出的最大化；二是生态经济化或生态产业化，也就是通过一定的政策引导和人为创建的市场，使自然生态系统提供的生态服务和投入资金与劳动力产生的生态服务转变成经济价值，成为产生经济价值、收入和就业的行业。我们认为，生态产品第四产业是指生态经济化或生态产业化过程，主要是以生态资源为核心要素，以生态产品价值实现为目标，表现为生态产品保护、生产、开发、经营、交易等经济活动。

王金南院士认为生态产品第四产业的概念和内涵可以从狭义、中义、广义三个角度去理解。狭义上的生态产品第四产业，或称生态产品产业、生态产品和服务，主要指为实现人与自然和谐共生，以生态资源为核心要素，以生态系统过程为主要生态生产力，通过生态保护修复建设、市场交易、开发经营等方式将生态产品所蕴含的内在价值转化为经济价值的产业集合，包括生态保护和修复、生态产品经营开发、生态产品监测认证、生态资源权益指标交易、生态资产管理等产业形态。从生态系统价值核算角度来看，狭义的生态产品第四产业就是自然生态系统提供的供给价值、调节服务价值和旅游文化价值之和，是"生态产品+"系列[168]。

广义的生态产品第四产业除了上述范围外，还包括传统产业资源减量、环境减排、生态减占，即产业生态化形成的产业集群[169]，也就是绿色产业、生态产业、环保产业的集合，而中义的生态产品第四产业除了狭义范围外还包括目前国内狭义的环保产业，主要以水污染治理、大气污染治理、固危废污染治理为核心的环境服务业以及以废旧资源再生利用、工业固废综合利用、建筑垃圾综合利用为主的资源循环利用行业。有关广义、中义、狭义的生态产品第四产业概念比较见表 8-1。

表 8-1　广义、中义和狭义的生态产品第四产业概念比较

比较指标	广义	中义	狭义
内涵和范围	绿色产业或者生态产业范围	环境物品和服务+生态产品和服务	生态产品和服务
与绿色发展吻合度	高	高	高
与绿色产业吻合度	高	高	高
与生态产业吻合度	高	一般	高
与环保产业吻合度	较高	高	部分
现有国民经济核算包含程度	多	多	少
价值核算难度	易	易	难
价值实现难度	易	易	难

8.1.2　生态产品第四产业特征

生态产品第四产业涉及人类价值观的重塑、生产体系的彻底变革，有效打通了自然生态系统和人类经济社会系统的分割。生态产品第四产业将生态资源作为核心生产要素纳入经济体系，将生产活动从人类扩展到生态系统。生态系统通过第一性生产、次级生产以及能量流动、物质循环和信息传递等功能生产生态产品的过程称为生态生产[170]。因此，将生态系统视为价值创造者并将其纳入生产、分配、交换、消费等现代经济体系是生态产品第四产业的本质特征。

生态产品第四产业与传统三次产业在服务对象、价值创造、主导生产要素等方面具有本质区别（表 8-2）。这些不同或者特征表现在产业目标、价值观、生产过程、满足需求、主导生产要素、对生物圈的影响和产业服务对象等方面。

表 8-2　第四产业和传统三次产业比较[168]

维度	第一产业	第二产业	第三产业	第四产业
产业内涵	直接从自然界中获取产品的行业	对第一产业的产品或第二产业半制成品进行加工的行业	生产物质产品以外的行业	生产生态产品的行业
根本目标	增进人类福祉			人与自然和谐共生
产业形态	农业、林业、畜牧业、渔业	工业、建筑业	服务业	生态产品产业
核心产品	农业品	工业品	服务产品	生态产品
服务对象（需求方）	人类			人与自然生命共同体、自然生态系统、人类及一切生物
时空属性	一般主要服务于当代人的需求			跨时空属性，不仅满足当代人需要，也是满足未来可持续发展的需要
价值创造	物质需求		物质及精神需求	人类福祉（社会属性）+生态系统服务保值增值（自然属性）
主导生产要素	土地、劳动力	资本、劳动力	资本、数据等	生态资源
生产属性	以人类生产为主			以生态生产为主，人类生产为辅
主导文明	农业文明	工业文明	信息文明	生态文明
主导消费观念	主要关注产品使用周期的效用			蕴含全生命周期绿色消费理念

一是产业目标不同。传统三次产业均是以满足人的需求为核心，而生态产品第四产业则以包括人类与自然生态系统在内的人与自然生命共同体为服务对象，以促进人与自然和谐共生、增进人类生态福祉和生态系统服务保值增值为根本目

标。从主导生产要素来看，传统三次产业主要以资本、劳动力等为核心生产要素，而生态产品第四产业则以生态资源为核心主导要素。作为支撑生态文明的产业形态，第四产业的发展水平就是衡量生态文明程度的重要标志。

二是价值观不同。在新时代生态文明背景下，价值的本质是对地球及其所有居民的可持续福祉的贡献，生态系统显然是价值创造者的核心组成部分，但长期以来并没有融入我们的经济体系中[171]。生态产品第四产业将生态资源作为核心生产要素纳入经济体系，将生产活动从人类扩展到生态系统。因此，将生态系统视为价值创造者并将其纳入生产、分配、交换、消费等现代经济体系是生态产品第四产业的本质特征。

三是生产过程不同。传统三次产业主要强调人类经济生产过程，而生态产品第四产业则以自然生态生产过程为核心，并与经济生产过程实现融合。生态产品第四产业虽然也关注人类活动的投入，但这种投入的产出是以生态资源为前提的，生态资源转化为生态资本，生态资本转化为生态资产和经济福利。

四是满足需求不同。传统三次产业均是以满足人的需求为核心，而生态产品第四产业以包括人类与自然生态系统在内的人与自然生命共同体为服务对象，以促进人与自然和谐共生、保护濒危动植物物种、增进人类福祉和生态系统服务保值增值为根本目标。

五是主导生产要素不同。传统三次产业主要以资本、劳动力等为核心生产要素，而生态产品第四产业则以生态资源为核心主导要素。生态产品第四产业的发展水平不仅可以作为生态文明程度的重要标志，而且可以此衡量经济社会系统的绿色低碳发展水平。

六是对生物圈的影响不同。传统三次产业的本质是耗散结构，体现为大量资源消耗和污染排放的"熵增"，只能尽可能通过绿色低碳循环等技术减少熵增，但不可归零，而生态产品第四产业由于生态生产过程的介入，绝大部分的产业活动都是基于自然的解决方案（NBS），因此对生物圈和生态环境来说是"负熵"或"零熵"，影响非常低甚至是正面的影响。

七是产业服务对象不同。生态文明时代的价值观将人与自然视为生命共同体。大自然是包括人在内一切生物的摇篮，是人类赖以生存发展的基本条件。大自然孕育抚养了人类，人类应该以自然为根、尊重自然、顺应自然、保护自然，不尊重自然，违背自然规律，只会遭到自然报复。自然遭到系统性破坏，人类生存发展就成为无源之水、无本之木。习近平总书记曾说"我们要像保护眼睛一样保护自然和生态环境，推动形成人与自然和谐共生新格局。"传统三次产业的划分本质仍是以"人类中心主义"为价值观，以满足当代人类自身需求为根本出发点，显然不适应生态文明时代的要求。生态产品第四产业自形成伊始就以人与自然生命共同体为服务对象，以促进人与自然和谐共生、增进人类生态福祉和生态系统服务保值增值为根本目标。

8.1.3　生态产品供给和需求关系

生态产品第四产业主要涉及生态资源调查、生态系统生态生产、生态资源资产化、生态资产资本化、生态资本经营、生态建设反哺等环节，同时关联生态资源、初级生态产品、生态资产、生态资本、终端生态产品、生态现金流等载体。这些产业环节和产业载体相互作用，构成了生态产品第四产业的供给和需求关系。很明显，生态产品的供给需求关系与传统经济和传统产业有着明显的不同和特征。

1. 生态产品供给方

生态产品供给方主要包括生态系统、政府、企业。其中，生态系统是生态产品第四产业的核心供给方，政府是制度供给的关键主导方，企业是核心的市场供给者。社会公众通过个人对生态保护的贡献也可成为生态产品的供给者。

1）生态系统

生态系统指在一定地域范围内生物及环境通过能量流、物质流、信息流形成的功能整体，包括各类"山水林田湖草"自然生态系统及以自然生态过程为基础的人工复合生态系统，如森林、草地、湿地、荒漠、海洋、农田、城市等。生态系统作为初级生态产品的生产主体，是生态产品第四产业的核心供给方。

2）政府

首先，政府是生态产品第四产业的核心推动主体和制度保障主体，如生态资产确权登记、权益流转经营制度、交易市场构建等机制；其次，政府是生态产品第四产业的规范引导主体，通过产业政策予以引导激励，在生态产品监测、核算、认证等环节需要标准规范；最后，政府是生态产品第四产业的直接投资主体。中央及地方政府是国有或集体生态资产所有权的代表主体，依法向社会企业、组织或个人出让生态资产使用权的第一投资主体[172]。

3）企业

生态产品市场经营开发商通过政企合作、特许经营等方式获得生态资产经营及使用权的前提下开展生态产品开发、生态资产管理、生态资本运营，实现生态资本持续循环、保值增值，是生态产品第四产业的核心市场主体。以生态环境导向的开发（EOD）等模式实施生态环境综合治理项目，实现生态环境优化及生态系统服务增值的生态环境综合服务商，在产业链中具有支撑作用。

2. 生态产品需求方

1）社会公众

社会公众是生态产品第四产业的消费主体和受益主体。社会公众作为产业的终端消费者，可享受到更优美的生态环境，更绿色的生态物质产品，更丰富的休闲旅游、健康养老等服务。同时，社会公众通过消费生态产品可直接或间接地支持生态产品第四产业，增强产业的整体效益，带动更多社会资本投入生态产品第四产业，形成良性循环。

2）自然生态系统

由于产业经营产生的部分现金流通常以生态反哺形式流入生态建设和保护修复，自然生态系统不仅是生态产品的核心供给者，同时也是生态产品第四产业的最终受益主体之一。

3. 生态产品服务方

产业服务方主要包括促进生态产品交易、为生态产品供给保障提供资金和技术等相关支持的平台或单位，主要有生态产品交易平台、技术支撑服务单位、绿色金融机构等。

1）生态产品交易平台

生态产品交易平台是生态产品服务供需双方重要的交易场所。除了物质产品交易，也包括人为界定的生态资源权益及绿化增量责任指标、清水增量责任指标等配额指标的交易，是生态产品价值变现的最后一环。

2）技术支撑服务单位

技术支撑服务单位是在生态产品监测核查、价值核算、认证推广、生态资产管理及交易等领域提供基础支撑和技术服务的企事业单位，如生态资产（碳资产、排污权等）管理技术咨询服务，软件及服务（SaaS）、生态产品交易服务等，溯源认证、品牌推广等，是生态产品第四产业的基础支撑。

3) 绿色金融机构

绿色金融机构是助力生态资产实现资本化、为生态产品第四产业市场主体提供资金支持的重要力量。基于生态产品价值的信贷、基金、保险等创新型绿色金融产品是打通自然生态系统与经济社会系统的重要媒介，也是盘活存量生态资源价值、畅通生态产品第四产业链的关键路径。

8.1.4　生态产品第四产业模式

生态产品第四产业的模式形成主要与两个因素有关：一是生态产品属性特征，如公共性生态产品、准公共性生态产品和经营性生态产品，由于生态价值实现路径的不同形成了不同的产业模式；二是行为主体参与产业链的主要环节，在生态产品初级生产、综合开发、资本经营、产品交易、生态反哺等过程形成了不同模式。从模式特征分析可以看出，每一种产业模式都是基于初级生态产品的生产、开发、经营、交易及其利益分配而形成的，而初级生态产品主要分为生态供给服务、生态调节服务和生态文化服务。结合生态产品第四产业模式典型案例分析，从初级生态产品类型和产业链主要环节两个维度，构建了生态产品第四产业模式矩阵（表 8-3）。

结合产业形态特点，生态产品初级生产、衍生产品开发、资本经营本质都是终端生态产品即生态商品的生产供应过程，模式可归并为生态产品生产经营模式，而生态产品开发服务和交易服务均为第三方服务，可归并为生态产品开发服务模式。因此，生态产品第四产业模式可划分为生态产品生产经营模式、生态产品交易模式、生态产品开发服务模式、生态资本增值模式四大类。结合典型案例分析，主要模式类型见表 8-4。

生态产品生产、开发经营主要来自自然生态系统本身固有的生态价值，如生态供给服务、生态调节服务和生态文化服务等。人类投入活动甚至消耗额外的生态资源产生的价值，通过已有的产业或"生态产品+"方式也能够得到实现。此外，需要指出的是，由于生态调节服务的生产大多依赖生态系统的生态生产过程，一般都具有公共品属性，多数情况下人类不能直接参与其生产过程，主要通过生态系统的可持续管理和生态保护修复间接提高生态调节服务的生产能力，这与生态资本增值模式的产业发展目标是基本相同的。利益相关方可通过生态资源权益交易、生态补偿等方式实现生态调节服务价值，其特征主要体现在交易环节，因此生态调节产品生产经营下文不再赘述。生态供给服务生产经营和生态文化服务经营因其产业经营性特征属性显著，形成了多种实践模式，在第 9 章重点介绍。

表 8-3　生态产品第四产业模式矩阵[168]

生态产品分类	初级生态产品	初级生产	开发		资本经营	交易		增值/反哺
			产品开发	开发服务		交易方式	交易服务	
生态供给服务	初级生态供给服务	纯天然产品	天然生态物质产品开发		生物产业	市场化经营交易	生态产品溯源认证；品牌培育；推广运营；展览、展销等供需对接服务；电商直播、电商平台交易中心	增值生态资本：生态建设，生态保护，生态修复，生态工程，基础设施，全域土地综合整治，山水林田湖草一体化保护修复，NBS
		优美自然要素	纯生态生产	衍生性物质和服务产品开发		生态系统管理、景观保护	生态补偿/市场化经营交易		
	生态农、林、牧、渔产品	生态农产品	生态种植	生态食品饮料、农产品初加工、生物质能、生物基材料		林下经济、种养结合、沙产业	市场化经营交易：生态溢价/品牌交易		
		生态林产品						
		生态畜牧产品	生态养殖					
		生态渔产品						
生态调节服务	初级生态调节服务	水源涵养	纯生态生产	碳排放权、排污权、用水权、用能权、清水和绿化增量指标、碳汇、地票、森林覆盖率指标等生态资源权益开发	生态产品开发服务；生态产品综合开发，生态金融服务，生态资源集中收储开发，生态资源监测，生态产品评估，生态园区运营，生态咨询，生态资源管理	自然生态系统可持续管理，自然保护地管理，湿地公园管护，生物多样性保护	生态资源权益交易：碳排放权、排污权、用水权、用能权、清水增量责任指标、绿化增量责任指标、碳汇等交易；生态补偿/生态系统服务付费	生态产品调查评估，生态产品价值核算服务，生态资产流转
		土壤保持						
		空气和水质净化						
		气候调节						
		固碳释氧						
		物种保育						
		病虫害控制	生态生产+人工生产	生物防治				
		减灾降灾		减灾降灾服务				
生态文化服务	生态文化服务	休憩旅游服务	生态生产+人工生产	公园开发，休闲观光旅游开发		公园，田园综合体，生态旅游、生态康养基地	市场化经营交易	生态服务认证品牌培育推广：电商平台、直播、虚拟现实（VR）体验等供需对接服务
		科研服务		科研基地开发		科研基地		
		美学服务		美学基地开发		美学体验馆		
		自然教育		教育基地开发		教育基地		
		名胜古迹、人文景观		文化旅游服务产品开发		生态文旅基地、民宿产业园、风情街		

表 8-4　生态产品第四产业典型模式类型[168]

序号	门类	一级分类	二级分类	典型模式	核心推动主体
1			初级生态物质产品生产	纯生态生产	产权主体：家庭、集体或企业、政府等
2		生态供给服务	生态农、林、牧、渔业	生态种植、生态养殖、种养结合、林下经济*、沙产业*、农业一二三产融合*	市场化经营主体：家庭、集体组织、企业等
3			衍生性生态物质产品生产	生态（有机）食品饮料、农产品初加工、生物质能、生物基材料等生物产业	市场化经营主体：一般为企业
4			初级生态调节服务生产	生态生产	政府
5	生态产品生产经营模式	生态调节服务	生态资源权益产品开发	碳排放权、排污权、用水权、用能权、清水增量责任指标、绿化增量责任指标、碳汇、地票、森林覆盖率指标等产品开发	产权主体：集体组织、企业、政府等
6			休憩服务	公园运营管理、田园综合体*	
7			旅游服务	生态旅游、乡村旅游	
8		生态文化服务	科研服务	科研基地	市场化经营主体：一般为集体组织或企业
9			美学服务	美学基地、美学体验馆	
10			自然教育	自然教育基地	
11			名胜古迹、古镇、古街、古屋等	生态文旅基地、民宿产业园、风情街	
12		生态物质产品交易	市场化经营交易	生态溢价/品牌培育	市场化经营主体：一般为集体组织或企业
13	生态产品交易模式	生态调节服务交易	生态资源权益交易	碳排放权、排污权、用水权、用能权、清水增量责任指标、绿化增量责任指标、碳汇、地票、森林覆盖率指标等交易	产权主体：集体组织、企业、政府等
14			生态补偿	纵向生态补偿、横向生态补偿、市场化生态补偿等	政府、企业、农户等
15		生态文化服务交易	市场化经营交易	生态溢价/品牌交易	市场化经营主体：一般为集体组织或企业
16			生态产品综合开发	EOD 模式	生态环境综合服务商
17	生态产品开发服务模式	生态产品开发服务	生态金融服务	"两山"贷、生态债券、绿色期权	金融机构
18			生态资源集中收储开发	生态银行、"两山"银行	生态资源资产经营公司、"两山"公司等
19			生态资源监测	生态资源及生态系统质量调查	生态监测服务企业

续表

序号	门类	一级分类	二级分类	典型模式	核心推动主体
20		生态产品开发服务	生态产品评估	生态产品价值核算服务	咨询服务机构
21			生态园区管理服务	农业产业园、产业园区等	园区管委会/企业
22	生态产品开发服务模式		生态咨询	EOD 咨询	咨询服务机构
23		生态产品交易服务	生态产品认证推广	生态产品溯源认证、信息平台、品牌推广、公共品牌运营	认证机构
24			交易平台建设运营	生态产品贸易代理、网络交易平台等建设运营	生态产品贸易代理、交易中心、电商平台等
25		保持生态资本	生态系统保护	自然生态系统、自然保护地、自然遗迹、湿地公园等生态系统可持续管理、生物多样性保护、景观保护	
26	生态资本增值模式	恢复生态资本	生态系统修复	国土空间生态修复、山水林田湖草一体化保护修复等、全域国土空间综合整治	生态环境综合服务商
27		提升生态资本	NBS	基于 NBS 固碳增汇、生态基础设施建设	

*该类模式综合了供给服务、调节服务和文化服务等多种经营业态。

8.2 生态产品第四产业评价指标

产业分类是社会分工的体现，其概念与内涵应随着社会生产力发展不断演化和发展[173]。人与自然之间的物质运动和信息流量存在于人的生产、物质生产、环境生产三大系统中[174]，三大系统物质流动的不平衡是环境、社会问题产生的根源。在工业文明时代，人类只认识到物质生产和人的生产这两个环节以及它们之间的联系，而忽视了环境生产环节的存在，导致社会经济的不可持续发展。进入生态文明时代，经典的三次产业分工已不能满足生态文明时代的产业发展需求，构建生态产品第四产业已成为时代之需[166]。本节借鉴产业组织理论等产业经济学研究框架，结合生态产品第四产业特征和发展阶段，基于生态产品分类和生态产品总值核算，构建生态产品第四产业指标体系，为完善生态产品第四产业统计调查制度、评价区域生态产品第四产业发展绩效、科学规范采集产业发展相关数据、推动生态产品第四产业发展相关政策制定等方面提供重要支撑。

8.2.1　产业发展指标体系设计

生态产品第四产业发展评估指标体系以生态产品总值核算为核心进行指标构建，构建了"总量+变化+结构+实现+关联"五大类评估指标体系，具体包括：生态产品第四产业总量指标 3 个、生态产品第四产业变化指标 2 个、生态产品第四产业结构指标 3 个、生态产品价值实现指标 3 个和生态产品第四产业关联指标 3 个（图 8-1）。

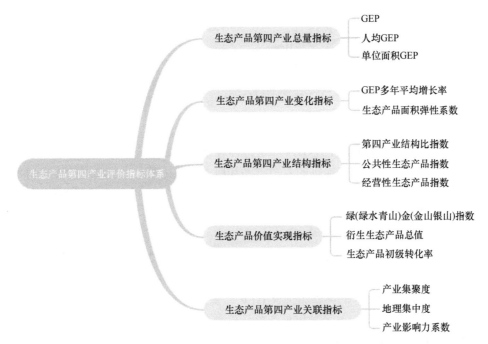

图 8-1　生态产品第四产业发展状况评价指标体系

生态产品第四产业总量指标主要通过生态产品总值（GEP）、单位面积 GEP 和人均 GEP 评估区域生态产品的数量和质量特征。生态产品第四产业变化指标从 GEP 多年平均增长率和生态产品面积弹性系数两个方面，评估区域生态系统生产产品总值变化情况、生态恢复和服务能力。

生态产品第四产业结构指标旨在通过第四产业产品供给、调节服务和文化服务三类价值量占比变化、公共性生态产品和经营性生态产品占比变化等指标反映第四产业中各产业的构成及各产业之间的联系和比例关系。不同的产业结构反映区域经济发展的潜力和产业关系，通过产业之间时间、空间、层次、要素相互转化，实现生产要素改进、产业结构优化、生态产品第四产业附加值提升。

生态产品价值实现指标主要通过绿金指数、生态产品初级转化率、衍生生态产品总值等指标构成，用于测度生态产品从"绿水青山"向"金山银山"的转化程度，即生态产品价值转化为真金白银的市场价值比例和程度，为打通"两山"转化通道、探索生态产品价值实现新模式、新机制提供量化依据。

产业的空间集聚和产业关联是经济活动最突出的地理特征。生态产品第四产业关联指标主要反映生态产品的区域分布特征和生态产品的产业特征，采用产业集聚度、地理集中度和产业影响力系数三个指标进行表征。

8.2.2 产业发展指标定义与内涵

1. 生态产品第四产业总量指标

生态产品第四产业总量指标反映地区生态产品的数量和质量特征，主要通过 GEP、人均 GEP 和单位面积 GEP 三个指标进行体现。

GEP：是指生态系统提供的生态产品和服务价值之和，主要由供给服务价值、调节服务价值和文化服务价值组成。GEP 是反映地区生态系统提供最终福祉的总值，是进行地区生态产品第四产业发展的基础。

$$GEP = EPV + ERV + ECV \tag{8-1}$$

式中，GEP 为生态产品总值；EPV 为供给服务价值；ERV 为调节服务价值；ECV 为文化服务价值。

人均 GEP（PER_{GEP}）：是指地区 GEP 与其地区人口的比值。该指标考虑了地区 GEP 的受益人群，与衡量地区经济发展重要指标——人均 GDP 相同，人均 GEP 是衡量地区生态福祉惠益的重要指标。人均 GEP 越高，说明地区人口享受的生态福祉高。

$$PER_{GEP} = \frac{GEP}{pop} \tag{8-2}$$

式中，PER_{GEP} 为人均 GEP；pop 为地区人口。

单位面积 GEP（UA_{GEP}）：是指 GEP 与该地区面积的比值。因 GEP 是一定地域面积上生态系统提供的最终生态福祉，采用单位面积 GEP 指标，可以反映不同区域的生态系统提供的生态福祉的质量和生态产品的产出效率。对于城市生态系统而言，其 GEP 可能相对较小，但其单位面积 GEP 相对较高，采用单位面积 GEP 指标可以更科学地反映出城市生态系统的区域特征。

$$UA_{GEP} = \frac{GEP}{area} \tag{8-3}$$

式中，UA_{GEP} 为单位面积 GEP；area 为核算区面积。

2. 生态产品第四产业变化指标

GEP 多年平均增长率（R_{GEP}）：是指核算期 GEP 与基期 GEP 相比的增长率，通过式（8-4）进行计算。因地区 GEP 不一定每年都核算，GEP 多年平均增长率指标从时间尺度上看，是反映一定时期 GEP 变化程度的动态指标，也是反映一个地区生态福祉一定时期是否具有活力的基本指标。

$$R_{GEP} = \left[\left(\frac{GEP_t}{GEP_{t-n}} \right)^{\frac{1}{n}} - 1 \right] \times 100\% \tag{8-4}$$

式中，R_{GEP} 为 GEP 多年平均增长率；GEP_t 为第 t 年 GEP；GEP_{t-n} 为第 $t{-}n$ 年 GEP；n 为核算期与基期的时间差。

生态产品面积弹性系数：是指通过计算生态产品变化率和生态产品面积变化率两个变量的比值，考察两个有联系现象间的数量关系、变化特征和规律。一般来说，两个变量之间的关系越密切，相应的弹性值就越大；两个变量越是不相关，相应的弹性值就越小。生态系统生态产品的变化量与具体生态系统的面积有关，通过构建生态产品面积弹性系数，分析生态系统生态产品变化与其面积之间的变化关系。

$$E_{area} = \frac{GEP_t - GEP_{t-n}}{GEP_{t-n}} \bigg/ \frac{A_t - A_{t-n}}{A_{t-n}} \tag{8-5}$$

式中，E_{area} 为生态产品面积弹性系数；A_t 为地区生态系统 t 年的面积；A_{t-n} 为地区生态系统 $t{-}n$ 年的面积。

3. 生态产品第四产业结构指标

生态产品第四产业结构指标反映第四产业中各产业的构成及各产业之间的联系和比例关系。不同的产业结构反映区域经济发展的潜力和产业关系，通过产业之间时间、空间、层次、要素相互转化，实现生产要素改进、产业结构优化、生态产品第四产业附加值提升。

第四产业结构比指数（RS_{GEP}）：是指供给服务（EPV）、调节服务（ERV）和文化服务（ECV）分别占 GEP 比值的比，反映生态产品内部结构。供给服务和文化服务作为初级生态产品，其占比越高，区域生态产品市场化程度越高。

$$RS_{GEP} = R_{EPV} : R_{ERV} : R_{ECV} \tag{8-6}$$

式中，R_{EPV} 为供给服务（EPV）与 GEP 的比值；R_{ERV} 为调节服务（ERV）与 GEP 的比值；R_{ECV} 为文化服务（ECV）与 GEP 的比值。

公共性生态产品指数（R_{ERV}）：是指 ERV 与 GEP 的比值，用于反映公共性生态产品比重大小。公共性生态产品占比越高，说明区域生态功能越突出，且生态产品的市场化程度相对越低，需要依赖政府和市场的共同作用实现价值。

$$R_{ERV} = \frac{ERV}{GEP} \tag{8-7}$$

式中，R_{ERV} 为公共性生态产品指数；ERV 为调节服务。

经营性生态产品指数（R_{EE}）：是指经营性生态产品与 GEP 的比值。经营性生态产品是指 EPV 和 ECV 中已被完全市场化的部分，通过 EPV 和 ECV 与其市场化比重 r 的乘积进行反映。经营性生态产品指数越高，说明生态产品的市场化程度越高，生态产品价值实现度越高。

$$R_{EE} = \frac{(EPV+ECV) \cdot r}{GEP} \tag{8-8}$$

式中，R_{EE} 为经营性生态产品指数；r 为供给服务和文化服务的市场化比重。

4. 生态产品价值实现指标

生态产品价值实现指标用于测度生态产品从"绿水青山"向"金山银山"的转化程度，主要用绿金指数（R_{GE}）、衍生生态产品总值（EEP）、生态产品初级转化率（R_E）等指标进行表征。

绿金指数（R_{GE}）：是指"绿水青山"价值与"金山银山"价值的比值，反映"两山"的结构与关系。绿水青山价值用 GEP 进行表征，金山银山价值用 EDP 进行表征。而 EDP 是指经生态环境因素调整的国内生产总值，即 GDP 扣减掉人类不合理利用导致的生态环境损失成本，包括生态破坏成本（EcDC）和环境退化成本（EnDC）。

$$R_{GE} = \frac{GEP}{EDP} = \frac{GEP}{GDP - EnDC - EcDC} \tag{8-9}$$

衍生生态产品总值（EEP）：与传统产业一样，生态产品第四产业除了提供生态产品主体之外，也有促进生态产品交易、保障生态产品供给资金和技术等产业服务方，如生态产品交易平台、技术支撑服务单位、绿色金融机构以及其他衍生生态产品（EE_O）等。这些产业是由生态产品生产派生出来的，也可能已经包含在传统的服务业中。

$$EEP = EP_M + ER_F + EC_T + EE_O \qquad (8\text{-}10)$$

式中，EEP 为衍生生态产品总值；EP_M 为生态产品交易平台；ER_F 为技术支撑服务单位；EC_T 为绿色金融机构；EE_O 为其他衍生生态产品。

生态产品初级转化率（R_E）：是指初级生态产品与 GEP 的比值，反映初级生态产品价值实现程度。初级生态产品近似由 EPV 和 ECV 组成，实际中要小于两者之和。

$$R_E = \frac{EPV + ECV}{GEP} \qquad (8\text{-}11)$$

式中，R_E 为生态产品初级转化率。

5. 生态产品第四产业关联指标

产业的空间集聚和产业关联是经济活动最突出的地理特征。生态产品第四产业关联指标主要反映生态产品的区域分布特征和生态产品的产业特征，采用产业集聚度、地理集中度和产业影响力系数三个指标进行表征。

产业集聚度（CR_5）：使用规模最大的五个生态产品指标价值的和（$\sum\limits_{t=1}^{5} GEP_i$）占全部 GEP（$\sum\limits_{i=1}^{N} GEP_i$）的份额进行度量，用于反映我国第四产业的产业集聚程度。

$$CR_5 = \frac{\sum\limits_{t=1}^{5} GEP_i}{\sum\limits_{t=1}^{N} GEP_i} \qquad (8\text{-}12)$$

地理集中度（G_h）：分析生态产品第四产业在空间的集中程度，G_h 越大，表明 GEP 的区域集中度越高。从人类受益的角度来看，GEP 的空间分布集中度越高，相对受益人群就越有限。对于两个 GEP 总量相当的区域，G_h 越小，越有利于提高生态福祉的均等化和有效性。

$$G_{\mathrm{h}} = \sum_{k=1}^{n} S_k^2 - \frac{1}{K} \qquad (8\text{-}13)$$

式中，G_{h} 为赫芬达尔指数；S_k 为第 k 个地区 GEP 占区域 GEP 的比重；K 为地区个数。

产业影响力系数：是测度某产业最终需求增加对各产业部门产生的生产波及效果相对于全行业平均值强弱程度的指标[12]。把第四产业纳入投入产出表中，从产业联系的角度出发，进行第四产业对其他产业的影响分析。影响力系数大于 1，说明产业对其他产业的拉动效应和辐射大，一般原材料投入比例大的制造业部门或文化服务业部门的影响力系数大于 1。影响力系数小于 1 的产业多为原材料部门。第四产业中产品供给服务影响力系数小于文化旅游服务。

$$F_j = \frac{\displaystyle\sum_{i=1}^{n} \overline{b}_{ij}}{\dfrac{1}{n}\displaystyle\sum_{i=1}^{n}\sum_{j=1}^{n} \overline{b}_{ij}} \qquad (i=1,2,\cdots,n;\ j=1,2,\cdots,n) \qquad (8\text{-}14)$$

式中，F_j 为产业影响力系数；$\displaystyle\sum_{i=1}^{n} \overline{b}_{ij}$、$\displaystyle\sum_{j=1}^{n} \overline{b}_{ij}$ 分别为里昂惕夫逆矩阵的第 j 列之和与第 i 行之和；$\dfrac{1}{n}\displaystyle\sum_{i=1}^{n}\sum_{j=1}^{n} \overline{b}_{ij}$ 为里昂惕夫逆矩阵列和的平均值，也是行和的平均值。

8.3 我国生态产品第四产业发展评估

本节利用生态环境部环境规划院完成的 2015~2020 年全国 31 个省（自治区、直辖市）GEP 核算结果，基于构建的生态产品第四产业评价指标体系，对中国 31 个省（自治区、直辖市）生态产品第四产业的发展进行评估。

8.3.1 生态产品第四产业发展趋势分析

2015~2020 年，我国 GEP 呈现增加趋势，由 2015 年的 70.6 万亿元增长到 82.1 万亿元。其中，产品供给由 13.1 万亿元增长到 14.5 万亿元，调节服务由 49.7 万亿元增长到 59.3 万亿元，文化服务由 7.7 万亿元增长到 8.2 万亿元。2015~2020 年，我国 GEP 年均增速为 3.08%，其中，黑龙江（16.9%）、海南（10.9%）、贵州

（11.7%）、江西（9.2%）等地的 GEP 增速相对较高。从生态系统的角度来看，湿地生态系统是我国提供 GEP 的主要生态系统类型，2020 年，湿地生态系统提供的 GEP 占比为 55.9%，其次为森林生态系统，占比为 14.06%。

绿金指数通过地区 GEP 与 GDP 的比值，反映地区绿水青山和金山银山的价值关系。2015 年，我国绿金指数为 1.01，2020 年绿金指数为 0.99。从具体地区看，西藏和青海的绿金指数最高，2020 年分别为 39 和 40，说明这两个地区绿水青山价值（GEP）远高于其金山银山价值（GDP）。上海、北京、浙江、江苏、天津、广东等发达地区的绿金指数小于 0.4，且呈现逐年下降的趋势，说明这些地区金山银山价值高于其绿水青山价值，且金山银山价值的增速快于绿水青山增速。

8.3.2 第四产业空间分布特征

通过人均 GEP 和单位面积 GEP 两个相对指标，揭示我国生态产品空间分布特征。2020 年，我国人均 GEP 为 5.83 万元，西部地区人均 GEP 为 8.05 万元，东部地区为 3.76 万元，其中，西藏（178.21 万元）、青海（77.91 万元）、内蒙古（23.91 万元）、黑龙江（31.72 万元）、新疆（7.48 万元）等地区的人均 GEP 都高于全国平均水平。全国单位面积 GEP 为 854.99 万元/km²，东部地区为 2070.35 万元/km²，西部地区为 539.78 万元/km²，上海、天津、北京、江苏、海南、浙江等地区的单位面积 GEP 都超过了 2000 万元/km²（图 8-2）。我国 GEP 呈现人均 GEP 西部地区相对较高，单位面积 GEP 东部地区相对较高的空间特征。

利用产业集聚度和地理集中度两个指标，分析我国生态产品的产业和空间集聚特征。我国生态产品的地理集中度指数呈现增加趋势，从 2015 年的 0.012 上升到 2020 年的 0.019，表明我国生态产品地理空间集聚程度有所提高。究其原因，我国生态产品价值高的地区不仅是我国生态功能突出区域，也是我国生态建设重点投入区。我国林业建设投资从 2015 年的 4290.1 亿元增加到 2019 年的 4525.6 亿元，且空间分布不均衡，主要集中分布在贵州、四川、湖北、江西、北京、内蒙古、河南等地区。从产业集聚度来看，生态产品第四产业的产业集聚度高，以产品供给、水源涵养、气候调节、土壤保持、文化旅游五大服务占 GEP 的比重进行计算，产业集聚度为 95.1%，表明我国生态系统提供的生态服务相对集中，调节服务主要来自水源涵养、气候调节和土壤保持三类服务。

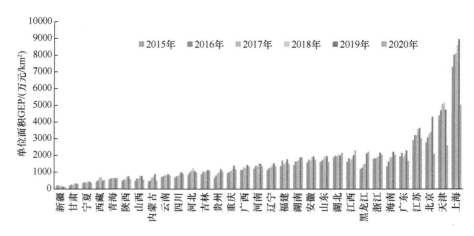

图 8-2 2015～2020 年中国 31 个省（自治区、直辖市）单位面积 GEP

8.3.3 第四产业价值实现度分析

"绿水青山就是金山银山"是习近平生态文明思想的核心[15]，生态产品价值实现是践行习近平生态文明思想的重要抓手。通过生态产品初级生产率、生态产品第四产业结构比等指标，可以衡量生态产品价值实现的程度和效果。2015～2020年，我国生态产品初级生产率呈现上升趋势，从 2015 年的 29.6%上升到 2019 年的 34.6%，2020 年受新冠疫情影响，生态产品初级生产率有所下降。总体而言，我国生态产品价值从"绿水青山"向"金山银山"的转化程度在逐年提升。从生态产品第四产业结构比来看，2015 年我国供给服务、调节服务和文化服务的结构比为 18.6：70.4：11，2020 年其结构比为 17.7：72.2：10.1，第四产业中文化服务的比重逐年提高，第四产业结构趋于优化。从具体地区来看，上海、北京、天津、山西、贵州等地区的文化服务占比在 20%以上（图 8-3）。我国旅游业正发生深刻转型，在旅游需求上，以观光旅游为主体向观光、休闲度假、体验旅游等复合型旅游转变；在空间形态上，由景区、景点旅游向全域旅游转变，从产业融合、区域融合、全域开发等角度出发，抢抓旅游业的转型机遇，着力寻找旅游业发展新思维、新路径、新模式，文化旅游将成为我国生态产品价值实现的重点。

从公共性生态产品指数可知，西藏、青海、黑龙江、内蒙古等公共性生态产品指数都在 90%以上。这些地区生态区位重要，是我国公共性生态产品的主要提供区，但经济相对落后，其生态产品价值实现需要政府和市场共同作用，从而实现经济和生态"双增长"。这些地区需以 GEP 核算价值为基础，牢固树立"保护生态环境就是保护生产力、改善生态环境就是发展生产力"的理念，正确处理好经济发展同生态环境保护的关系。同时，需要寻找变生态要素为生产要素、变生态财富为物质财富的道路，提高绿色产品的市场供给，争取国家的生态补偿，转变社会经济发展的考核评估体系，实现"绿水青山"就是"金山银山"的重要转变。

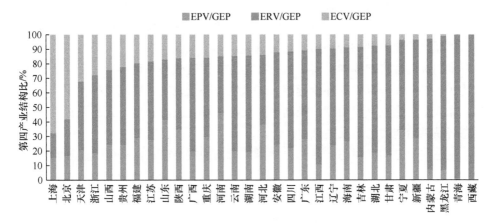

图 8-3　2020 年中国 31 个省（自治区、直辖市）第四产业结构比

8.4　我国生态产品第四产业发展政策

生态产品第四产业尚处在产业探索期和形成期，需要从顶层设计层面进一步厘清生态产品第四产业的内涵、范围、发展定位和发展路径，同时也亟须政府部门从生态产品生产、消费、交易、分配全流程制定和完善政策，促进生态产品第四产业健康发展。构建政府主导、企业和社会各界参与，市场化运作，可持续的生态产品价值实现路径是发展生态产品第四产业的重要基础。

8.4.1　不断提高生态产品供给能力

生态产品根据其产业属性，可分为公共性生态产品、准公共性生态产品和经营性生态产品，不同属性的生态产品，其供给能力提升的通道和提升的主体有所不同。

1. 公共性生态产品供给能力提升

对于公共性生态产品，主要以政府为主导，通过生态补偿、生态修复、生态产品调查和评价、生态产品保护制度等手段，提升公共性生态产品的质量和数量，使良好的生态环境成为最公平的公共产品、最普惠的民生福祉，最绿色的经济动能，促进我国经济绿色、高质量发展。

目前，我国政府以生态补偿和生态修复为主要抓手，不断提高公共性生态产品的供给能力。在生态补偿方面，生态补偿政策不断完善和发展，生态补偿领域由单领域逐步扩展到综合补偿，补偿资金由单一来源向多渠道筹集发展，生态补偿方式由纵向逐步向横向扩展，生态补偿方式由财政补贴逐步向多元化的市场方式转变。进一步提高生态补偿标准、扩大生态补偿范围、实施差异化生态补偿机制、加大横向生态补偿力度，推动多元化、市场化生态补偿方式将是提高公共性生态产品供给能力的重要突破口。

生态修复是实现生态产品和自然资本增值的主要模式，该模式是在自然生态系统被破坏或生态功能缺失地区，通过生态修复、系统治理和综合开发，恢复自然生态系统的功能，增加生态产品的供给，并利用优化国土空间布局、调整土地用途等政策措施发展接续产业，实现生态产品价值提升和价值"外溢"。随着我国山水林田湖草沙生命共同体理念的实施，我国对生态修复的投入也越来越大。2021年，印发了《国务院办公厅关于鼓励和支持社会资本参与生态保护修复的意见》和《生态保护和修复支撑体系重大工程建设规划（2021-2035年）》，大力推进森林、草原、河湖、湿地、荒漠、海洋等自然生态系统保护和修复技术创新。通过生态保护修复与自然资源资产权益挂钩，探索 EOD 模式开展生态保护修复+产业导入、生态资源权益指标交易等路径，提高生态保护修复收益水平，不断完善社会资本参与生态保护修复体制机制，强化生态治理技术、监测技术及数字化技术支撑。

2. 准公共性生态产品供给能力提升

准公共性生态产品具有一定程度的竞争性或排他性，其主要包括排污权、碳排放权、用水权、用能权等生态资源权益产品，可通过市场交易方式实现价值。进入 21 世纪以来，党中央、国务院陆续出台《国务院关于做好建设节约型社会近期重点工作的通知》《中共中央关于全面深化改革若干重大问题的决定》《生态文明体制改革总体方案》《中共中央 国务院关于加快推进生态文明建设的意见》等政策，做出建立排污权、水权、碳排放权、用能权交易制度，推行生态资源权益交易，培育交易市场等重要决策部署。截至目前，在各部门积极推动、指导下，全国建成 28 个排污权有偿使用和交易试点（其中部委正式批复 12 个，16 个省份自行开展试点）、10 个碳排放权交易市场（1 个全国碳市场和 9 个区域碳市场）、约 21 家水权交易平台（其中国家层面 1 家、省级层面 5 家、省级以下层面至少 15 家）、4 个用能权交易试点。

目前，我国生态资源权益交易存在交易价格差异大、交易市场不活跃、二级市场发育不成熟，以及各地因经济结构、交易规则、总量计算方法等不同导致无法进行跨区域交易、交易成本高等问题。因此，加快构建全国统一的生态资源权益交易市场制度规则、完善跨区域生态产品交易机制，是推动生态资源权益交易市场健康有序发展的基础支撑和内在要求。2022 年 4 月 10 日，《中共中央　国务院发布关于加快建设全国统一大市场的意见》发布，对培育发展全国统一的生态环境市场做出重要部署，提出建设全国统一的碳排放权、用水权交易市场，实行统一规范的行业标准、交易监管机制，推进排污权、用能权市场化交易，这将推动我国生态资源权益交易市场加快发展。

3. 经营性生态产品供给能力提升

经营性生态产品包括以生态物质产品和生态文化旅游为主的生态种植、生态养殖、生态旅游、生态健康等经营性服务。经营性生态产品是市场化程度最高的生态产业，其供给能力的提升需要从品质、绿色、高端、规模、品牌、运营、销售、溢价、投资、需求、政策等方面进行设计和提高。

打造区域品牌。坚持质量兴农、绿色兴农、品牌强农，深化农业供给侧结构性改革，着力打造现代特色农业样板区。以绿色、安全、健康、优质为发展方向，建设绿色食品产业创新平台；加大"三品一标"农产品认证和创建力度，推进优质特色农产品田间管理、采后处理、分等分级、包装储运、产品追溯、信息采集等各环节标准规范制定，强化质量安全追溯体系建设；强化区域品牌打造，商业模式以生态种植为主，结合加工—流通—销售环节，以及"工业+""旅游+""互联网+"等，探索形成新的生态种植复合型经济商业模式。

培育新型农业经营主体。实施新型农业经营主体培育工程，发展多种形式的适度规模经营，完善新型主体与扶持小农户的利益联结机制，构建现代农业经营体系；大力发展家庭农场、农民专业合作社等新型经营主体，建设一批"龙头企业+农民专业合作社+家庭农场+专业大户"的农业产业化联合体；加快培养造就一批新型职业农民、农村实用人才、农村产业带头人；积极引进国内知名企业，培育一批农业龙头企业、农业生产运营专业化服务组织，开展代耕、代种、代防、代收等生产托管服务；健全县乡村三级农产品网络销售服务体系，支持各类新型农业经营主体利用电商渠道，发展直采直供、冷链配送、社区拼购等新业态。

打造多种绿色金融产品。由于农业经济具有分散和低效益的典型特征，借鉴"生态银行"的做法，由政府部门出面将碎片化的农牧资源集中整合"收储"，并通过规模化整治将之提升成优质资产包，再委托专业运营商对接市场、对接项目，引入龙头企业，从而搭建起资源变资产、变资本的转化平台。同时，引入金融创新机制，"用金融活水浇灌现代农业"。打造针对新型农业经营主体的专属信贷产品，加强涉农金融机构与担保公司的合作，控制信贷风险；根据企业绿色信用评级推进信用贷款，充分利用政策工具，将低成本资金精准输送到各类新型农业经营主体；创新金融衍生品，探索将涉农涉牧贷款组成资产包并在公开市场发行，进一步提高融资能力。

培育旅游新业态和新产品。当前，我国旅游业发展正发生深刻转型。在交通组织上，旅游交通由"航空、铁路、公路+地铁"向"高铁、航空+自驾车"组合转变；在空间形态上，由景区、景点旅游向全域旅游转变；在旅游产品业态上，由单一化发展向全方位融合转变；在旅游需求上，由观光旅游为主体向观光、休闲度假、体验旅游等复合型旅游转变。为此，从产业融合、区域融合、全域开发等角度考虑，抢抓旅游业的转型机遇，着力寻找旅游业发展新思维、新路径、新模式，推动旅游业跨越式发展；以健康养生、文化民宿、体验式旅游为抓手，结合研学、美食、摄影等体验性旅游要素，完善旅游基础设施建设，提升旅游品质，打造智慧旅游体验模式，加强旅游基础设施的规划与设计，增强人与自然的可达性与亲密性，发展旅游的同时保护景观和环境资源；提升旅游服务智慧化水平，加快 5G 网络建设速度，不断扩大无线网络覆盖范围，推进旅游数字化到智能化的过渡；构建智慧旅游体系，以"一部手机游全盟"建设为抓手，围绕"游客旅游体验自由自在、政府管理服务无处不在"，着力打造"一机在手、说走就走、全程无忧"的建设目标。

8.4.2　合理引导生态产品消费需求

随着中国特色社会主义进入新时代，人们的物质要不断得到满足，更好的教育、更可靠的社会保障、更高水平的医疗卫生服务、更舒适的居住条件、更优美的环境、更优质的生态产品、更丰富的精神文化生活将成为新时代的新追求。党的十九大报告提出，当前我国的矛盾为人民日益增长的美好生活需要和不平衡不充分的发展之间的矛盾。因此，优质生态产品的消费需求已经进入新的发展阶段，需要进一步合理引导生态产品消费需求，通过机制体制创新，建立可将生态产品变为消费产品的卖方市场，吸引社会的消费投资，通过卖方市场促进生态产品的持续供给。通过激发消费意愿，培育生态产品需求体系、扩大生态产品需求总量、优化生态产品消费结构等政策激励措施，来优化完善需求侧机制体制，建立起成熟的市场化交易机制，增加生态产品的供需对接，进而有效引导生态产品消费，形成生态产品需求与供给的良性互动机制。与一般产品生产供给侧不同，生态产品的投资建设属于生态产品的供给侧。

建立生态产品市场化供需对接机制。建立成熟的市场交易机制，增加生态产品供需对接，通过需求侧生态产品的持续消费拉动生态产品的持续供给；建立生态产品惠益互利的区域协同机制；以共同保护、共同受益的原则，建立使用付费、保护受益的协同机制，发展飞地经济的特色模式，实现供给区和消费区协同共赢发展，将生态产品价值实现成效列入受益区绩效，取消供给区的经济发展类指标考核，对消费区实行经济发展和生态产品价值实现的双考核；推进生态产品交易中心建设；成立生态产品交易中心，定期组织开展生态产品供给方与需求方的高效对接；加大优质生态产品的宣传力度，提升生态产品的品牌关注度；加强和规范多种生态产品交易平台和渠道的管理。

培育生态产品消费体系。深入推进生态产品价值实现，需要在持续提升生态产品供给能力的同时，紧紧抓住需求侧发力这条主线，加快培育生态产品消费体系，建立健全生态产品价值市场化实现机制，打通生态产品价值实现的需求、市场和政策堵点，有效释放生态产品需求潜力，增强生态产品产业发展的内生动力，通过需求侧的生态产品消费吸引社会资本投资反哺拉动，保证优质生态产品的不断供给；激励引导居民践行绿色消费、勤俭节约、绿色低碳、文明健康的生活方式和消费模式，加强生态产品的宣传推广和推介，提高生态产品的社会关注度，培育绿色消费理念，协同推进全社会形成绿色生活方式和绿色消费模式，带动全社会对生态产品的消费需求。

加强生态产品消费政策保障。出台绿色金融与财税政策制度，发挥财税政策引导作用，加大财税对生态产品生产产业支撑力度，制定有区别的财税政策；在我国绿色金融实践的基础上，将公共性生态产品纳入绿色金融扶持的范围，因地制宜地挖掘具有地方特色的生态产品类型，开发与其价值实现相匹配的绿色金融手段；调整产业结构，支持资源节约、环境友好型的高质量生态产品开发，适应消费者新时代的生态产品需求；增强市场灵活度，引领消费升级，通过财政投资刺激隐藏的生态产品消费需求，提高生态投资精准度，完善产业架构，优化服务质量，增强可持续的发展驱动力；建立合理的绿色生产和绿色消费补贴机制，优化行业消费税率，降低生态产品的附加成本，提高绿色生产能力，增强生态产品的市场竞争力，扩大生态产品的市场需求量，提高企业绿色生产和公众绿色消费的积极主动性。

8.4.3　建立健全生态产品交易体系

建立健全生态产品交易体系的关键在于通过搭建多元化的交易平台和精准化的生态产品供需对接机制，不断降低生态产品交易成本，从而推进更多优质生态产品以便捷的渠道和方式开展交易。与经营性生态产品已有市场相比，生态资源权益交易市场是一种人为创建市场，通过总量控制使生态资源权益成为一种稀缺性资源，产生价格信号并发挥市场的调节功能，实现生态资源权益在不同主体、部门或地区之间的高效配置[175]。

搭建交易平台。交易成本高、信息不对称是影响生态产品交易的限制因素，需要消除信息摩擦、降低交易成本，实现供给者、需求者的精准对接。交易平台是开展生态资源权属交易的中介组织，提供权益信息、转让意向信息、交易信息等。我国既有专门针对水权、碳排放权的交易平台，又有集用能权、用水权、碳排放权、排污权等多类权利交易的综合平台，既有国家和省级交易平台，又有省级以下交易平台，满足不同类型、不同尺度的资源权属交易。生态产品交易平台在统一信息发布、统一交易规则、统一审核签订、统一定价标准、统一监管机构的基础上，将信息、价格、交易、监管有机融合，构建生态产品交易的一体化运行平台。建设生态产品交易中心，制定生态产品交易办法，定期举办生态产品推介博览会，组织开展生态产品线上云交易、云招商，推进生态产品供给方与需求方、资源方与投资方高效对接，促进生态产品交易。

完善交易机制。生态产品具有公益性、收益低、周期长的特点，其价值实现需要良好的市场交易规则，需要政府制定统一规范的市场交易政策；丰富公共性生态产品的交易渠道，强化相关顶层设计，完善相关交易机制，扩大市场交易量，通过政府管控或设定限额的形式，创造权益交易的供给和需求，开展绿化增量责任指标、清水增量责任指标、碳排放权、碳汇权益、排污权、用能权、水权等各类生态资源权益交易；建立生态产品质量追溯机制，健全生态产品交易流通全过程监督体系，完善生态产品信用制度和统一的生态产品标准、认证和标识体系，推进区块链等溯源新技术的应用推广，实现生态产品信息可查询、质量可追溯、责任可追查，解决生态产品信息不对称问题，并夯实产品交易中的信任基础。

健全生态产品定价机制。生态产品与传统产品不同，其价值并不能完全由市场反映，很多优质生态产品的价值并没有完全体现出来，也没有体现资源的稀缺价值。以水权交易为例，水权交易是利用市场机制优化配置水资源、解决水资源问题的重要途径。作为国内外都认可的水权交易定价方法，全成本定价法综合考虑了资源、工程、环境影响等成本，并反映在水价中，由用水户承担这部分成本。

其中，水资源费主要反映水资源的稀缺性以及开发利用投入成本，我国的水资源费主要是由相关政府部门根据地域性差异制定，并在实践中结合社会发展需要不断调整收费标准；工程费用即水利工程成本，由水利工程建设成本和水利工程运行维护成本构成；环境水费，也称水环境补偿费，是一种"先破坏后补偿"的收费方式，目的是补偿水资源开发利用过程中对生态环境的破坏[176]。因此，对于优质水资源、碳汇等生态产品，加强其定价机制研究，根据其资源稀缺性，构建经济学定价模型，进一步健全生态产品定价机制。

8.4.4　继续完善产业发展保障体系

我国针对生态资源保护利用、生态环境综合治理、生态破坏治理修复等方面出台了大量的政策，促进社会经济的可持续发展。生态产品第四产业是一个以提供更多美好生态产品、实现生态产品价值的新兴产业，需要在产业发展特别是初期成长阶段给予各种政策支持和制度保障。

健全生态产品第四产业发展法规标准体系。法律法规与标准建设是生态产品第四产业建立与发展的基础保障，研究推进生态产品价值实现的专项立法，加强生态产品第四产业的相关配套立法，强化相关法律法规的协调性，规范市场运行与管理；从生态产品市场交易、自然资源资产产权界定、自然资源有偿使用、生态基金运作以及生态补偿等方面加强立法；研究建立可交易的生态产品产权制度，明确生态要素的产权归属，在法律上厘清生态产品产权主体的占有、使用、收益、处分等责权利关系；研究制定生态资产资本化市场运行规则和市场管理办法[177]。标准体系为生态产品第四产业发展提供统一规范，完善生态产品第四产业发展标准体系；促进加快建立具有系统性、科学性、协调性的生态产品第四产业发展法律法规与标准体系；建立基础通用标准、生态产品认证标准、生态产品第四产业发展标准、生态产品价值实现标准等，加强对生态产品价值核算、价值转换、生态信用等重点标准研究制定工作的指导。

加大生态产品供给的科学技术支撑。推广应用生态修复技术，全面建立生态保护修复前端、中端、后端的调查、监测、预警、评价体系，为生态产品价值实现奠定技术支撑与能力建设基础；加强生态价值核算技术与规范研究，推动生态价值核算技术应用试点示范；推动生态资源监测技术应用，对重要生态功能区进行动态监测，系统研究主要生态系统类型的结构、功能、动态变化和可持续利用路径，对生态环境质量变化趋势开展预测预警；加大力度推广应用产业生态化、清洁生产、资源循环再生利用等关键技术；推动智能化、数字化、信息化、可视化和互联网技术在生态产品调查监测、价值评价、经营开发、保护补偿等环节的应用；推进生态产品第四产业信息全面采集与科学统计，推动物联网和大数据平台建设，为生态产品第四产业发展提供全方位信息支撑，解决信息"最后一公里"问题；积极推动区块链与生态产品第四产业链结合，制定区块链应用于生态产品第四产业链的统一行业标准和技术准则，加快区块链数据处理和存储规模、系统之间的互联互通、信息安全和隐私保护等关键核心技术攻关。

建立生态产品分类统计调查制度。综合运用天地空一体化手段，定期开展生态保护红线和自然保护地的生态质量监测，对主要生态因子、重点生态问题和重要生态系统等进行综合监测；有序推进生态保护监管重点区域的森林、草原、河湖、湿地、荒漠等生态系统监测，以及区域独特生态系统状况和国家重点保护物种调查；建立生态产品分类统计调查制度，基于现有自然资源和生态环境调查监测体系，开展生态产品基础信息普查和动态监测，摸清各类生态产品数量分布、质量等级、功能特点、权益归属、保护和开发利用情况等信息，形成生态产品目录清单；推进生态环境多源遥感与地面观测相结合的监测网络标准化建设，形成覆盖森林、草原、湿地、农田、海洋、矿产、水资源等重要自然生态要素的调查监测体系；加快自然资源和生态环境监测信息传输网络与大数据平台建设，加强生态环境监测数据资源开发与应用，开展大数据关联分析，充分挖掘生态产品潜能，掌握生态产品动态信息。

第9章
生态产品总值核算发展展望

经过近半个世纪的理论与实践探索，生态产品总值核算在英国、澳大利亚、荷兰等发达国家已经开始全面支持国家和区域层面的可持续发展战略决策，在保障社会经济与生态环境协调发展方面发挥了积极的作用，美国、南非、巴西、哥斯达黎加等国家在生态产品核算支持自然资产管理、规划编制、碳汇交易方面提供了可资借鉴的经验。从我国具体实践来看，目前生态产品总值核算还面临方法不统一、技术标准可操作性不高、本地化参数缺失、核算与应用脱节等问题，生态产品价值实现路径和模式尚在摸索中，本章结合前面 8 章关于生态产品总值核算与生态产品价值实现的理论研究、经验总结、方法构建和案例分析，就生态产品总值核算以及生态产品价值实现需要重点关注的问题进行剖析总结，并对该项工作进行前景展望。

9.1　生态产品总值核算面临的主要问题

近年来，GEP 核算工作在我国取得积极进展。2016 年 8 月，中共中央办公厅、国务院办公厅印发《关于设立统一规范的国家生态文明试验区的意见》，福建、江西、贵州作为国家生态文明试验区，成为首批由政府组织开展 GEP 核算的省份。其中，福建省积极开展基于 GEP 核算的生态补偿和生态交易等生态金融政策应用，建立了覆盖全省 12 条主要流域的生态补偿长效机制，福建省综合性生态补偿试点已上升为国家顶层设计；南平市持续探索基于 GEP 核算的生态银行模式，建立了生态权益交易与储备管理机制，同时通过"水美经济"城市建设，完善城市功能，拓展城市空间，带动沿岸商住地块增值，实现"水美城市"建设资金良性循环，激活了水美经济业态，提供了生态产品价值实现的"福建模式"。此后，国家先后出台《中共中央　国务院关于支持深圳建设中国特色社会主义先行示范区的意见》和《中共中央　国务院关于支持浙江高质量发展建设共同富裕示范区的意见》，明确提出这两个地区要"探索实施 GEP 核算制度""探索完善具有浙江特点的生态系统生产总值（GEP）核算应用体系"。深圳市在核算参数本地化、GEP核算制度常态化、核算模型工具化等方面率先垂范；浙江省丽水市和湖州市通过构建 GEP 核算体系、"金融赋能+生态信用"推进生态信用体系建设、"价值转化+产业培育"打通生态产品价值实现路径，推进湖州市国家绿色金融改革创新试验区建设，构建生态产品核算管理体系，为生态产品价值实现提供了浙江经验。

随着中共中央办公厅、国务院办公厅《关于建立健全生态产品价值实现机制的意见》出台，各地均开展了大量的 GEP 核算工作，在生态产品交易、生态补偿政策设计、绿色金融体系构建、生态产品经营开发等方面进行了有益的探索，但总体来看，我国的 GEP 核算与实现工作仍然存在法律法规不健全、工作不系统、体系不完整、基础不扎实、价值变现难等突出问题。

一是生态产品价值实现存在法律真空，管理机制缺乏统筹。生态产品根据其生态禀赋的不同，具有单一经济价值、单一生态价值或兼具经济和生态价值的双重属性。目前自然资源所有权制度侧重保护其经济价值而忽视生态价值。环境权理论是生态产品价值实现的理论基础，《中华人民共和国民法典》虽然明确了生态环境损害赔偿责任，但其本质是将环境权作为私权加以保护，而环境权是由公权与私权构成的复合权利体系，仅有私法化的路径不利于对权利的全面保护，不利于经济价值与生态价值的统一。从管理机制来看，生态产品的监管和开发利用分属自然资源、林草、生态环境、文化旅游、农业农村、发改委等部门，缺乏统筹。同时，生态产品价值实现是系统工程，取决于生态资源的丰富程度，也取决于区域的人力资源、经济发展水平和市场需求，生态产品价值实现应在生态资产存量不减少、生态效益不降低的情况下开展，保证生态产品的可持续供给能力，这些问题需要从管理机制上进行顶层设计，建立长效管理机制[178]。

二是对 GEP 核算和实现的认识不足，没有从支持决策管理的角度来进行工作的谋划部署。开展 GEP 核算的主要意图是监控生态资产和自然资本的总体变化，对规划、政策、投资可能带来的生态和经济效益或损耗进行综合评估，支持科学决策。但在实践中，地方政府对 GEP 核算工作的认识不足，没有从通过核算提高生态系统和生物多样性保护能力、加强规划决策的科学性、不断提升生态产品供给能力的角度来考虑问题，而更多地从如何完成工作任务、让生态产品价值快速变现考虑问题，导致大部分核算停留在简单、重复性工作层面，核算成果难以得到直接应用。

三是目前国内主流化的 GEP 核算实践与标准主要针对生态系统服务流量，对反映生态系统状态的存量关注不足。生态系统的复杂性决定了生态系统核算的难度，为了方便和宏观经济核算指标 GDP 进行分析比较，国内外一些有影响的研究项目都主要聚焦于生态系统服务价值的流量核算。但随着生态系统管理与生物多样性保护、生态补偿、绿色金融等管理和政策领域应用需求的提出，对生态产品账户核算的系统性、规范性和标准化提出了更高的要求，在联合国新修订的"生态系统账户"（2021 年）框架中，生态资产存量核算已经被提到了与流量核算相同的高度。目前我国主流化的 GEP 核算实践主要针对生态系统服务流量开展，相关标准未纳入反映生态系统范围与状态的存量账户，不利于引导对生态资产存量的保护和可持续开发利用。

四是不同应用领域的核算重点和核算方法有所区别，单一化的价值核算标准体系不利于生态产品价值实现工作的推进。GEP 核算具有地区间可比较、与现行经济核算体系更好衔接等诸多优点，主要适用于地区间可持续发展目标衡量与考核评价以及规划管理决策。生态系统提供的水源涵养、土壤保持、气候调节、生态固碳、防风固沙、自然灾害减缓等功能对于人类以及所有自然要素而言同样重要，但由于目前价值量化参数选取的问题，在核算结果上表现为气候调节的价值量显著高于其他服务功能，在生态系统类型上表现为单位面积湿地生态系统服务价值高于森林和草地生态系统服务价值，直接基于价值量核算结果进行决策可能导致错误的决策，因此国际上对生态系统的核算及其政策应用不局限于价值核算。事实上，国际上大部分已经实施的生态补偿、损害赔偿、生态银行、绿色保险实践更多的是基于实物量核算结果确定补偿或赔偿标准以及生态建设项目规模，进而开展政策应用。此外，针对可交易的碳汇等生态产品，国际上也是通过可量化、可考核、可监测的实物量核算体系予以量化评估和认证认可，再通过碳交易市场实现其生态价值。我国目前开展的大部分 GEP 核算工作更注重价值量的核算，对实物量账户的构建与应用重视度不够。

五是 GEP 核算基础数据和技术参数的准确性不足，影响核算成果应用。生态产品价值实现需要以生态产品的精准度量为前提条件，目前关于 GEP 核算的技术指南，无论是国家还是地方层级的，其提供的核算方法均偏原则，地方实践中存在由模型理解偏差带来较大的结果差异。以水量平衡模型为例，部分参数采用缺省值造成模型运行偏差，导致蒸散发水量和径流量合计大于降水量、水源涵养量出现负值等情况。此外，防风固沙、土壤保持等服务功能的计算方法受气象参数影响较大，导致模型运行的稳定性较差。我国地域辽阔，不同地区自然气候、地形地貌以及生态本底差异较大，虽然有相关指南提供了区域层级的核算参数，但这些参数主要来源于少数文献的实验观测或研究，以个别点位观测数据代表一个区域的整体情况可能造成偏差。我国大部分地区尚未建立详细的生态产品基础数据库，特别是生物多样性的基础数据掌握不全面、不充分，没有形成标准化的生态系统服务核算关键技术参数和调查监测技术规范，网格化、动态化的生态产品监测调查和评估制度尚未建立，导致 GEP 核算的准确性和可信度不足，影响核算结果的政策应用。

六是缺少系统化的生态系统核算政策应用研究，生态产品市场机制尚不成熟。根据目前达成的基本共识，GEP 核算包括供给服务价值、调节服务价值和文化服务价值三部分。其中，供给服务和文化服务属于附加了人类劳动价值的经营性生态产品。核算出的大部分调节服务价值表现为名义生态价值，并不是实际的、真正的经济福祉，是具有公共属性的生态产品，这部分服务产品我们定义为公共性生态产品；调节服务中的生态固碳功能得益于碳交易市场的建立，其价值得到体现，我们将这部分服务产品定义为准公共性生态产品。对于具有市场属经营性生态产品价值的实现，作为具有市场属性的过程，不仅与区域特征、人力和生产资本投入、科技水平等产品特征有关，更是一个涉及如何利用市场经济规律来揭示其价值稀缺性并通过有效的市场运行来实现其价值的复杂系统问题，不是有优质的生态产品就能立即转化为经济价值。对于具有公共属性的调节服务生态产品价值，应该主要通过生态补偿政策实现其生态价值，理论上调节服务价值核算结果应该是生态补偿标准制定的重要依据，但目前核算结果在我国区域生态补偿标准制定中的应用还非常有限。此外，由于生态产品市场还不成熟，大部分类型的公共性生态产品转化为准公共性产品的市场机制尚未建立，生态产品的稀缺性未能充分体现，生态产品的供需关系较为模糊，对于哪些生态产品允许配额交易、市场主体准入标准如何、由谁以何种方式确定市场价格等问题，缺乏机制引导和制度安排，导致大部分公共性生态产品的价值无法实现，打消了部分地区推进生态产品价值实现工作的热情。

9.2　完善生态产品总值核算需求分析

自党的十八大报告把生态文明建设纳入"五位一体"总体布局以来，生态文明体制改革已成为建设美丽中国的重要保障。践行绿水青山就是金山银山的理念，坚持节约资源和保护环境的基本国策，建立生态产品价值实现机制，促进人与自然和谐共生，实现经济发展和生态保护协调共进，是党中央、国务院关于生态文明建设的一系列重要战略部署。GEP 核算与价值实现是"两山"理论的核心基石，为"两山"理论提供了实践抓手和价值载体。2021 年 4 月 26 日，中共中央办公厅、国务院办公厅印发的《关于建立健全生态产品价值实现机制的意见》，进一步从制度层面，对我国开展 GEP 核算和价值实现提出目标和要求，促使我国生态产品核算从理论研究走向实践应用[179]。

第一，生态产品价值实现是可持续发展的内在动力，是新发展阶段的内在需求。我国经济发展与生态环境的关系随着发展阶段的演进不断改变。改革开放初期，我国以经济建设为首要任务，工业化的快速发展带来了较大的生态环境代价；"九五"至"十五"，生态环境保护工作逐步得到重视，但仍然需要为经济发展保驾护航。"十一五"至"十三五"，生态环境保护工作从污染减排逐步向质量改善转变，环境保护与经济发展相互影响，逐步协调。十九大以来，习近平总书记提出了"两山"理论，我国已经逐步走到为人民提供更多优质生态产品以满足人民日益增长的优美生态环境需要的新阶段，经济发展从高速增长向高质量发展转变，发展阶段从工业化国家向中国式现代化国家转型，发展理念从"增长优先"转向"保护优先"。生态产品价值实现是"两山"理论实践的重要抓手和物质载体，其不但能体现环境资源的有偿使用，解决环境损害赔偿和丧失发展机会的补偿，还能使生态产品作为满足人类美好需要的优质产品，通过经济手段解决环境外部不经济性；通过市场金融手段实现价值溢出，创造更多经济价值。生态产品价值实现通过把生态环境转化为可消费的生态产品，使生态产品转化为生产力要素融入市场经济体系，从理论到实践解决了环境资源有偿使用的难题。因此，生态产品价值实现是时代所需，是国家经济持续高速增长的内在支撑。

第二，生态产品价值实现是可持续发展的根本保障，是人与自然和谐共生的必然要求。促进人与自然和谐共生是中国式现代化的本质要求，也是习近平生态文明思想的鲜明主题。人与自然和谐共生与可持续发展内涵相同、目标一致，核心是经济发展不能超越自然资源和环境的承载能力，强调以保护自然环境为基础、以激励经济发展为条件、以改善和提高人类生活质量为目标的发展战略，促进经济发展、社会进步和生态环境保护相互协调一致。随着我国发展速度的加快和发展体量的增大，发展与环境资源之间的矛盾日益突出，自然资源约束趋紧已成为经济社会发展的重大瓶颈制约，绿色可持续的经济产出需要良好的生态环境作为支撑，而优美的生态环境需要经济系统的反哺和建设。因此，人与自然和谐共生的中国式现代化建设中，需从 GDP 和 GEP 双增长、双转化、良性互动的视角进行思考。从人与自然是利益共同体的角度来看，"利益"是人类社会生存和发展的基本追寻，但人类所追求的"利益"不仅仅是物质经济利益，还包括生态效益、文化效益、社会效益。从利益的权衡指标来看，GDP是体现经济利益的重要指标，GEP是体现生态效益的重要指标，实现GDP与GEP双增长是体现人与自然和谐共生的重要指标。同时，"共生"凸显了"发展"的价值取向，在促进生态产品价值实现和经济发展过程中，要注重人与自然作为生命共同体和利益共同体的和谐稳定与可持续发展，增强优质生态产品的供给能力。因此，守住发展主线和生态红线，必须以"人与自然和谐共生"为前提，推动经济效益与生态效益的融合发展。

第三，生态产品价值实现是高质量发展的重要抓手，是实现人民共同富裕的重要基础。党的十九大强调，发展是解决我国一切问题的基础和关键，必须坚定不移把发展作为党执政兴国的第一要务。进入新时代，发展的重要性没有改变，但发展的内涵和重点发生了改变。新时代发展的核心要义是高质量发展，结构优化、效率提升、新动能培育是高质量发展的核心特质。我们应当认识到，生态产品供给区无一例外仍然是各地经济发展的相对滞后区域，但生态产品的核心特征在于其公共性，以调节服务为代表的生态产品难以完全通过市场化手段来解决问题，生态产品价值实现需要综合运用行政手段和市场机制高效配置生态环境资源，充分利用GEP核算成果优化转移支付和生态补偿标准，同时将具有明确产权的生态环境资源转化为可交换消费的生态产品，将绿色发展理念融入发展的各领域各环节，使生态产品转化为生产力要素融入市场经济体系，让良好的生态环境成为提升人民群众获得感的增长点、经济社会持续健康发展的支撑点，实现我国经济的结构优化和发展的效率提升，推动全体人民共同富裕。

9.3　推动生态产品价值实现的建议

生态产品价值实现主要表现出三个特性：①目标多样性。英国、澳大利亚、荷兰等国家注重生态产品核算账户的构建，且注重底层核算技术参数的调查监测，因为核算基础扎实，目前已经用于支持国家可持续发展目标战略的制定，通过国家生态产品核算账户的建立，加强私营资本对生态产品的投资指引，保证本国生态产品供给能力的持续提升；英国、美国、芬兰、匈牙利等国推动开展基于生态产品价值核算的规划决策，美国通过开展项目层级的核算加强对重要生态产品的监管。②手段多样性。美国、英国、泰国分别针对农用地和湿地保护、生物多样性保护开展了形式多样的生态补偿，墨西哥针对易受自然灾害影响的珊瑚礁设计生态产品责任保险，美国发行了生态产品绿色债券。③模式多样性。对不同类型和区域特征的生态产品，因时因地制宜地通过政府定价、特许经营、市场交易等不同方式实现其经济价值。

目前，《关于建立健全生态产品价值实现机制的意见》中提出的生态产品存在"难度量、难抵押、难交易、难变现"的"四难"问题还没有得到有效解决，由于生态产品总值核算的应用目标不同，不同类型生态产品价值实现的手段和模式必然存在差异，需要通过试点逐步探索形成适合我国不同区域经济发展阶段、不同自然生态禀赋、不同生态产品类型的生态产品价值实现机制，逐步将"绿水青山"转化为人们手中的"金山银山"。结合国内外经验梳理，针对我国生态产品价值实现工作存在的问题和挑战提出以下建议。

一是建立健全生态产品价值实现的法律制度体系，完善生态产品价值实现的工作监管机制。在法律层面确立生态环境权，将生态环境权作为一项基本权利入法，为生态产品保护和定价提供理论基础；严格界定自然资源、生态环境、生态资产、生态产品、生态资本等术语的法律概念，明确生态产品的内涵和外延；构建产权明晰、职责明确的生态产品监管体系，明确自然资源、生态环境、林业草原、农业等相关部门的监管边界；针对完全市场化、部分市场化、非市场竞争化等不同类型的生态产品，建立市场定价、交易定价、协商定价机制，并通过第三方评估与公众参与制度，确保定价过程公开透明；逐步理顺相关部门在生态产品保护、开发与修复责任中的工作监管职责；充分发挥国土空间规划在生态资产配置中的关键作用，统筹规范区域生态产业化和产业生态化布局，建立实施科学的生态空间分类分区管控机制与措施，提升各级政府通过生态补偿、生态区位赎买、生态资产改造提升等方式增强生态资产的供给能力；建立健全生态资产保护规划、绩效考核和责任追究制度，把生态资产供给能力提升全面纳入各类规划实施目标，针对不同自然本底和经济社会发展水平地区实施差异化考核，确保生态资产存量不减；充分发挥市场的决定性作用，建立和规范生态产品评估与交易规则和程序，探索开展水权、排污权、碳排放权、生态环境权交易试点，挖掘生态产品市场价值，推动生态资本金融产品的开发培育，实现生态产品的保值增值。

二是将生态产品核算纳入综合决策的主流化程序，推动生态产品总值核算进规划、进决策、进项目。在开展生态产品总值核算的基础上，研究建立综合生态环境与经济核算统计体系，将衡量经济发展和生态保护的综合性指标、重要生态系统类型的数量和质量指标、生态环境保护建设成效指标，作为约束性强制指标分别纳入国民经济和社会发展规划、国土空间规划和生态环境保护规划中，发挥核算工作对社会经济可持续发展的引领作用。项目层面开展费用效益分析，从项目开发的生态效益、经济效益等多个角度进行评估，识别生态效益和经济效益"双增长"的项目，制定"双增长"生态产品目录。将经济发展与自然生态协调性分析纳入主流化决策程序，规范规划、政策和项目层面基于生态环境经济核算的实施评估，通过规划统筹解决区域发展与自然生态平衡、减污降碳与气候变化适应、生态建设与生物多样性保护等全球性生态环境问题，提升国家生态文明建设在国际层面的影响力。

三是在构建国家层面生态产品总值核算技术框架的基础上，针对区域特点和应用领域开发因地制宜的技术指导文件。设立生态产品总值核算与产品价值实现重大课题，开展相关概念、原理、方法和制度研究，完善生态产品总值核算基础理论方法，推动生态产品价值实现政策创新，开展生态产品总值核算与价值实现制度建设，夯实生态产品价值实现的工作基础。在国家层面，从"生态资产存量核算–生态产品流量核算–生态产业统计评估"三个维度进行生态系统核算体系的系统设计，明确基本概念，形成存量与流量兼顾、价值量与实物量并重、传统产业与生态产业衔接的核算框架，构建生态产品价值实现评价指标体系，进而再分项制定生态资产存量与生态产品总值流量核算指南，全面推动我国生态系统核算工作的标准化和规范化。在地方层面，应在国家发布技术指南的基础上，结合区域特征，进一步细化，构建本地化技术参数，提升地方生态系统核算的可操作性，为生态资产管理与生态产品可持续供给提供技术支撑。在具体应用领域，制定实用型核算技术或工作指南，开发等量赔偿、交易指数、等价交换、环境效益指数、生态资产评级等不同政策和制度需求的生态资产或生态产品评价方法，为促进生态产品价值实现提供方法指导。

四是加强生态环境遥感与地面观测相结合的监测网络标准化建设，夯实生态产品价值实现数据基础。开展生态资产与产品基础信息调查，摸清各类生态资产和产品数量、质量等底数，形成生态资产与产品目录清单；发挥生态环境监测评估在生态产品价值实现中的支撑作用，将生态环境监测评估数据作为生态产品价值实现方案制定、过程实施、成效评估的重要依据；加强自然资源、生态环境、林草与中国科学院系统的跨部门基础数据共享，建立生态系统核算卫星账户与统计制度，完善基础数据和参数系数的监测和调查体系，建立生态产品总值核算大数据平台；及时跟踪生态资产与产品数量分布、质量等级、权益归属、保护和开发利用情况等信息，建立生态产品开发利用全过程监管制度；组织制定生态系统服务功能基础技术参数和调查技术规范，夯实生态系统核算的技术基础，组织各地区在参考国家发布的技术规范的基础上，开展基础技术参数调查，结合区域特征构建本地化技术参数数据库，提升地方生态产品总值核算的可操作性，为生态资产管理与生态产品可持续供给提供技术支撑。

五是开展生态产品总值核算与价值实现综合试点，提高地方生态产品价值实现工作认识与基础能力。①结合国家发展和改革委员会、自然资源部、生态环境部、国家林业和草原局开展的生态产品价值实现试点工作、生态补偿制度改革、自然资源确权登记、"山水林田湖草沙"综合治理、省市县美丽中国样板、生态文明示范区、"绿水青山就是金山银山"实践创新基地建设、自然保护地与国家公园建设管理工作，把生态产品价值实现作为相关工作的基本要求，引导各类试点、创建单位、建设地区开展具有区域特色的生态产品核算与价值实现工作。②选择经营性生态产品和公共性生态产品突出的地区，开展生态产品总值综合试点，建立因地制宜、分类引导、分区优化的政策体系，编制《试点地区生态产品价值实现总体规划》，引导生态产品总值综合试点地区走差异化、特色化的生态产品价值实现路径。对公共性生态产品突出的试点地区，根据生态效益外溢性、生态功能重要性、生态环境敏感性和脆弱性等特点，提出差异化生态补偿建议。对经营性生态产品突出的试点地区，识别生态效益和经济效益"双增长"的生态产品，制定"双增长"生态产品目录。③开展试点地区生态产品总值核算与实现能力建设，提升基层工作人员对生态产品总值核算与实现工作的认识，在区域规划政策制定、生态补偿标准构建、自然资产管理、生态环境形势分析、生态保护效益评估、地方领导干部考核等方面开展探索应用，为践行"绿水青山就是金山银山"提供地方经验，推动地方绿色发展水平显著提升。

六是完善生态产品价值实现的政策保障体系，大力培育生态产品和服务交易市场。国内外实践表明，生态资产和生态产品必须有偿使用才能维持在可持续水平上。因此，深化自然生态资源供给、生态系统调节服务以及生物多样性保护生态效益的空间分配供给关系研究，全面提高资源配置效率，构建基于生态产品总值核算的激励型生态补偿标准体系，缩小生态与经济高地的收入差距，完善生态资源价格形成机制，形成环境资源有偿使用机制，构建多元化、多尺度、跨区域的生态补偿、生态产业发展、绿色金融与生态修复政策体系，这是促进生态产品价值实现的重要保障。因此，建议采取以下措施：在生态补偿政策方面，完善生态环境保护者受益、使用者付费、破坏者赔偿的利益导向机制，构建基于生态产品总值核算的生态补偿标准，建立差异化、多元化生态补偿机制。在市场交易政策方面，基于深化排污权、碳排放权、碳汇、水权交易，积极探索融合各类自然资源资产和生态产品的公共资源交易市场建设，建立生态产品入市规则，集约精准配置公共生态产品，提高生态产品价值转化效率；探索建立基于生态产品的"占补平衡"机制，借助生态指标或生态信用推动公共生态产品的市场交易。在产业发展政策方面，构建生态产品品牌培育体系，建立健全生态产品交易体系，加强生态产品产业融合力度，延长产业发展链条，培育生态农业、生态旅游、生物医药和大健康产业，完善经营性生态产品质量认证制度，推动生态产品消费需求形成。在绿色金融政策方面，通过拓宽生态产品融资渠道、建立绿色信贷重点项目库目录等措施，扩大绿色产业信贷政策覆盖范围，创新生态环境导向的经济开发模式，引导社会资本流向生态产品的开发经营，加大对生态产业发展的支持力度。在生态建设修复方面，深入实施山水林田湖草沙一体化保护和修复重大工程，引导各地因地制宜地采取严格保护、自然恢复、生态重建、污染治理等措施，为生态产品价值实现提供源源不断的优质产品供给；健全生态消费市场，完善物质化生态产品质量认证制度，推动生态产品消费需求；探索有利于生态产品价值实现的财政税收制度和绿色金融政策。

七是加强生态产品总值核算与实现的国际交流合作，支持核算成果服务国际履约。①促进生态产品总值核算与国际履约积极融合，通过扩展我国生态产品总值核算的总体框架和指标体系，逐步实现与《生物多样性公约》"2020 年后全球生物多样性框架"履约目标、联合国《生态系统核算》指标框架、《联合国气候变化框架公约》履约要求、联合国《湿地公约》和《联合国防治荒漠化公约》等国际公约目标体系的衔接契合，发挥生态产品总值核算在国际履约目标指标监测、成本和效益衡量、差距分析、完成情况评估中的重要作用，展示我国履行国际公约、负责任的大国形象。②加强与联合国、世界银行、IPBES、TEEB、美国斯坦福大学等国际机构和高等院校的合作交流，不断完善生态产品总值核算的方法学，开展与国际标准接轨的生态产品价值评估，不断提升我国的绿色发展亲和力。③加强我国生态产品总值核算成果与生态产品价值实现成效的对外宣传，通过评估方法的技术输出和价值实现成果的传播，为其他发展中国家在履约和实现国际目标方面提供技术支持，展现我国的国际绿色领导力。

参 考 文 献

[1] Perman R, Ma Yue, McGilvray J, et al. Natural Resources and EnvironmentalEconomics. 2nd Edition. Pearson Education Ltd, 1999.

[2] Tisdell C. Conditions for Sustainable Development: Weak and Strong. Sustainable Agriculture and Environment.Cheltenham: Edward Elgar Publishing Ltd, 1999.

[3] Solow R M. On the intergenerational allocation of natural resources. The Scandinavian Journal of Economics, 1986, 88(1): 141-149.

[4] Pearce D, Barbier E. Blueprint for Sustainable Economy. London: Earthscan Pulication Ltd, 2000.

[5] Edwards J G, Davies B, Hussain S. Ecological Economics: An Introduction. Oxford: Blackwell Science Ltd, 2000.

[6] Common M, Perrings C. Towards an ecological economics of sustainability. Ecological Economics, 1992, 6(1): 7-34.

[7] Sagar A D, Najam A. The human development index: a critical review. Ecological Economics, 1998, 25(3): 249-264.

[8] 徐中民, 陈东景, 张志强, 等. 中国 1999 年的生态足迹分析. 土壤学报, 2002, 39(3): 441-445.

[9] YCELP (Yale Center for Environmental Law and Policy). Environmental Sustainability Index. An Initiative of the Global Leaders of Tomorrow Environment Task Force, World Economic Forum. New Haven: Yale Center for Environmental Law and Policy, 2002.

[10] Costanza R, d'Arge R, de Groot R, et al. The value of the world's ecosystem services and natural capital. Nature, 1997, 387: 253-260.

[11] Brown M T, Ulgiati S. Energy evaluation of the biosphere and natural capital. Ambio, 1999, 8(6): 486-494.

[12] UNDP (United Nations Development Programme). Human Development Report 2001: Making New Technologies Work for Human Development. New York: Oxford University Press, 2001.

[13] Prescott A R. The Barometer of Sustainability: A Method of Assessing Progress Towards Sustainable Societies. Gland, Victoria: International Union for the Conservation of Nature and Natural Resources and PADATA, 1995.

[14] Daly H E, Cobb J B, Cobb C W. For the Common Good: Redirecting the Economy Toward

Community, the Environment and A Sustainable Future. 2nd Edition. Boston: Beacon Press, 1994.

[15] Neumayer E. On the methodology of ISEW, GPI and related measures: some constructive suggestions and some doubt on the 'threshold' hypothesis. Ecological Economics, 2000, 34(3): 347-361.

[16] OECD. Towards Sustainable Development: Environmental Indicators 2001. Paris: OECD, 2001.

[17] Lisa S. Indicators of environment and sustainable development theories and practical experience. Environmental Economics Series , 2002(98): 54-64.

[18] 中国科学院可持续发展研究组. 中国可持续发展战略报告. 北京: 科学出版社, 1999.

[19] 彼得·巴特姆斯, 埃贝哈德·K. 塞弗特, 等. 绿色核算. 张磊, 王俊, 倪代荣, 等译. 北京: 经济管理出版社, 2011.

[20] 李宏伟. 深刻把握习近平生态文明思想的基本要义. 党建, 2019(7): 23-24.

[21] 于贵瑞, 杨萌. 自然生态价值、生态资产管理及价值实现的生态经济学基础研究: 科学概念、基础理论及实现途径. 应用生态学报, 2022, 33(5): 1153-1165.

[22] 黄润秋. 坚持"绿水青山就是金山银山"理念促进经济社会发展全面绿色转型. 学习时报, 2021-01-15(1).

[23] 于贵瑞. 生态系统管理学的概念框架及其生态学基础. 应用生态学报, 2001, 12(5): 787-794.

[24] 曾贤刚. 中国特色社会主义生态经济体系研究. 北京: 中国环境出版集团, 2019.

[25] 庄贵阳, 薄凡. 生态优先绿色发展的理论内涵和实现机制. 城市与环境研究, 2017(1): 12-24.

[26] 黄承梁. 习近平新时代生态文明建设思想的核心价值. 行政管理改革, 2018(2): 22-27.

[27] 李宏伟. 习近平生态文明思想研究.社会主义论坛, 2018(7): 10-11.

[28] Millennium Ecosystem Assessment. Ecosystems and Human Well-being: Biodiversity Synthesis. Washington D.C.: World Resources Institute, 2005.

[29] Daily G C. Nature's Services: Societal Dependence on Natural Ecosystem. Washington D.C.: Island Press, 1997.

[30] Trudgill S, Tansley A G. The use and abuse of vegetational concepts and terms. Ecology, 16: 284-307.

[31] SCEP. Man's Impact on the Global Environment. Massachusetts: MIT Press, 1970.

[32] Holdren J P, Ehrlich P R. Human population and the global environment. American Scientist, 1974, 62(3): 282-292.

[33] Westman W E. How much are nature's services worth? Science, 1977, 197(4307): 960-964.

[34] Ehrlich P R, Ehrlich A H. Extinction: The Causes and Consequences of the Disappearance of Species. New York: Random House, 1981.

[35] 李博. 生态学. 北京: 高等教育出版社, 2000.

[36] Odum E.Fundamentals of Ecology. Philadelphia: Saunders, 1971.

[37] Tirri R, Lemmetyinen R, Lehtonen J. Elsevier's Dictionary of Biology. Amsterdam: Elsevier, 1998.

[38] 周广胜, 王玉辉. 全球生态学. 北京: 气象出版社, 2003.

[39] 赵桂慎. 生态经济学. 2 版. 北京: 化学工业出版社, 2021.

[40] Coase R H. The problem of social cost//Gopalakrishnan C. Classic Papers in Natural Resource

Economics. London: Palgrave Macmillan, 1960: 87-137.

[41] 李金昌. 资源经济新论. 重庆: 重庆大学出版社, 1995.

[42] 高敏雪. 资源环境统计. 北京: 中国统计出版社, 2004.

[43] 罗杰·珀曼, 马越, 詹姆斯·麦吉利夫雷, 等. 自然资源与环境经济学. 侯元兆译. 北京: 中国经济出版社, 2002.

[44] 高吉喜, 范小杉. 生态资产概念、特点与研究趋向. 环境科学研究, 2007, 20(5): 137-143.

[45] 张林波, 虞慧怡, 郝超志, 等. 生态产品概念再定义及其内涵辨析. 环境科学研究, 2021, 34(3): 655-660.

[46] 高晓龙. 生态产品价值实现机制和模式研究. 北京: 中国科学院大学, 2021.

[47] 王华梅, 程淑兰. 自然资本与自然价值: 从霍肯和罗尔斯顿的学说说起. 太原: 山西经济出版社, 2017.

[48] 曹宝, 秦其明, 王秀波, 等. 自然资本: 内涵及其特点辨析. 中国集体经济, 2009(12): 89-91.

[49] 高世楫. 全面把握良好生态产品的内涵特征. 学习时报, 2020-08-17.

[50] King R. Wildlife and Man Information Leaflet. New York: New York State Conservation Department, 1966.

[51] Helliwell D R. Valuation of wildlife resources. Regional Studies, 1969, 3(1): 41-47.

[52] TEEB. The Economics of Ecosystems and Biodiversity for National and International Policy Makers. TEEB, 2009.

[53] World Bank Group. WAVES Annual Report. Washington: World Bank Group, 2015.

[54] United Nations, European Commission, Organization for Economic Co-Operation and Development, et al. System of Environmental-Economic Accounting 2012: Experimental Ecosystem Accounting. New York: United Nations, 2014.

[55] IUCN. Global Ecosystem Typology 2.0: Descriptive Profiles for Biomes and Ecosystem Functional Groups. Gland: International Union for Conservation of Nature, 2020.

[56] United Nations Statistics Division. Global Assessment of Environmental-Economic Accounting and Supporting Statistics 2022. New York: United Nations Statistics Division, 2023.

[57] 马国霞, 於方, 王金南, 等. 中国 2015 年陆地生态系统生产总值核算研究. 中国环境科学, 2017, 37(4): 1474-1482.

[58] Ma G X, Wang J N, Yu F, et al. Framework construction and application of China's gross economic-ecological product accounting. Journal of Environmental Management, 2020, 264: 109852.

[59] Ouyang Z, Song C S, Zheng H, et al. Using gross ecosystem product (GEP) to value nature in decision making. Proceedings of the National Academy of Sciences of the United States of America, 2020, 117(25): 14593-14601.

[60] 张林波, 虞慧怡, 郝超志, 等. 国内外生态产品价值实现的实践模式与路径. 环境科学研究, 2021, 34(6): 1407-1416.

[61] 陈洁, 李剑泉. 瑞典林业财政制度及其对我国的启示. 世界林业研究, 2011, 24(5): 57-61.

[62] Mäntymaa E, Juutinen A, Mönkkönen M, et al. Participation and compensation claims in voluntary forest conservation: a case of privately owned forests in Finland. Forest Policy and Economics, 2009, 11(7): 498-507.

[63] TW Bank. GEF Investments on Payments for Ecosystem Services Schemes, 2014.

[64] Porras I, Barton D N, Miranda M, et al. Learning from 20 years of Payments for Ecosystem Services in Costa Rica. London: International Institute for Environment and Development, 2018.

[65] Edward B, Ricardo L, Carlos M R, et al. Adopt a carbon tax to protect tropical forests. Nature, 2020, 578: 213-216.

[66] Horlings, et al. Experimental Monetary Valuation of Ecosystem Services and Assets in the Netherlands. Statistics Netherlands, Wageningen University and Research, 2019.

[67] Wilker J, Rusche K, Benning A, et al. Applying ecosystem benefit valuation to inform quarry restoration planning. Ecosystem Services, 2016, 20: 44-55.

[68] Pinke Z, Kiss M, Lövei G L. Developing an integrated land use planning system on reclaimed wetlands of the Hungarian Plain using economic valuation of ecosystem services. Ecosystem Services, 2018, 30: 299-308.

[69] 中华人民共和国生态环境部. "绿水青山就是金山银山"实践模式与典型案例. 北京: 中华人民共和国生态环境部, 2021.

[70] United Nations. System of Environmental-Economic Accounting—Ecosystem Accounting (SEEA EA). White Cover Publication, 2021.

[71] United Nations. System of National Accounts 2008. New York: United Nations, 2010.

[72] System of Environmental-Economic Accounting Experimental Ecosystem Accounts. 2014.

[73] FAO, UN. System of Environmental-Economic Accounting for Agriculture, Forestry and Fisheries. New York: FAO, UN, 2020.

[74] IPBES. Global Assessment Report on Biodiversity and Ecosystem Services of the Intergovernmental Science-Policy Platform on Biodiversity and Ecosystem Services. Bonn: IPBES Secretariat, 2019.

[75] IPBES. The IPBES Global Assessment on Biodiversity and Ecosystem Services. Bonn: IPBES, 2019.

[76] 傅伯杰, 于丹丹, 吕楠. 中国生物多样性与生态系统服务评估指标体系. 生态学报, 2017, 37(2): 341-348.

[77] 欧阳志云, 朱春全, 杨广斌, 等. 生态系统生产总值核算: 概念、核算方法与案例研究. 生态学报, 2013, 33(21): 6747-6761.

[78] 欧阳志云, 林亦晴, 宋昌素. 生态系统生产总值(GEP)核算研究: 以浙江省丽水市为例. 环境与可持续发展, 2020, 45(6): 80-85.

[79] 谢高地, 张彩霞, 张雷明, 等. 基于单位面积价值当量因子的生态系统服务价值化方法改进. 自然资源学报, 2015, 30(8): 1243-1254.

[80] 杨世忠, 谭振华, 王世杰. 论我国自然资源资产负债核算的方法逻辑及系统框架构建. 管理世界, 2020, 36(11): 132-142.

[81] 李雪敏. 自然资源资产负债表的理论研究与实践探索. 统计与决策, 2021, 37(21): 14-19.

[82] 施发启. 我国探索编制自然资源资产负债表情况介绍. 中国统计, 2021(6): 43-45.

[83] 封志明, 杨艳昭, 闫慧敏, 等. 自然资源资产负债表编制的若干基本问题. 资源科学, 2017, 39(9): 1615-1627.

[84] 高敏雪. 扩展的自然资源核算: 以自然资源资产负债表为重点. 统计研究, 2016, 33(1): 4-12.

[85] Costanza R, de Groot R, Braat L, et al. Twenty years of ecosystem services: how far have we

come and how far do we still need to go? Ecosystem Services, 2017, 28: 1-16.

[86] Reid W V. Millennium Ecosystem Assessment: Ecosystems and Human Well-being. Island Press, 2005.

[87] Costanza R, de Groot R, Sutton P, et al. Changes in the global value of ecosystem services. Global Environmental Change, 2014, 26: 152-158.

[88] de Groot R, Brander L, van der Ploeg S, et al. Global estimates of the value of ecosystems and their services in monetary units. Ecosystem Services, 2012, 1(1): 50-61.

[89] Kubiszewski I, Costanza R, Anderson S, et al. The future value of ecosystem services: global scenarios and national implications. Ecosystem Services, 2017, 26: 289-301.

[90] Jiang H Q, Wu W J, Wang J N, et al. Mapping global value of terrestrial ecosystem services by countries. Ecosystem Services, 2021, 52: 101361.

[91] United Nations. United Nations Statistical Commission 47th Session. https://unstats.un.org/unsd/statcom/47th-session/.

[92] National River Ecosystem Accounts for South Africa. Discussion document for Advancing SEEA Experimental Ecosystem Accounting Project. Pretoria: South African National Biodiversity Institute, 2015.

[93] 沈满洪. 生态经济学. 2 版. 北京: 中国环境出版社, 2016.

[94] 傅国华, 许能锐. 生态经济学. 2 版. 北京: 经济科学出版社, 2014.

[95] 谷树忠. 从自然资源核算到自然资源资产负债表. 中国经济时报, 2015-11-20(14).

[96] 刘焱序, 傅伯杰, 赵文武, 等. 生态资产核算与生态系统服务评估: 概念交汇与重点方向. 生态学报, 2018, 38(23): 8267-8276.

[97] 朱文泉, 高清竹, 段敏捷, 等. 藏西北高寒草原生态资产价值评估. 自然资源学报, 2011, 26(3): 419-428.

[98] 王娟娟, 万大娟, 彭晓春, 等. 关于生态资产核算方法探讨. 环境与可持续发展, 2014, 39(6): 14-18.

[99] 杨艳昭, 封志明, 闫慧敏, 等. 自然资源资产负债表编制的 "承德模式". 资源科学, 2017, 39(9): 1646-1657.

[100] 孙晓, 李锋. 城市生态资产评估方法与应用: 以广州市增城区为例. 生态学报, 2017, 37(18): 6216-6228.

[101] 曹铭昌, 乐志芳, 雷军成, 等. 全球生物多样性评估方法及研究进展. 生态与农村环境学报, 2013, 29(1): 8-16.

[102] Pearce D W, Moran D. The Economic Value of Biodiversity. Cambridge: IUCN, 1994.

[103] McNeely J A, Miller K R, Reid W V, et al. Conserving the World Biological Diversity. Washington: World Bank Group, 1990.

[104] Turner K. Economics and wetland management. Ambio, 1991, 20(2): 59-61.

[105] UNEP. Guidelines for Country Study on Biological Diversity. Oxford: Oxford University Press, 1993.

[106] OECD. The Economic Appraisal of Environmental Protects and Policies: A Practical Guide. Paris: OECD, 1995.

[107] 于丹丹, 吕楠, 傅伯杰. 生物多样性与生态系统服务评估指标与方法. 生态学报, 2017, 37(2): 349-357.

[108] 谢高地, 鲁春霞, 冷允法, 等. 青藏高原生态资产的价值评估. 自然资源学报, 2003, 18(2): 189-196.

[109] 谢高地, 甄霖, 鲁春霞, 等. 一个基于专家知识的生态系统服务价值化方法. 自然资源学报, 2008, 23(5): 911-919.

[110] 谢高地, 张彩霞, 张雷明, 等. 基于单位面积价值当量因子的生态系统服务价值化方法改进. 自然资源学报, 2015, 30(8): 1243-1254.

[111] 赵同谦, 欧阳志云, 郑华, 等. 中国森林生态系统服务功能及其价值评价. 自然资源学报, 2004, 19(4): 480-491.

[112] 吴钢, 肖寒, 赵景柱, 等. 长白山森林生态系统服务功能. 中国科学(C辑), 2001(5): 471-480.

[113] 何浩, 潘耀忠, 朱文泉, 等. 中国陆地生态系统服务价值测量. 应用生态学报, 2005, 16(6): 1122-1127.

[114] 裴厦. 基于野外台站的典型生态系统服务及价值流量过程研究. 北京: 中国科学院大学, 2013.

[115] Zhang B, Li W H, Xie G D. Ecosystem services research in China: progress and perspective. Ecological Economics, 2010, 69(7): 1389-1395.

[116] Yu Z Y, Bi H. The key problems and future direction of ecosystem services research. Energy Procedia, 2011, 5: 64-68.

[117] Yu Z Y, Bi H. Status Quo of research on ecosystem services value in China and suggestions to future research. Energy Procedia, 2011, 5: 1044-1048.

[118] 北京腾景大数据应用科技研究院. 基于"生态元"的全国省市生态资本服务价值核算排序评估报告. 北京: 北京腾景大数据应用科技研究院, 2019.

[119] 欧阳志云, 王效科, 苗鸿. 中国陆地生态系统服务功能及其生态经济价值的初步研究. 生态学报, 1999, 19(5): 607-613.

[120] Michaletz S T, Cheng D L, Kerkhoff A J, et al. Convergence of terrestrial plant production across global climate gradients. Nature, 2014, 512(7512): 39-43.

[121] Bond-Lamberty B, Wang C K, Gower S T. A global relationship between the heterotrophic and autotrophic components of soil respiration? Global Change Biology, 2004, 10(10): 1756-1766.

[122] 白玲晓, 王勇, 李兴. 作物蒸散量测定与计算方法研究进展. 内蒙古水利, 2015(2): 11-12.

[123] Frere M, Popov G. Agrometeorological crop monitoring and forecasting. Rome: FAO, 1979.

[124] 裴步祥. 蒸发和蒸散的测定与计算方法的现状及发展. 气象科技, 1985(2): 69-74.

[125] 毛飞, 张光智, 徐祥德. 参考作物蒸散量的多种计算方法及其结果的比较. 应用气象学报, 2000, 11(S1): 128-136.

[126] 张彪, 李文华, 谢高地, 等. 森林生态系统的水源涵养功能及其计量方法. 生态学杂志, 2009, 28(3): 529-534.

[127] 江忠善, 郑粉莉. 坡面水蚀预报模型研究. 水土保持学报, 2004, 18(1): 66-69.

[128] 江忠善, 郑粉莉, 武敏. 中国坡面水蚀预报模型研究. 泥沙研究, 2005(4): 1-6.

[129] 刘宝元, 史培军. WEPP 水蚀预报流域模型. 水土保持通报, 1998(5): 7-13.

[130] Wischmeier W H, Smith D D. Predicting rainfall-erosion losses from cropland east of the Rocky Mountains. Washington, D.C.: USDA, Agricultural Research Service, 1965.

[131] Morgan R. The European soil erosion model: an update on its structure and research base//

Conserving Soil Resources: European Perspectives. First International Congress of the European Society for Soil Conservation, 1994.

[132] de Roo A P J, Wesseling C G, Ritsema C J. Lisem: a single-event physically based hydrological and soil erosion model for drainage basins. Ⅰ: theory, input and output. Hydrological Processes, 1996, 10(8): 1107-1117.

[133] Rose C W, Williams J R, Sander G C, et al. A mathematical model of soil erosion and deposition processes: Ⅰ. theory for a plane land element. Soil Science Society of America Journal, 1983, 47(5): 991-995.

[134] Berkey C P, Morris F K. Geologyof Mongolia. New York: The American Museum of Natural History, 1927.

[135] 杨秀春, 严平, 刘连友. 土壤风蚀研究进展与评述. 干旱地区农业研究, 2003, 21(4): 147-153.

[136] Chepil W S, Milne R A. Comparative study of soil drifting in the field and in a wind tunnel. Scientific Agriculture, 1939, 19: 249-257.

[137] 赵羽, 等. 内蒙古土壤侵蚀研究: 遥感技术在内蒙古土壤侵蚀研究中的应用. 北京: 科学出版社, 1989.

[138] Hage L J. A wind erosion prediction system to meet user needs. Journal of Soil and Water Conservation, 1991, 46(2): 106-111.

[139] Fryrear D W, Chen W, Lester C. Revised wind erosion equation. Annals of Arid Zone, 2001, 40(3): 265-279.

[140] Chepil W. Width of field strips to control wind erosion. Manhattan: Kansas State College of Agriculture and Applied Science, 1957.

[141] 周学红, 马建章, 张伟, 等. 运用 CVM 评估濒危物种保护的经济价值及其可靠性分析: 以哈尔滨市区居民对东北虎保护的支付意愿为例. 自然资源学报, 2009, 24(2): 276-285.

[142] 王昌海. 秦岭自然保护区生物多样性保护的成本效益研究. 北京: 北京林业大学, 2011.

[143] 白健, 刘健, 余坤勇, 等. 基于 InVEST-Biodiversity 模型的闽江流域生境质量变化评价. 中国科技论文, 2015, 10(15): 1782-1788.

[144] 陶善军. 茅荆坝国家森林公园森林游憩资源价值评估. 长沙: 中南林业科技大学, 2011.

[145] 张会阳. 基于 ITCM 的城市森林公园游憩价值评估. 延吉: 延边大学, 2016.

[146] Hausman J. Contingent Valuation: A Critical Assessment, Contributions to Economic Analysis. Amsterdam: Elsevier Science, 1993.

[147] Arrow K, Solow R, Portney P. Report of the NOAA panel on contingent valuation. U.S. Federal Register, 1993, 58(10): 4601-4614.

[148] Viscusi W K. What's to know? Puzzles in the literature on the value of statistical life. SSRN Electronic Journal, 26(5): 763-768.

[149] 范小杉, 高吉喜, 温文. 生态资产空间流转及价值评估模型初探. 环境科学研究, 2007, 20(5): 160-164.

[150] 张林波, 等. 国家重点生态功能区生态系统状况评估与动态变化. 北京: 中国环境科学出版社, 2018.

[151] Office for National Statistics. UK natural capital accounts: 2019. London: Office for National Statistics, 2019.

[152] Tammi I, Mustajärvi K, Rasinmäki J. Integrating spatial valuation of ecosystem services into regional planning and development. Ecosystem Services, 2017, 26: 329-344.

[153] Stephenson K, Shabman L. Does ecosystem valuation contribute to ecosystem decision making? Evidence from hydropower licensing. Ecological Economics, 2019, 163: 1-8.

[154] Pinke Z, Kiss M, Lövei G L. Developing an integrated land use planning system on reclaimed wetlands of the Hungarian Plain using economic valuation of ecosystem services. Ecosystem Services, 2018, 30: 299-308.

[155] South African National Biodiversity Institute.National river ecosystem accounts for South Africa. Cape Town: South African National Biodiversity institute, 2015.

[156] Dasgupta P. The Economics of Biodiversity. London: HM Treasury, 2021.

[157] US Department of Agriculture, Economic Service Research. Contrasting Working-Land and Land Retirement Programs. Beltsville: US Department of Agriculture, Economic Service Research, 2006.

[158] Orapan Nabangchang. A Review of the Legal and Policy Framework for Payments for Ecosystem Services (PES) in Thailand. Bogor, Indonesia: CIFOR, 2014.

[159] Barbier E B, Strand I. Valuing mangrove-fishery linkages: a case study of Campeche, Mexico. Environmental and Resource Economics, 1998, 12(2): 151-166.

[160] The Department of Economic and Social Affairs of the United Nations Secretariat. How Natural Capital Accounting Contributes to Integrated Policies for Sustainability. New York: The Department of Economic and Social Affairs of the United Nations Secretariat, 2020.

[161] UN Environment World Conservation Monitoring Centre (UNEP-WCMC), United Nations Statistics Division (UNSD). Assessing the Linkages between Global Indicator Initiatives, SEEA Modules and the SDG Targets. New York: UNEP-WCMC, UNSD, 2019.

[162] The Department of Economic and Social Affairs of the United Nations Secretariat. Natural Capital Accounting For Integrated Biodiversity Policies. New York: The Department of Economic and Social Affairs of the United Nations Secretariat, 2020.

[163] The Department of Economic and Social Affairs of the United Nations Secretariat. Natural Capital Accounting For Integrated Climate Change Policies. New York: The Department of Economic and Social Affairs of the United Nations Secretariat, 2020.

[164] The Department of Economic and Social Affairs of the United Nations Secretariat. Natural Capital Accounting to Combat Desertification. New York: The Department of Economic and Social Affairs of the United Nations Secretariat, 2020.

[165] 高晓龙, 张英魁, 马东春, 等. 生态产品价值实现关键问题解决路径研究. 生态学报, 2022, 42(20): 1-10.

[166] 王金南, 王志凯, 刘桂环, 等.生态产品第四产业理论与发展框架研究.中国环境管理, 2021, 13(4): 5-13.

[167] 窦瀚洋. "绿水青山就是金山银山"理念提出 15 周年理论研讨会召开. 人民日报, 2020-8-16(2).

[168] 王金南.生态产品第四产业理论与实践. 北京: 中国环境出版集团, 2022.

[169] 谷树忠. 产业生态化和生态产业化的理论思考. 中国农业资源与区划, 2020, 41(10): 8-14.

[170] 张林波, 虞慧怡, 李岱青, 等. 生态产品内涵与其价值实现途径. 农业机械学报, 2019, 50(6): 173-183.

[171] 赵斌. 如何重塑我们的价值观. 金融博览, 2018(11): 22-23.

[172] 高吉喜, 范小杉, 李慧敏, 等. 生态资产资本化: 要素构成·运营模式·政策需求. 环境科学研究, 2016, 29(3): 315-322.

[173] 叶文虎, 韩凌. 论第四产业: 兼论废物再利用业的培育. 中国人口·资源与环境, 2000, 10(2): 24-27.

[174] 叶文虎, 万劲波. 从环境–社会系统的角度看"建设和谐社会". 中国人口·资源与环境, 2007, 17(4): 14-18.

[175] 刘航, 温宗国. 环境权益交易制度体系构建研究. 中国特色社会主义研究, 2018, 9(2): 84-89.

[176] 叶长鑫, 苏春生, 房春艳, 等. 不同体制国家水权交易价格比较研究: 以湛江市为例. 人民珠江, 2020, 41(4): 1-7.

[177] 高吉喜, 李慧敏, 田美荣. 生态资产资本化概念及意义解析. 生态与农村环境学报, 2016, 32(1): 41-46.

[178] 於方, 马国霞. 筑牢生态产品价值实现基础. 中国环境报, 2022-2-25.

[179] 於方, 马国霞. 树立新发展理念, 促进 GDP 与 GEP 协同增长. 中国环境报, 2023-9-4.